# 四川盆地川东北地区侏罗系页岩油气地质特征及勘探潜力

白雪峰 蒙启安 陆加敏 著

石油工业出版社

## 内容提要

本书主要介绍四川盆地川东北地区侏罗系页岩油地质特征及勘探潜力，在论述盆地构造演化、沉积演化、烃源岩、储层、含油气特征及工程改造潜力等方面的基础上，总结页岩油富集规律，明确富集层和富集区，并提出了侏罗系页岩油勘探开发的潜力与方向。

本书可供石油地质工作者、科研院所相关专业领域研究人员及高校师生参考。

### 图书在版编目（CIP）数据

四川盆地川东北地区侏罗系页岩油气地质特征及勘探潜力 / 白雪峰，蒙启安，陆加敏著. -- 北京：石油工业出版社，2024.8. -- ISBN 978-7-5183-6830-3

Ⅰ. P618.130.2

中国国家版本馆 CIP 数据核字第 2024RF2440 号

---

出版发行：石油工业出版社
　　　　　（北京安定门外安华里2区1号　100011）
　　网　　址：www.petropub.com
　　编辑部：（010）64523760
　　图书营销中心：（010）64523633
经　　销：全国新华书店
印　　刷：北京中石油彩色印刷有限责任公司

2024年8月第1版　2024年8月第1次印刷
787×1092毫米　开本：1/16　印张：10
字数：240千字

定价：100.00元
（如出现印装质量问题，我社图书营销中心负责调换）
版权所有，翻印必究

# 《四川盆地川东北地区侏罗系页岩油气地质特征及勘探潜力》编写组

组长：白雪峰　蒙启安　陆加敏

成员：王永卓　印长海　赵海波　冯子辉　邵红梅
　　　任延广　霍秋立　闫伟林　李　强　李军辉
　　　王显东　王志国　张大智　王继平　杨学峰
　　　陈绪强　董忠良　王有智　宫　宝　马威奇
　　　谭宝德　沈加刚　兰慧田　李　慧　隋立伟
　　　徐庆龙　屈　洋　张继伟　李晓慧　张金旭

# Preface 前言

四川盆地主要由青藏高原、大巴山、华蓥山、云贵高原等环绕，大部分位于四川省内，总面积约 $26×10^4 km^2$。作为中国重要含油气盆地之一，已累计提交天然气探明储量 $6.17×10^{12} m^3$、石油探明储量 $7118.54×10^4 t$。

四川盆地石油主要产自侏罗系，自 1956 年石油会战以来，经历了常规油勘探、致密油勘探和页岩油勘探 3 个阶段，先后在川中地区发现桂花、金华、中台山、莲池、公山庙 5 个油田，累计投产 1114 口井，年产量峰值 $20.8×10^4 t$，相对于 $26×10^4 km^2$ 的超级盆地，石油探明率非常低。

2019 年，盆地内各油田公司聚焦页岩油，部署多口探井，2021 年试油见到较好勘探效果，多口井获得高产油流，其中中国石油天然气集团有限公司大庆油田有限责任公司（简称大庆油田）在平昌地区部署的风险探井 PA1 井凉高山组水平井压裂后获得日产油 $112.8 m^3$、天然气 $11.45×10^4 m^3$。中国石油化工集团有限公司（简称中国石化）在川东复兴场地区的 TY1 井凉高山组水平井压裂后获日产油 $9.8 m^3$、天然气 $7.5×10^4 m^3$。FY10 井在东岳庙段水平井压裂后获日产油 $17.6 m^3$、天然气 $5.5×10^4 m^3$。从此拉开了四川盆地页岩油勘探序幕。

四川盆地侏罗系石油资源丰富，经过几十年如一日艰苦卓绝的不断探索，充分证实了四川盆地侏罗系是国内单体规模最大的油区之一，同时也是国内勘探开发难度最大的油区之一。

大庆油田在川东北地区围绕"页岩油在哪？富集特点如何？怎样有效评价？资源规模多大？"四个关键问题，项目组地质—实验—测井—地震多专业协调攻关，一体化推进，研究认识不断深化。在充分调研和大量分析化验的基础上，历经 3 年时间，基本认清了川东北地区侏罗系页岩油形成的地质条件、七性特征和富集规律，形成了四川盆地页岩油地质评价技术，建立了"甜点"评价标准。

本书从盆地构造演化、沉积演化、烃源岩、储层、含油气特征、工程改造潜力等方面开展论述，总结页岩油富集规律，明确富集层和富集区。旨在为四川盆地页岩油勘探工作提供参考，抛砖引玉，希望与业内专家、学者共同探讨，进一步加深对川渝侏罗系页岩油的地质认识，促进勘探获得更大的成果。

本书在研究和撰写过程中，得到了中国石油天然气集团有限公司、中国石油油气和新能源分公司领导的支持和指导，得到了中国石油勘探开发研究院、中国石油集团东方地球物理勘探有限责任公司、中国石油集团测井有限公司、中国石化西南油气分公司、成都理工大学、中国石油大学（华东）、西南石油大学、东北石油大学等专家、学者的指导和大力帮助。在此一并表示衷心的感谢，同时希望本书的研究成果能为四川盆地页岩油勘探事业贡献一份力量。

# Contents 目录

| 第一章 绪论 | 1 |
| 第一节 页岩油的概念及内涵 | 1 |
| 第二节 国内外页岩油勘探与研究现状 | 2 |
| 第三节 四川盆地侏罗系页岩油勘探进展及存在的主要问题 | 5 |
| 第二章 侏罗系构造演化特征 | 7 |
| 第一节 区域地质概况 | 7 |
| 第二节 区域构造演化特征 | 16 |
| 第三章 侏罗系沉积演化特征 | 19 |
| 第一节 地层层序划分 | 19 |
| 第二节 区域页岩空间展布特点 | 29 |
| 第三节 区域沉积演化特征 | 32 |
| 第四章 侏罗系页岩烃源岩发育特征 | 52 |
| 第一节 页岩的地球化学特征 | 52 |
| 第二节 页岩的有机质来源 | 58 |
| 第三节 页岩的有机质生烃演化特征 | 61 |
| 第五章 侏罗系页岩储层特征 | 65 |
| 第一节 储层岩石学特征 | 65 |
| 第二节 储集空间特征 | 72 |
| 第三节 储层物性特征 | 81 |
| 第六章 侏罗系页岩含油气性特征及赋存控制因素 | 85 |
| 第一节 页岩含油气性特征 | 85 |
| 第二节 页岩油微区分布特征 | 89 |

## 第七章　侏罗系页岩可压性特征和评价方法 ········· 97
### 第一节　页岩储层脆性矿物分布特征 ········· 97
### 第二节　页岩储层岩石力学性质及地应力特征分析 ········· 100
### 第三节　页岩储层可压性综合评价 ········· 103

## 第八章　侏罗系页岩油气富集区综合评价 ········· 105
### 第一节　页岩油气地质评价技术 ········· 105
### 第二节　页岩油气资源评价技术 ········· 124
### 第三节　页岩油气富集区分布与勘探潜力 ········· 144

## 第九章　总结 ········· 148

## 参考文献 ········· 150

# 第一章　绪　　论

近年来，随着全球对能源需求的不断增长，以及传统能源资源的逐渐枯竭，页岩油勘探逐渐成为国际能源领域的研究热点。我国作为能源消费大国，对页岩油勘探也寄予厚望，希望借此提高国内油气资源自给率，保障国家能源安全。

本章明确了页岩油的概念和内涵，并回顾页岩油勘探的发展历程，梳理页岩油勘探的重要意义，提出四川盆地页岩油勘探面临的问题。

## 第一节　页岩油的概念及内涵

### 一、页岩油的概念

页岩油的概念是在 20 世纪 30 年代由美国地质学家首次提出，是指从页岩层中开采出来的石油资源，包括页岩孔隙和裂缝中的石油，以及相邻地层和页岩层系中致密碳酸盐岩或碎屑岩夹层中的石油。

国内外对页岩油的概念定义和理解有所不同。总体来说，国外更倾向于将页岩油视为储存在页岩层系中的石油资源，而国内则更强调将页岩油视为自生自储式的特殊裂缝孔隙型的连续油藏。

具体来说，国外通常将"页岩油"和"致密油"都归类为非常规石油资源。其中页岩油的定义主要基于页岩层的有机质含量和储集条件，通常被认为是一种通过热分解和加氢生产出的合成石油，储集条件主要与页岩层的有机质含量和储层的致密性有关。致密油通常被认为是夹在或紧邻优质生油层系的致密储层中，未经过大规模长距离运移而形成的石油聚集，是与生油岩系共生或紧邻的大面积连续分布的石油资源。值得注意的是，在国外，不论是在学术界还是工业界，对于这两种资源的定义和区分并不是十分严格，均统称为页岩油。

相比之下，国内对页岩油的定义更加具体，强调了页岩油作为自生自储式的特殊裂缝孔隙型连续油藏的特点，认为页岩油是指赋存于富有机质页岩层系中的石油，其储集条件主要与页岩层的有机质含量、储层的致密性和裂缝孔隙发育有关。

虽然国内外对页岩油概念的定义和理解有所不同，但都明确了页岩油储集条件的重要性。

### 二、页岩油的内涵

邹才能院士通过对比国内外十五个盆地的页岩油后提出，形成页岩油一般要满足两个条件：一是页岩的有机质含量要高，一般总有机碳（TOC）大于 2%；二是热演化程度要高，镜质体反射率（$R_o$）为 0.7%~2.0%。

近年来，随着勘探的不断深入，形成页岩油的条件也在不断降低，如柴达木盆地 $E_3^2$ 页岩，TOC 仅为 0.9%，又如松辽盆地嫩二段页岩，$R_o$ 在 0.5% 左右，勘探也均见到了较好的效果。

页岩油是一种"常规"的非常规石油资源，说它"常规"是指页岩油聚集在烃源岩之中，烃源岩是一切含油气盆地的基础，任何已发现油气的盆地都具有寻找页岩油的潜力。页岩油赋存在富有机质页岩的微纳米孔隙和页理缝中，页岩既是生油岩，同时也是储集岩，源储一体。说它非常规，是指页岩本身极其致密，排烃受阻，页岩油滞留在烃源岩未经运移、原位富集，也就意味着原油在页岩中的流动性非常差，不具备自然工业产油能力，需要采用水平井体积压裂、氮气或二氧化碳驱替等非常规的方式进行开采。

## 第二节　国内外页岩油勘探与研究现状

### 一、页岩油气勘探历程与进展

美国是世界上最早实现页岩油商业开发的国家，页岩油开发始于 20 世纪 50 年代，但产量一直很低，直到 2005 年，世界天然气价格下降，导致页岩气公司纷纷亏损，从而转向页岩油开发，并在 2015 年达到产量高峰。

威利斯顿盆地是位于美国北达科他州西部、南达科他州西北部和蒙大拿州东部的落基山脉东缘的大型沉积盆地，是美国第二大页岩油产区，之前主要勘探层系是古生界和中生界，随着技术的进步和人们对非常规油气资源的认识加深，人们开始转向勘探情况更为复杂的页岩油气层系。1953 年，美国在威利斯顿盆地巴肯组上段获得 27t/d 的页岩油产量，从而发现了美国第一个页岩油田——安蒂洛普油田。到了 1992 年，针对巴肯组上段的页岩油勘探开发明显增加，有 20 多家公司参与其中。2000—2007 年，威利斯顿盆地的页岩油勘探转为巴肯组中段的白云岩和粉砂岩层段。随着水平井和水力压裂技术成功应用，页岩油产量得以迅速提高，2007 年首次突破 $100×10^4$t/a。

20 世纪 80 年代，埃克森美孚、英国石油等公司在二叠盆地（Permian Basin）开展页岩油勘探。二叠盆地地层厚度约 1700m，分为上部 Spraberry 组，岩性为细砂岩、粉细砂岩、泥页岩，中部 Wolfcamp 组，岩性以碳酸盐岩、碎屑岩和页岩为主，以及下部的 Strawn 组。二叠盆地的地质储量约为 $151×10^8$t，其中 Spraberry 和 Wolfcamp 页岩油地质储量 $110×10^8$t，盆地勘探开发首先经历了常规油气开发阶段（1921—2007 年），该阶段于 1973 年油气产量达到 $1×10^8$t 后出现下降，2007 年后转向非常规油气阶段，发展迅猛，2016 年 5 月盆地油气产量占比全美油气产量的 22.5%[1-5]。

21 世纪初美国实现了突破性发展，于 Barnett、Marcellus、Utica、Permian、Eagle Ford 等先后建成页岩油气生产区。近 10 年来，美国海相页岩油产量以年均超过 25% 速度增长，成为油气净出口国家，改变了全球能源供给板块。

### 二、国外页岩油气勘探现状

北美页岩油勘探开发主要经历了发现、认识和突破、快速发展三个阶段[6]。北美页岩油气分布广泛，页岩层系具赋存轻质油、处于最佳生油气窗口、物性优、气油比高、大面积连续分布等先天优势。主要产区为 6 个盆地（群），包括产页岩油为主的威利斯顿盆地、二叠盆地和海湾盆地 Eagle Ford 产区（Eagle Ford 和 Austin Chalk 区带），产页岩气量高于产页岩油量的落基山盆地群［丹佛盆地（Denver Basin）、粉河盆地和帕克盆地］、安纳达科盆地，以及产页岩气为主的阿巴拉契亚盆地和海湾盆地 Haynesville 组。

美国于 20 世纪 50 年代发现了圣玛利亚谷油田、卢申油田和鲁兹维利特油田、埃尔克霍恩牧场油田。2000 年又在威利斯顿盆地巴肯组中段发现埃尔姆古丽油田，2005 年应用水平井与水力压裂技术开发巴肯组中段页岩油，进而发现了帕歇尔油田，2008 年美国页岩油产量达 $2700 \times 10^4$ t，又在西部海湾（Western Gulf）盆地鹰滩组（Eagle Ford）、二叠盆地狼营组（Wolfcamp）、丹佛盆地尼尔布拉组（Niobrara）及阿拉达科（Anadarko）伍德福德组（Woodford）等取得重要进展，实现了规模效益开发，2012 年产量超 $1 \times 10^8$ t，2015 年产量超 $2 \times 10^8$ t，2019 年产量超 $3 \times 10^8$ t。2022 年，美国页岩油总产量达 $32 \times 10^8$ t，占其原油产量的 70%，页岩油成为美国能源的重要支柱。

美国于 1821 年在阿巴拉契亚盆地泥盆系页岩钻探了第一口页岩气井，于 1914 年发现了第一个页岩气田——Big Sandy 气田，1997 年，Mitchell 能源公司在 Barnett 页岩首次使用清水压裂技术，提升采收率 20% 以上并减少了作业成本。经过持续探索研究，于 2003 年实现了水平钻井开采技术突破，且美国 Mitchell 能源公司于 2005 年突破了"水平井多段压裂"这一页岩气开发关键技术，使得美国页岩气自此开始快速发展。

近年来美国页岩气占比不断攀升，2000 年页岩气产量只有 $110 \times 10^8 m^3$，在美国天然气总量中仅占 1.6%，至 2010 年，美国页岩气产量提升至 $1378 \times 10^8 m^3$，较 2000 年增长了 12.5 倍，占美国天然气总量的 23% 左右，再至 2022 年美国天然气总产量 $10320 \times 10^8 m^3$，页岩气产量 $7616 \times 10^8 m^3$，占比 73.8%，页岩气已然成为美国天然气产量的主要贡献者。

加拿大是世界上第二个对页岩气进行勘探与商业开发的国家，美国页岩气开发的成熟技术与经验在加拿大西部地区得以应用。2007 年加拿大第一个商业性页岩气项目在不列颠哥伦比亚省东北部投入开发，次年页岩气产量达 $10 \times 10^8 m^3$，并逐年增长[7]。

美国页岩革命的成功与勘探开发经验，使其成为其他国家页岩油气资源勘探开发的借鉴模板，加速了全球页岩油气的勘探进程。

## 三、中国页岩油气勘探现状

中国近几十年来的勘探重点一直是常规油气藏，然而随着国内含油气盆地勘探程度不断加深，常规油气藏勘探开发难度越来越大，在能源安全问题的重要程度逐渐显现的背景下，非常规油气逐渐走入人们的视野。其中作为重要的非常规接替资源之一的页岩油气，已经成为国内油气勘探开发热点，保障能源安全的重要途径。

中国页岩油的勘探开发主要经历三个阶段，分别是以常规石油勘探为主的钻遇页岩油阶段，通过老井复查与开发试验勘探阶段，以及页岩油专项勘探技术攻关阶段。

近年来中国对页岩油勘探开发的重视程度不断增加，对页岩油的勘探开发力度不断加大，已经建立了国内页岩油发展新格局。

中国页岩气的发展自 2004 年进入调研阶段，2006 年开展研究，国土资源部组织包括各油田公司在内的各方力量对全国页岩气资源展开评价并进行区域优选，在四川、重庆等地打调查井、示范井，多井见气或有气流；经过不断地实践与研究，国内页岩气的发展也取得了一定的成效。2010年中国石油在四川盆地的长宁—威远发现了探明储量超$2000×10^8m^3$大页岩气田，首次实现了下志留统页岩气重大突破；2012年中国石化发现涪陵页岩大气田，探明储量超$6000×10^8m^3$；2017年于湖北宜昌地区EYY1井首次获得寒武系页岩气重大突破，且在志留系与震旦系获页岩气流；2011年延长油田于鄂尔多斯延长组长7段湖相泥页岩段获日产气$2000\sim3000m^3$，实现了湖相页岩气勘探突破。页岩气的不断发展使其逐渐成为国内天然气产量的中坚力量[8-10]。

页岩油气的勘探有利区多是在一套泥页岩地层，其上、下早已有油气藏发现且其中已有大量油气显示的盆地。中国陆上富有机质页岩包括分布在中国南方、华北、塔里木三大区域以海相沉积为主的页岩和广泛分布在松辽、渤海湾、鄂尔多斯、塔里木、准噶尔、吐哈、柴达木等盆地的石炭系—新近系中的陆相沉积页岩。根据沉积背景的不同，中国页岩油气可被分成海相页岩油气和陆相页岩油气两大类。

**（一）中国海相页岩油气**

中国与海相地层相关的页岩气田主要分布于四川、鄂尔多斯、塔里木三大盆地[11]。其中四川盆地海相页岩气主要集中在盆地及周缘的上奥陶统五峰组—下志留统龙马溪组、盆地内部寒武系和二叠系等其他层系，国内首口下古生界海相页岩气井——W201井就是2009年在四川盆地内进行钻探的。

目前，国内针对海相浅层（3500m以内）页岩油气已形成了"甜点"区/段地质综合评价、水平井优化钻井、体积压裂及山地型井工厂化作业等技术方法，有力推动了中国海相页岩气发展[12]。

尤其是以四川盆地及其周缘五峰组—龙马溪组海相页岩气为代表的规模有效开发使中国成为全球第二大页岩气生产国。

**（二）中国陆相页岩油气**

与美国海相页岩油资源相比，我国页岩油资源主要是陆相沉积，具有沉积相变快、非均质性强、单层厚度薄、储层塑性强、物性差、地层压裂难度大等地质和工程难点。多套湖相泥页岩层系分布广泛，几乎所有盆地都有分布，主要分布在东部断陷盆地，例如松辽盆地、鄂尔多斯盆地、准噶尔盆地和四川盆地，多具有机质丰度高、厚度大、成熟度低等特点，资源潜力巨大。据国际能源署预测，中国陆相页岩油资源量约$1500×10^8t$，可采资源量$(30\sim60)×10^8t$，位于世界第三，仅次于美国和俄罗斯，是未来主要的战略性接替资源。

截至目前，诸多学者针对页岩油开展了大量研究，在有机质发育环境、有机质富集控制因素、储层岩石类型及组合、储集性等方面开展了大量工作，形成了QEMSCAN—拉曼矿物分析、孔隙—裂缝多尺度融合—演化模拟等实验技术和页岩油水平井旋转导向与体积压裂等开发工程技术，助力陆相页岩油发展。

近年来，国内各大石油公司不断加大陆相页岩油勘探开发力度，形成了国内陆相页岩油勘探开发大局面。中国石油长庆油田公司页岩油勘探开发主要经历了2011—2015年的探索阶段、2015—2021年的攻关阶段，以及2021年至今的取得成效时期三个阶段，目前在鄂尔多斯盆地长7段探明地质储量超$10×10^8t$页岩油整装大油田；中国石油大庆油田公司在松辽盆地古龙页岩油新增预测地质储量$12.68×10^8t$；中国石油青海油田公司在柴达木盆地页岩油勘探取得重大战略性突破；中国石油大港油田公司在沧东凹陷孔二段及歧口凹陷沙一段实现了中等成熟度页岩油高产—稳产勘探突破；中国石化胜利油田分公司新增预测页岩油地质储量 $4.58×10^8$t；中国石化华东石油局在苏北盆地溱潼凹陷钻探的 3 口页岩油探井获高产页岩油流。

国内页岩油勘探开发势头正足且已有成效，相继设立了吉木萨尔国家级陆相页岩油示范区、大庆古龙陆相页岩油国家级示范区、胜利济阳陆相页岩油国家级示范区。截至 2022 年底，中国陆相页岩油已探明地质储量 $13.06×10^8$t，控制储量 $1.28×10^8$t，预测储量 $29.74×10^8$t。陆相页岩油生产原油约 $318×10^4$t，成为我国原油高产、稳产的重要支撑[13-14]。

国内陆相页岩油气勘探开发虽已见成效，但仍存在很多需要解决的关键问题，如前期投入资金高、陆相页岩油赋存机理、储层流动机理等方面研究不足，页岩储层具微纳米孔喉、粒度小、非均质性强，"甜点"预测存在不确定性、储层压裂技术的不足等特征，这些都是制约我国陆相页岩油气开发的关键问题。

## 第三节　四川盆地侏罗系页岩油勘探进展及存在的主要问题

### 一、四川盆地侏罗系页岩油气勘探进展

四川盆地位于扬子准地台偏西北一侧，作为我国大型淡水浅水湖盆，自震旦纪经历多次构造运动。盆地内涪陵、长宁、威荣和永川等海相页岩气田全面取得突破，但盆地内陆相页岩油气勘探一直未见成效。

盆地内侏罗系是现今唯一富石油资源层系，主要是一套以碎屑岩为主的夹石灰岩的陆相沉积组合，自下而上发育自流井组、凉高山组、沙溪庙组、遂宁组及蓬莱镇组，下侏罗统自流井组内部自下而上为珍珠冲段、东岳庙段、马鞍山段和大安寨段四个层段，其中自流井组东岳庙段、大安寨段和凉高山组发育三套页岩。据四川盆地研究中心评价，三套页岩生油量 $679×10^8$t（凉高山组 $317×10^8$t），资源潜力巨大。

四川盆地经历了源外找油、近源找油与源内找油三个阶段。从 1958 年新中国第一次石油大会战开始，60 余年来仅在源外致密灰岩和砂岩中提交探明储量 $7338×10^4$t，高峰期年产油仅 $20×10^4$t，致使西南地区炼厂所需石油大多依靠进口，运行成本高、效益差，有关四川盆地的石油勘探研究探索工作也一直在继续。

2010 年至 2012 年间，中国石化针对四川盆地元坝、复兴地区自流井组大安寨段、东岳庙段进行评价，多口井测试见中—高产页岩油气流，但因层系岩性复杂、非均质性强、认识不清，"甜点"区认识不明，工程工艺技术尚不成熟、适应性差，勘探并未能有成效。2012 年至 2018 年间继续进行系统性评价，强化认识后落实复兴地区有利勘探目标，优选拔山寺北向斜、拔山寺南向斜区东岳庙段和凉高山组有利层系。2018 年于拔山寺北向斜目标区东岳庙段部署 FY10 井获日产气量 $5.58×10^4$m$^3$、日产油量 17.6m$^3$，2019 年对拔山寺南向斜凉高山组部署 TY1 井获日产气量 $7.35×10^4$m$^3$、日产油量 58.9m$^3$ [15-16]。

2019 年，大庆油田在平昌地区侏罗系生烃中心部署实施 PA1 井，勘探开发从源外走向了源内，在凉高山组获日产气量 $11.45×10^4$m$^3$、日产油量 112.8m$^3$，至此，实现了四川盆地侏罗系页岩油气勘探的历史性重大突破，揭开了侏罗系陆相页岩油气勘探研究序幕[17]。

## 二、四川盆地侏罗系页岩油气勘探面临的主要问题

四川盆地侏罗系页岩油作为石油增储上产的重要领域，已见部分成效，但现阶段对侏罗系页岩的整体研究程度较低，页岩油勘探处于初期阶段，仍存在许多关键问题需要解决。

四川盆地侏罗系为前陆盆地构造背景，沉积中心呈现迁移性，前期研究认为下侏罗统处于龙门山前陆盆地与大巴山前陆盆地转换期。侏罗系现今受四组地应力影响，大安寨段、凉高山组具有"下斜—中空—上超"的地震波组反射特点，但目前侏罗系构造演化、断裂特征及古今应力场特征没有系统研究；且下侏罗统层序地层结构及地层纵向分布特征不清；同时沉积体系展布、湖盆中心迁移特征尚不明确，古物源、古盐度、古气候、古环境等研究尚未开展。

侏罗系页岩前期阶段初步研究表明页岩含油性大于泥岩和粉砂岩；页理缝和网状缝发育处原油轻质组分普遍富集，原油重质组分主要富集在基质中。但页岩油富集机理尚不明确，富集规律及有利区分布也需要深入研究。

此外，侏罗系页岩油储集空间以裂缝、页理缝和微纳米级无机孔隙为主。但前陆盆地背景下富有机质页岩成因机理、黏土矿物演化、孔缝三维结构、油气赋存机理等不清楚，亟须开展相关研究工作，为"甜点"层优选提供重要依据。同时，侏罗系多类型页岩油处于起步阶段，表征"甜点"的关键参数体系及评价标准尚不清晰，针对不同类型储层的页岩油富集层"甜点"地质—测井—地震综合评价标准及方法需攻关建立。

测井技术方面，初步开展了七性参数研究，但可动孔隙度、饱和度、岩石宏观结构表征、三压力解释方法需深化研究；地震预测技术方面，初步形成了岩性和构造缝等地震预测技术，但地震资料分辨率较低、成像效果较差，岩性预测精度不够，多类型页岩油富集层"甜点"评价参数的地震响应机理及刻画方法仍需攻关；分类评价技术方面，初步认为凉高山组上段存在 3 个富集层，但刻画页岩油的七性参数关系不清，"甜点"主控参数边界难确定，评价标准需系统研究。

上述问题都制约着侏罗系页岩油气勘探开发进程，亟须解决。

# 第二章　侏罗系构造演化特征

通过构造发育史等手段分析了四川盆地侏罗系构造演化特征，此时期四川盆地受多次造山运动影响，周边造山带活动频繁，对侏罗系地层沉积起到了一定的控制作用。

## 第一节　区域地质概况

### 一、区域构造背景

四川盆地是在扬子稳定克拉通前震旦纪变质基底上发育起来的呈北东向展布的菱形构造—沉积盆地，是中国重要的含油气盆地。四川盆地的大地构造位置处于扬子准地台上偏西北一侧，是扬子准地台的一个次一级构造单元。印支期时已具盆地雏形，后经喜马拉雅造山运动全面褶皱形成现今构造面貌[18]。

四川盆地具有明显的菱形边框，西北和东南两条边界稍长，呈北东向延伸，相互平行，比较整齐，东北和西南边界略有弯曲，主要是北西向，但向东西方向偏转，四条边界遥相对应，盆地轮廓清晰，与周边不同构造易于区分（图2-1）。环绕盆地外围，靠西北和北东一侧是龙门山、大巴山台缘断褶带，继而向外过渡到松潘—甘孜地槽褶皱系和秦岭地

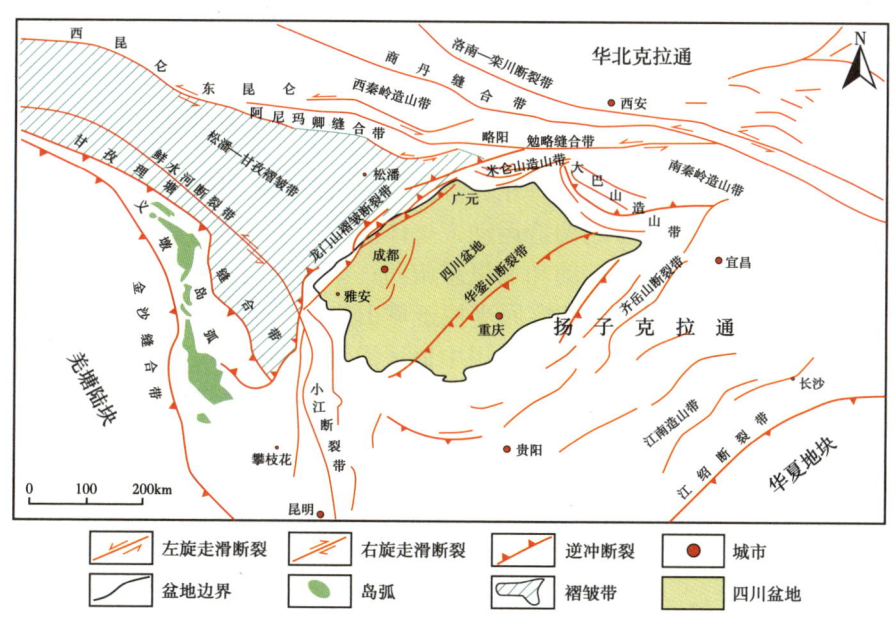

图2-1　四川盆地在扬子克拉通上的位置图

槽褶皱系；东南和西南一侧是滇黔川鄂台褶皱带，自西向东可再划分出八面山断褶带、娄山断褶带和峨眉山凉山块断带等次一级构造单元，并在构造和地形上构成了四川盆地周缘的山地。

盆地轮廓清晰，平面具有明显的分带性，可划分6个次级构造单元：川北低缓构造带、川南低陡构造带、川西低陡构造带、川东高陡构造带、川西南低褶构造带和川中平缓构造带（图2-2a）。盆地岩性类型多样，下部以石灰岩、白云岩和膏盐岩为主，上部主要以砂砾岩、砂岩、泥岩和页岩为主（图2-2b）。

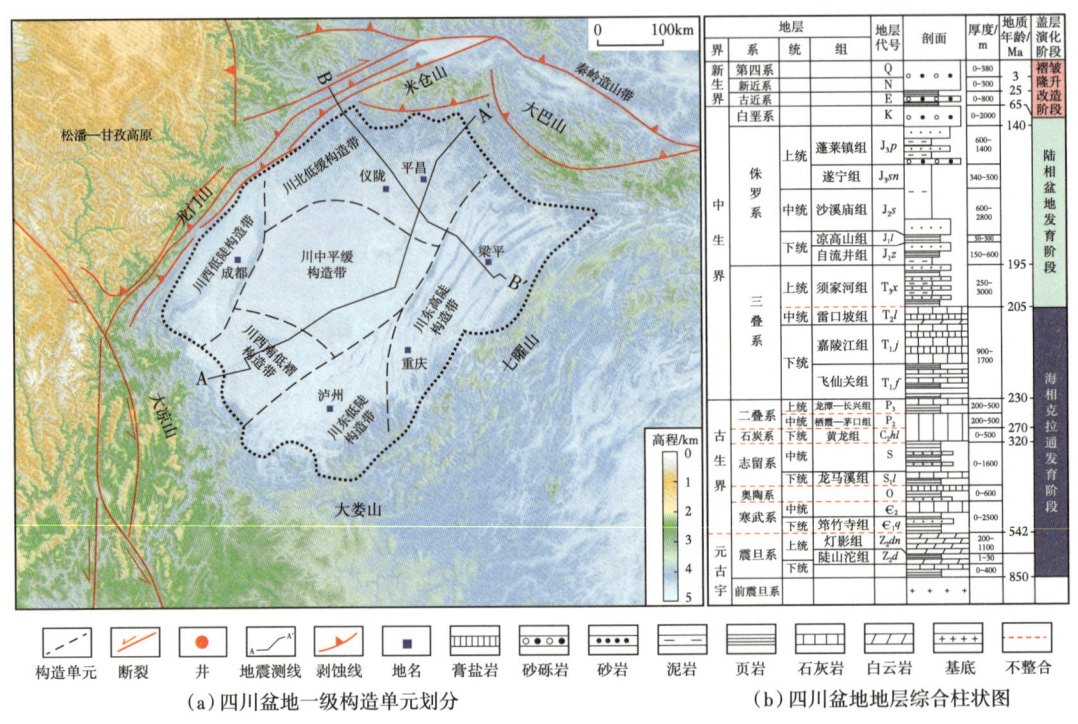

(a) 四川盆地一级构造单元划分　　(b) 四川盆地地层综合柱状图

图2-2　四川盆地一级构造单元划分及地层综合柱状图

四川盆地自基底形成以来经历了海相克拉通发育阶段、陆相盆地发育阶段、褶皱隆升改造阶段3期成盆演化阶段及多期构造运动，整体上经历了3期伸展—聚敛旋回。第1期弱拉张—弱挤压旋回受控于兴凯运动和加里东旋回；第2期弱拉张—挤压旋回受控于峨眉地裂和印支旋回；第3期伸展—聚敛旋回受控于燕山旋回和喜马拉雅旋回。

Ⅰ期伸展阶段：震旦纪—中奥陶世，川中地区发育高角度的走滑断层体系，该时期扬子地块与华夏地块分离，在盆地东南缘江南—雪峰一带形成江南裂陷，同时盆地西缘形成了绵阳—长宁拉张槽（图2-3）。

Ⅰ期聚敛阶段：中晚奥陶世—志留纪末期，川中乐山龙女寺古隆起显现雏形，古华南洋向江绍一带俯冲—消减形成了江南—雪峰造山带，此时扬子、华夏地块形成统一华南板块，进入板内造山阶段（图2-3）。

Ⅱ期伸展阶段：泥盆系—上二叠统，扬子地台西部发生"峨眉地裂运动"，龙门山后山发育增强的裂陷活动，该阶段形成了开江—梁平拉张槽（图2-4）。

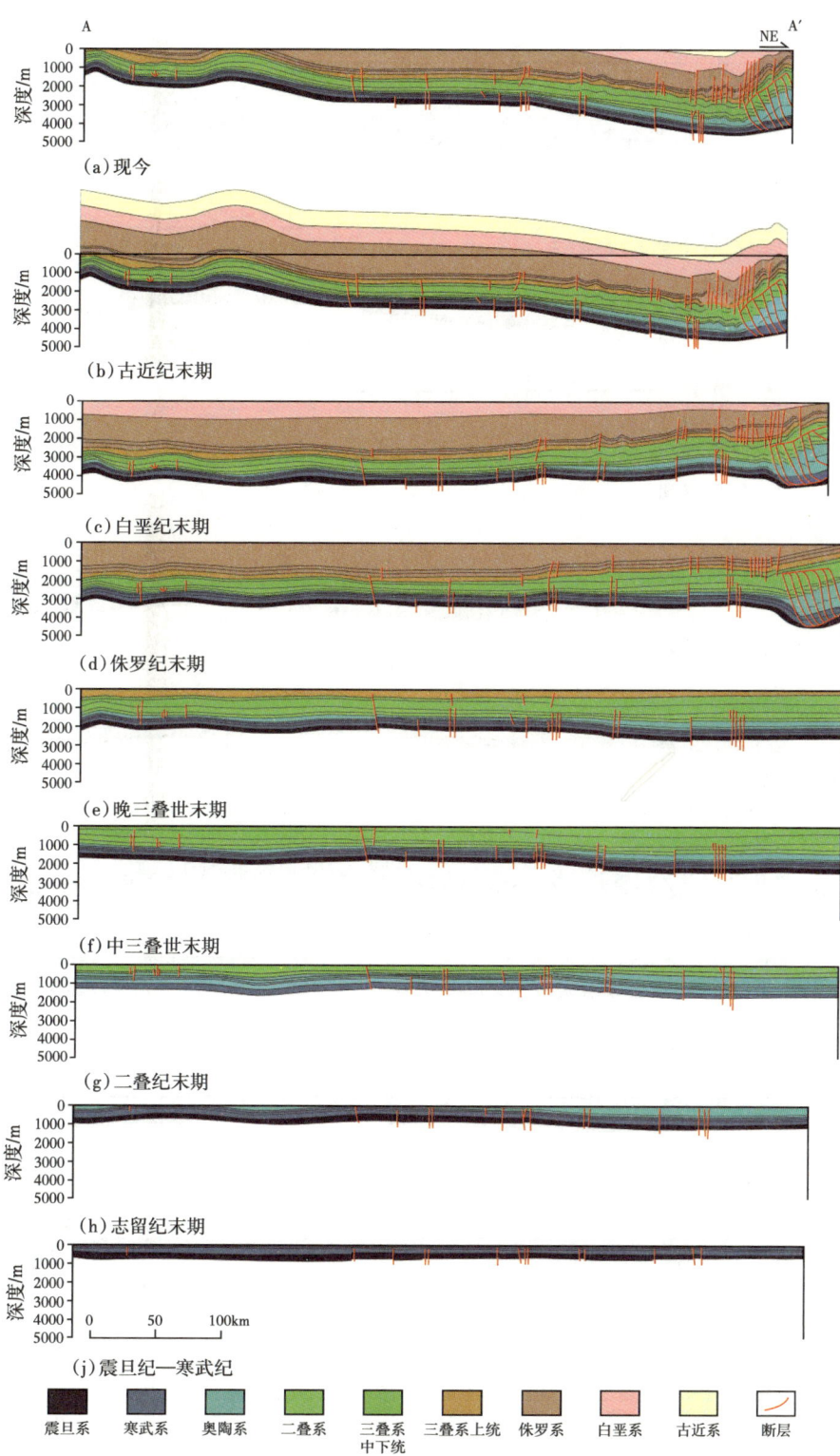

图 2-3　四川盆地 A—A′ 构造发育史

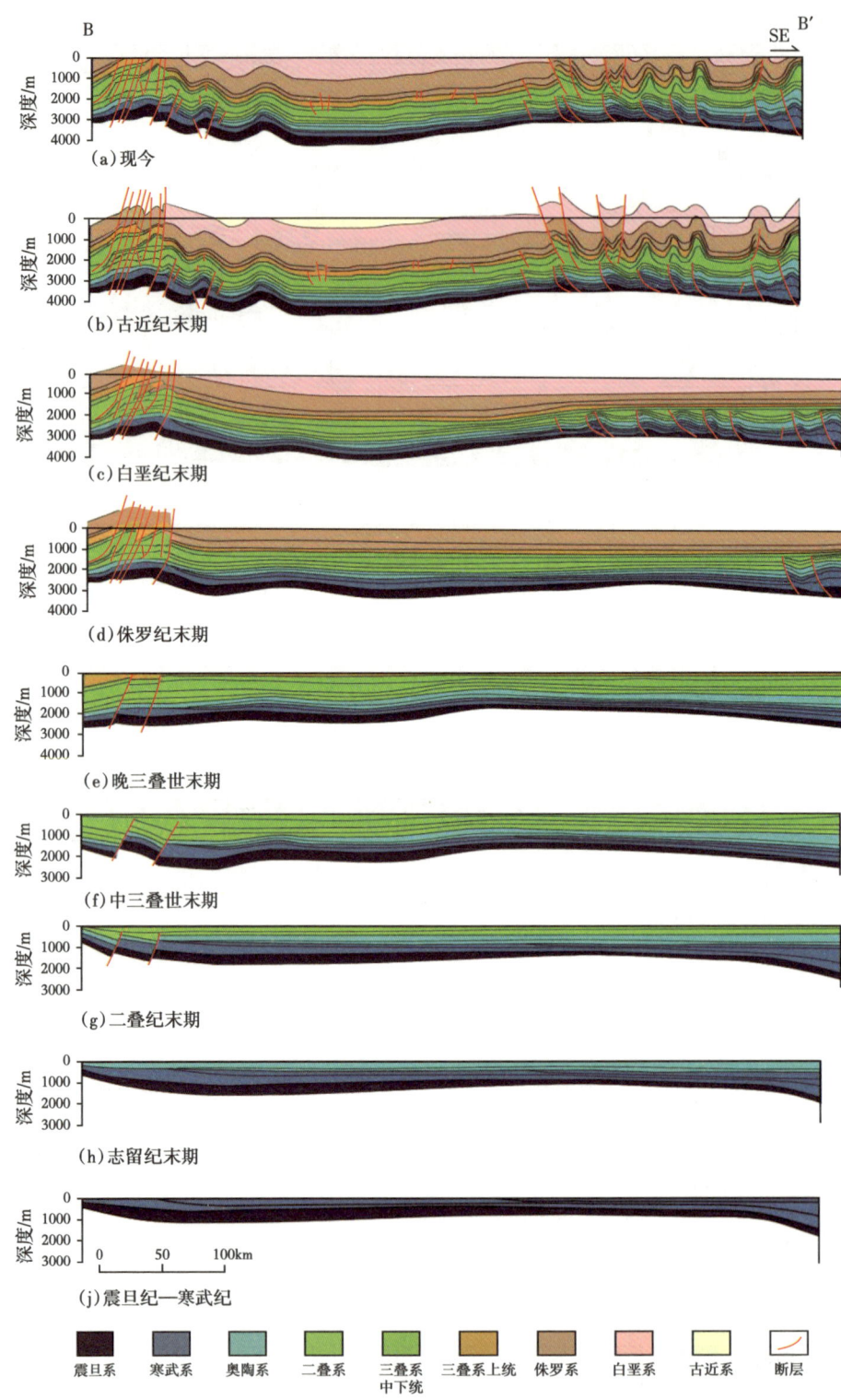

图 2-4 四川盆地 B—B′ 构造发育史

灰褐色、深褐灰色石灰岩与深灰色泥质粉砂岩呈不等厚互层，底以褐灰色石灰岩与下伏筇竹寺组深灰色泥质粉砂岩整合接触。

龙王庙组：龙王庙组在川中地区以褐灰色、深灰色白云岩为主，夹深灰色泥质云岩、砂质云岩及灰色、深灰色鲕粒云岩、豆粒云岩为主，向川东地区为灰白色石膏层、白色盐岩、膏质云岩与深灰色、灰色白云岩不等厚互层，到川东北地区基本以白云岩沉积为主。底与下伏沧浪铺组灰色泥岩整合接触。

高台组：川中地区以灰色、深灰色、黑灰色泥岩、云质泥岩与深灰色、深褐灰色、黑灰色泥质云岩呈不等厚互层，夹深灰色云质粉砂岩、鲕粒云岩；川东南地区为石膏层、膏质云岩与深灰色、灰色白云岩不等厚互层，向川东北地区虽然无钻井钻穿，但从地震上看应为石膏层、膏质云岩与深灰色、灰色白云岩不等厚互层。

洗象池组：上部为灰色、深灰色云岩夹薄层泥质云岩，中上部为深灰色、褐灰色溶孔云岩，夹深灰色云岩，中下部及下部为深灰色、灰色白云岩夹黑灰色、深灰色泥质云岩，深灰色砂质云岩及云质粉砂岩，底以深灰色砂质云岩与下伏高台组深灰色云质粉砂岩整合接触。

**（三）奥陶系**

奥陶系在川东发育较为齐全，一般与上覆志留系和下伏寒武系呈整合接触。

南津关组：岩性为灰色中—厚层砂质白云岩与灰绿色页岩互层，底为灰色、蓝灰色页岩。与下伏三游洞组呈整合接触。

分乡组：城口北部岩性为灰色白云岩、生屑灰岩。城口南部区域的上部岩性为厚层白云质灰岩夹鲕状灰岩及竹叶状灰岩。下部岩性为砂质白云岩与黄绿色页岩互层，底为0.1~1m暗灰色含砾石英砂岩。产四川桐梓虫等化石。与下伏南津关组呈整合接触。

红花园组：岩性为扁豆状灰岩、生屑灰岩与深灰色、黄绿色页岩不等厚互层，夹有鲕状、竹叶状灰岩。与下伏分乡组呈整合接触。

大湾组：上部岩性为灰色中—厚层生物结晶灰岩。中部岩性为黄绿色页岩夹扁豆状灰岩。下部岩性为黄绿色页岩与薄层生屑灰岩互层。与下伏红花园组呈整合接触。

牯牛潭组：灰色、暗灰色中层泥质灰岩及瘤状灰岩夹龟裂纹灰岩，具搅动构造。与下伏大湾组呈整合接触。

庙坡组：灰黑色页岩，中上部夹薄层扁豆状灰岩。与下伏牯牛潭组呈整合接触。

宝塔组：灰色、灰紫色、紫红色厚层龟裂纹泥质灰岩夹瘤状灰岩。与下伏庙坡组呈整合接触。

临湘组：上部岩性为黄绿色、深灰色页岩。下部为灰色中层瘤状灰岩。与下伏宝塔组呈整合接触。

五峰组：岩性为黑色薄层硅质岩、硅质页岩与碳质页岩互层。与下伏临湘组呈整合接触或与宝塔组呈假整合接触。

**（四）志留系**

下统、中统较为发育，中统上部及上统在区内缺失，残留以龙马溪组为主。

龙马溪组：主要岩性为灰黑色、灰色粉砂质页岩、水云母页岩及水云母质粉砂岩，底部为碳硅质页岩、碳质页岩，偶夹重晶石矿，富含笔石化石。与下伏五峰组呈整合接触或与宝塔组呈假整合接触。

## （五）石炭系

为深灰带褐色白云岩、砂屑云岩、角砾云岩、溶孔角砾云岩。粗粉晶结构。底部以深灰色白云岩与志留系呈假整合接触关系。

## （六）二叠系

川东地区二叠系主要为浅海碳酸盐岩沉积为主，分为上、中、下三个统。上统为浅海相、滨海沼泽相沉积物；下统为浅海相沉积物。自上而下分为长兴组、龙潭组、茅口组、栖霞组及梁山组。

梁山组：为一薄层黑灰色页岩，与石炭系深灰色白云岩呈假整合接触关系。

栖霞组：上部深灰色石灰岩；中部上段为灰色石灰岩，其余为深灰色石灰岩，下部深灰色石灰岩。

茅口组：下部主要以深灰色石灰岩、藻屑灰岩、生屑灰岩为主，中上部为灰、黑灰色泥晶灰岩、泥晶生屑灰岩及藻层灰岩，含泥质重。仪陇—平昌区块地层厚度分布总体具有"两厚一薄"的特点，南北龙岗构造带为最厚，中北部的坡西—青草坪、天龙山地层厚度最薄。残余厚度与原始地层厚度有很好的继承性。

龙潭组：上部为深灰、褐灰色石灰岩夹深灰色硅质灰岩及燧石结核灰岩、黑灰色石灰岩；下部以深灰色石灰岩与深灰、黑灰色页岩为主。夹深灰色硅质灰岩、深灰色铝土质泥岩及深灰色玄武岩与黑色煤。仪陇—平昌区块地层厚度总体具有"两厚一薄"的特点，南部龙岗—水口场为地层沉积最厚区，中部平昌—界牌场—龙会场构造和龙会场最薄。

长兴组：为碳酸盐岩台地沉积环境，在不同沉积位置，岩性组合不同。台地边缘为生物礁沉积，斜坡区为厚层状灰、褐灰色石灰岩夹深灰泥晶灰岩、生屑灰岩，海槽以泥页岩沉积为主。仪陇—平昌区块地层厚度总体具有"两厚一薄"的特点，南部龙岗—双河场—营山—水口场为地层沉积最厚区，北侧大巴山前、铁山坡、天龙山为地层最厚区，中部平昌—界牌场—龙会场构造地层厚度最薄。

## （七）三叠系

飞仙关组：三叠纪早期的大规模海侵，基本继承了其海盆东深西浅的特征，川东北地区飞仙关组继承性沉积一套开阔海台地相的碳酸盐岩，飞仙关组沉积末期，由于盆地的萎缩，沉积了几十米干燥气候条件下的黏土岩和石膏、碳酸盐交互地层。仪陇—平昌区块残余地层厚度为180~760m，总体具有"两薄一厚"的特点，南部龙岗—双河场—营山—水口场和大巴山前、铁山坡、天龙山为地层沉积最薄区，根据岩性特征可分为飞四段、飞三—飞一段。

嘉陵江组：为开阔海台地相与局限海半封闭式蒸发相多旋回组合沉积。分五段，嘉五$^2$亚段为灰白色石膏、云质石膏与深灰色、深灰褐色、灰色泥质云岩及白云岩呈不等厚互层。嘉五段膏盐是川东北地区重要的塑性层，对构造形变起着重要作用。嘉一段到嘉四段以石灰岩、白云岩为主。底以浅灰色灰质云岩与下伏飞四段紫红色泥岩呈整合接触。

雷口坡组：为封闭—半封闭海相碳酸盐岩、蒸发岩沉积，由于中三叠世末的印支运动的影响，雷口坡组遭受风化剥蚀，各地残厚不一，铁山坡地区剥蚀至雷一$^3$亚段。

须家河组：为内陆湖盆相砂岩、页岩夹煤系地层沉积。以厚层灰白色、浅灰色、深灰色、灰黑色及灰色中砂岩、细砂岩为主，夹深灰色粉砂岩、黑灰色页岩、灰黑色粉砂质页岩、深灰色泥质粉砂岩及黑色煤，底部夹黑色碳质页岩。底部以黑色碳质页岩与下伏雷口坡组深灰色石灰岩呈假整合接触。

**（八）侏罗系**

大安寨段：地层上部以黑色页岩与褐灰色介壳灰岩不等厚互层，下部为黑色、深灰色页岩夹灰色粉砂岩，底部为灰色粉砂岩。大安寨段地层厚度在仪陇—平昌区块分布相对均衡，全区均有分布，残余地层厚度分布为0~256m，天龙山北翼和水口场局部厚度最薄，大巴山前最厚区为256m。大安寨上段以介壳灰岩为主，介壳灰岩受沉积相带和古地貌控制明显，湖相低隆区及周缘斜坡水动力相对较强，为水下高能相带，是介壳灰岩的有利分布区。

凉高山组：以深灰色、灰绿色、灰黑色泥岩、灰色砂质泥岩为主，夹中厚—薄层状绿灰色、灰绿色、紫褐色细砂岩、粉砂岩及灰黑色泥质粉砂岩。地层残余厚度分布范围为0~482m，总体具有北厚南薄的特点，残余地层最厚位于坡西、青草坪、天龙山构造带，坡西—大巴山前带地层最厚为482m，铁山坡和水口场构造带抬升剥蚀，地层沉积较薄。

沙溪庙组：以紫红色、暗紫红色泥岩、粉砂质泥岩为主，夹灰绿色、绿灰色粉砂岩、泥质粉砂岩、细砂岩。地层厚度区内分布广泛，厚度普遍较大，分布范围为0~2250m，整体具有"三薄一厚"的特点，水口场—税家槽—龙会场、铁山坡、大巴山前为三个最薄区。底部灰绿色粉砂岩与凉高山组深灰色泥岩呈整合接触；电性上以自然伽马值上升半幅点、双侧向值降低半幅点分界。纵向电性、岩性及组合与周边构造具可比性，由于受地表风化剥蚀差异及地形差异，其厚度相差较大。

**（九）白垩系**

白垩系分布于川西盆地及盆地东南部的宜宾—赤水一线，最新地层出露地表，川西南地区局部被第四系覆盖，地层厚度在龙门山和米仓山山前可超1000m，在盆地东南部自贡—宜宾一带可超500m，赤水一带可超300m。白垩系是一套冲积扇、辫状河、湖泊相沉积，岩性组合为砾岩、砂岩、粉砂岩和泥岩等碎屑岩。白垩系自下而上可以划分为天马山组（$K_1t$）、夹关组（$K_1j$）和灌口组（$K_2g$）。

**（十）古近系**

古近系沉积继承了上白垩统沉积的古地理格局，分布在川西南部，岩性主要为砂岩、泥岩沉积，夹粉砂岩和泥灰岩，为河湖、半咸化湖泊相沉积。野外未发现古近系与白垩系之间的不整合，表现为连续沉积。

**（十一）新近系**

新近系主要发育在川西盆地南部，沿芦山—雅安—大邑一线分布。新近系与下伏白垩系、古近系呈角度不整合接触，底部的"大邑砾岩"为灰色块状夹砂岩透镜体。值得注意的是，大邑地区的新近系并不是水平的，发生了构造变形，反映出新近纪之后发生过构造运动。

**（十二）第四系**

主要发育在盆地西南部，沿邛崃—大邑—郫都—德阳一线分布，普遍厚几米到200m，局部可达500m（岷江附近）。第四系为一套河流相沉积，局部发育湖泊相，岩石类型有泥岩、砂岩、粉砂岩和砾岩，砾岩分布广泛，地层产状近于水平，不整合于较老地层之上。

## 第二节 区域构造演化特征

### 一、构造特征

仪陇—平昌区块横跨川北低缓构造带、川西低隆构造带、川东高陡构造带等 3 个二级构造带。受川中古隆起抬升、川东华蓥山和川北大巴山夹持，研究区主体呈南东高北西低构造格局，整体向北西倾斜，斜坡构造背景下发育局部低幅度构造，东部华蓥山北部大巴山形成两组走向高陡构造。综合前人认识，结合本区的构造形变特征和沉积特点，故而将研究区仪陇—平昌区块划分为大巴山前断褶带、平昌洼槽带、华蓥山高陡构造带、营山—龙岗斜坡带 4 个二级构造单元（图 2-6）。

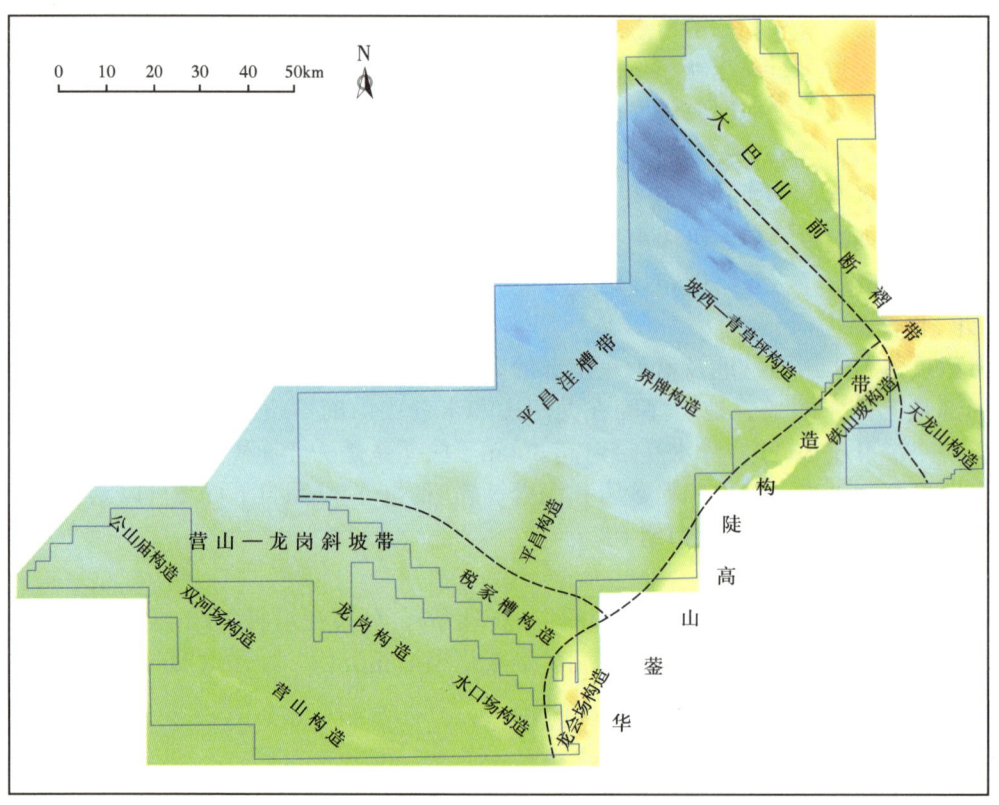

图 2-6 仪陇—平昌地区构造单元划分

其中大巴山前断褶带为大巴山前构造带，以北西向断裂较为发育，断裂分割为成排成带的局部构造；东侧华蓥山高陡构造带是盆地内褶皱最强烈的地区，形成北东向高陡构造带和断裂带组成的隔挡式褶皱，受华蓥山影响，构造带走向为北东向，背斜紧凑，向斜宽缓，成排成带平行排列；斜坡构造带是盆地内褶皱最弱的地区，区内构造低缓，断层较少，属低缓褶皱类型；洼槽带为山前断褶带和斜坡带的过渡区域，海相沉积时期为海槽区，后期继承性发育，为负向构造单元。

## 二、川东北地区侏罗系构造演化特征

盆地在晚三叠世进入陆相演化阶段，其中上三叠统和侏罗系是主要的含油气层系，发育须家河组、自流井组大安寨段和沙溪庙组3套重要储层。

四川盆地进入陆相盆地阶段，盆地沉降特征受周缘造山运动影响，受米仓山、大巴山、龙门山及雪峰山四个造山带多期次非同步异方位的逆冲推覆交替活动控制[19-20]，盆内各坳陷带的盆—山耦合过程具有强烈的阶段性和迁移性（图2-7）。

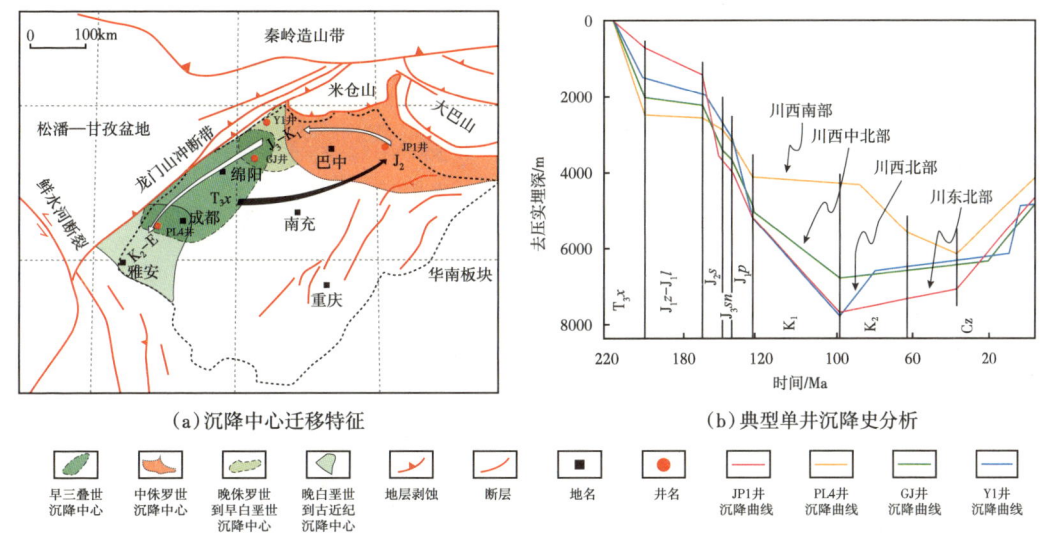

图2-7 四川盆地陆相阶段沉降中心变化及沉降史分析图

上三叠统沉积时期：晚印支期阶段，龙门山原地隆升和北大巴山向盆内推覆。盆地受到龙门山冲断作用影响，首先在川西地区形成前陆盆地，PL4井、GJ井表现为快速沉降特征，该时期形成须一段的烃源岩，主要分布范围集中在川西，地层展布方向为北西—南东向展布，向南东向逐渐减薄。

下侏罗统沉积时期：早燕山期阶段，盆地主要作用山系是米仓山和大巴山，造山作用较弱，整体表现为弱拉张阶段。盆地在该沉积时期，整体沉降平缓，川东北地区JP1井沉降速率略大于川西地区，表现为湖相沉积，形成下侏罗统泥岩深水湖相沉积。该时期造山活动较弱或未发生明显造山活动。

中侏罗统沉积时期：中燕山期阶段，该时期南大巴山向盆内推覆，造山作用较强。JP1井沉降量明显大于其他井的沉降量，表明该阶段主要沉降中心位于川东北地区，作用山系为大巴山。

上侏罗统—下白垩统沉积时期：晚燕山期阶段，古太平洋板块俯冲到欧亚板块之下，江南—雪峰构造带向川东南方向发生逆冲推覆，在川东南地区发育一系列的隔挡隔槽式褶皱。川东北地区受北部秦岭造山带影响，龙门山北段发生隆升，控制了上侏罗统—下白垩统地层沉积，GJ井和Y1井沉降速率最快。

上白垩统—古近系沉积时期：进入喜马拉雅期，受喜马拉雅运动影响，南秦岭造山完成向盆内推覆作用，形成反向对冲使米仓山和大巴山发生原地隆升的构造变位，地层发生大规模抬升剥蚀，龙门山南段受喜马拉雅造山运动影响，发生隆升，在山前形成川西南前陆地区，发生沉降，沉降特征明显。

始新世以来，受喜马拉雅造山运动影响，大巴山和米仓山活动较为强烈，盆地很少接受沉积，盆地整体大规模抬升，发生抬升剥蚀。

下侏罗统沉积时期经历快速伸展沉降、填平补齐、大巴山阶段性造山，沉降中心向川东北迁移。珍珠冲段—马鞍山段为快速伸展沉降，东岳庙段—大安寨段沉积时期为填平补齐阶段，凉高山组沉积时期地层沉积平稳（图2-8和图2-9）。

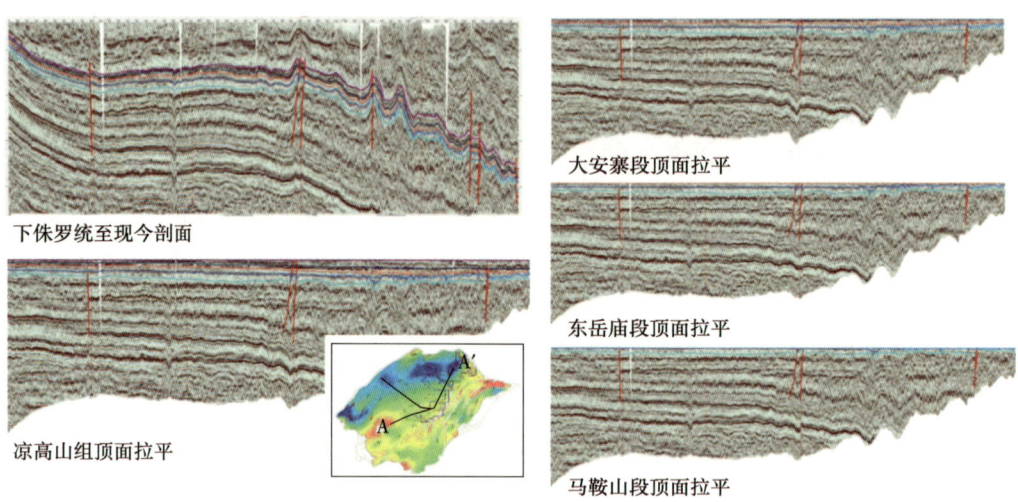

图2-8 四川盆地下侏罗统构造演化特征（南北向）

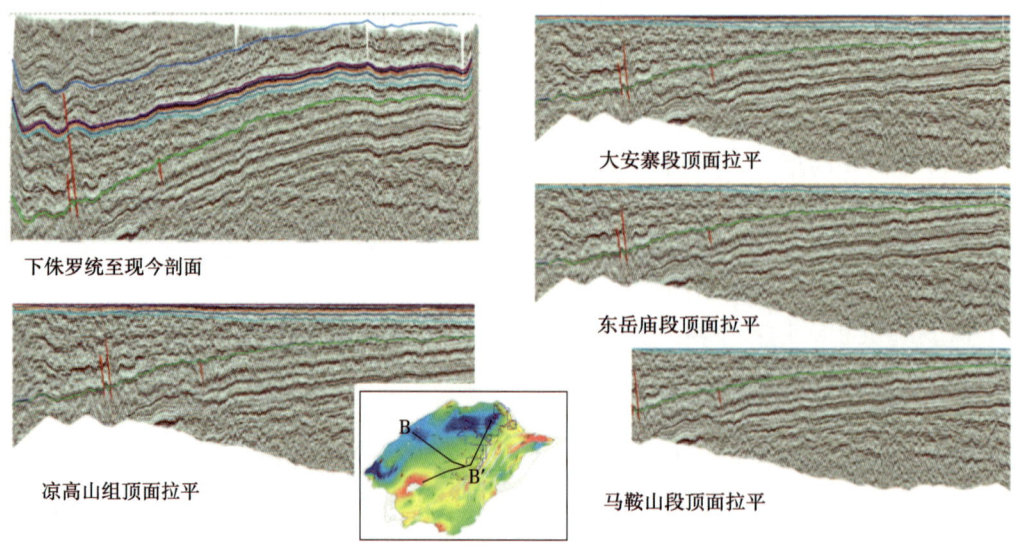

图2-9 四川盆地下侏罗统构造演化特征（东西向）

# 第三章 侏罗系沉积演化特征

四川盆地侏罗系整体以湖泊—三角洲—河流沉积体系为主，整体经历三期湖泛期，分别为自流井组东岳庙段与大安寨段，以及凉高山组凉上段，对应侏罗系三套页岩发育层。通过不同时期沉积物演化特征分析，可以很好地恢复侏罗系沉积演化过程。

## 第一节 地层层序划分

### 一、地层特征

侏罗纪历时63~73Ma，在研究区沉积最厚达4000m，一般由厚2500~3500m的河流—三角洲—湖泊相的暗色、杂色、红色碎屑岩建造。其中，下侏罗统以三角洲—湖泊相的暗色碎屑岩、碳酸盐岩沉积为特征，中侏罗统以红—绿间互的河—湖交织相杂色碎屑岩沉积为特征，上侏罗统以氧化宽浅湖相及河—湖交织相红层沉积为特征（图3-1）。

在研究区，前人依据古生物化石、岩性、电性资料及旋回地层学原理，以及区域性对比标志层能反映最大一级湖泛面的泥灰岩或暗色泥页岩，如叶肢介页岩等，并以紧邻其上的砂岩为底，将侏罗系自下而上划分为自流井组（$J_1z$）、凉高山组（$J_1l$）、沙溪庙组（$J_2s$）、遂宁组（$J_3sn$）和蓬莱镇组（$J_3p$）。而且，又据次一级湖泛面的泥灰岩或暗色泥页岩，如东岳庙石灰岩、大安寨石灰岩及其可比的黑色页岩等，将自流井组划分为珍珠冲段（$J_1zh$）、东岳庙段（$J_1d$）、马鞍山段（$J_1m$）和大安寨段（$J_1dn$）；将凉高山组划分为凉下段（$J_1l^1$）与凉上段（$J_1l^2$），将沙溪庙组划分为下沙溪庙组（$J_2s^1$）、上沙溪庙组（$J_2s^2$）。本章采用罗玉宏、黄仕强等的划分方案。其中，上侏罗统剥蚀严重，中—下侏罗统在区内广泛分布，是四川盆地重要的产油层系（其他层系均为气层）[21-23]。

#### （一）自流井组（$J_1z$）

1. 珍珠冲段（$J_1zh$）

下侏罗统自流井组珍珠冲段底部发育一套磨圆较好的、呈叠瓦状排列的石英质砾石层，与下伏须家河组不整合接触。该套砾岩在达县一带砾石直径变大，分选变差，反映了研究区东部可能有局部物源存在。研究区南部地区沉积厚度为100~130m，主要为一套紫红色泥岩夹薄—中层状粉—细砂岩。研究区东北部由于靠近沉积中心，厚度变大，为110~180m，并且下部主要为一套灰黑色泥岩与中—厚层状粉—细砂岩的互层，向上泥岩逐渐变为灰绿色—紫红色，反映出水体逐渐变浅的过程，并且在达县铁山野外剖面珍珠冲段上部发现有植物根土岩的存在，反映了一种水体极浅，甚至局部暴露的沉积环境。

总之，在研究区东南部珍珠冲段主要以三角洲平原水下分流河道沉积为主，向北至龙岗地区水体变深，为滨浅湖沉积。

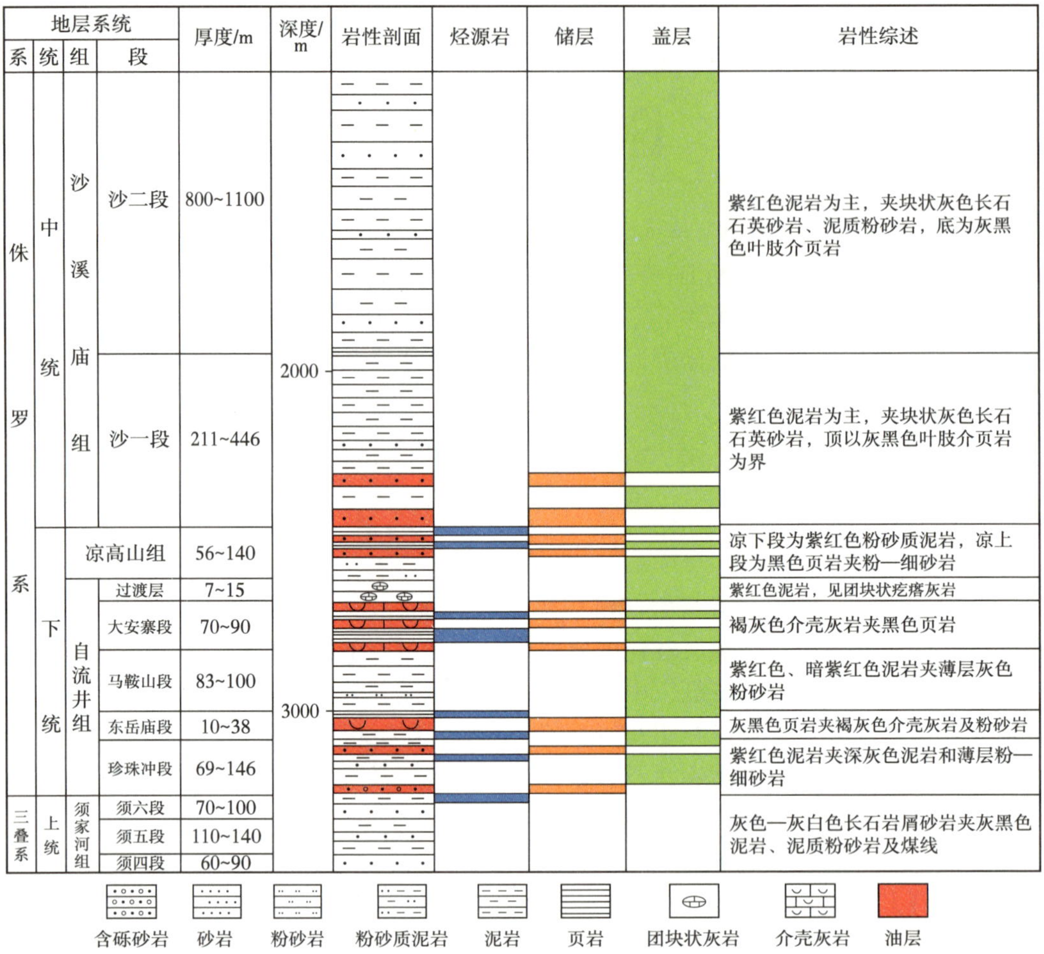

| 地层系统 | | | 厚度/m | 深度/m | 岩性剖面 | 烃源岩 | 储层 | 盖层 | 岩性综述 |
|---|---|---|---|---|---|---|---|---|---|
| 系 | 统 | 组 | 段 | | | | | | |
| 侏罗系 | 中统 | 沙溪庙组 | 沙二段 | 800~1100 | | | | | 紫红色泥岩为主,夹块状灰色长石石英砂岩、泥质粉砂岩,底为灰黑色叶肢介页岩 |
| | | | 沙一段 | 211~446 | 2000 | | | | 紫红色泥岩为主,夹块状灰色长石石英砂岩,顶以灰黑色叶肢介页岩为界 |
| | 下统 | | 凉高山组 | 56~140 | | | | | 凉下段为紫红色粉砂质泥岩,凉上段为黑色页岩夹粉—细砂岩 |
| | | 自流井组 | 过渡层 | 7~15 | | | | | 紫红色泥岩,见团块状疙瘩灰岩 |
| | | | 大安寨段 | 70~90 | | | | | 褐灰色介壳灰岩夹黑色页岩 |
| | | | 马鞍山段 | 83~100 | 3000 | | | | 紫红色、暗紫红色泥岩夹薄层灰色粉砂岩 |
| | | | 东岳庙段 | 10~38 | | | | | 灰黑色页岩夹褐灰色介壳灰岩及粉砂岩 |
| | | | 珍珠冲段 | 69~146 | | | | | 紫红色泥岩夹深灰色泥岩和薄层粉—细砂岩 |
| 三叠系 | 上统 | 须家河组 | 须六段 | 70~100 | | | | | 灰色—灰白色长石岩屑砂岩夹灰黑色泥岩、泥质粉砂岩及煤线 |
| | | | 须五段 | 110~140 | | | | | |
| | | | 须四段 | 60~90 | | | | | |

图例:含砾砂岩 砂岩 粉砂岩 粉砂质泥岩 泥岩 页岩 团块状灰岩 介壳灰岩 油层

图 3-1 研究区中—下侏罗统地层综合柱状图

2. 东岳庙段($J_1d$)

自流井组东岳庙段在珍珠冲段湖盆的基础上开始水进,湖盆面积和湖水深度都较珍珠冲段沉积期明显扩大。研究区主要以半深湖泥页岩沉积为主,夹少量的泥质介壳灰岩薄层或条带,少见泥质粉砂岩;在研究区东南部介壳层较为发育,反映了较浅的水深。该段中,所见介壳化石个体较小,且呈定向排列,大多双壳完整,部分破碎,反映了一种相对安静的沉积环境。该岩性段在研究区内沉积厚度为24~68m,总体沉积厚度稳定,多集中在40m左右。

3. 马鞍山段($J_1m$)

自流井组马鞍山段在东岳庙段湖进期的基础上湖盆开始萎缩,主要为滨—浅湖沉积环境,发育一套灰绿色泥岩夹灰色泥质粉砂岩,少见介壳灰岩条带,部分地区可能发育暗色泥页岩。研究区内厚度为30~125m,沉积厚度变化较大,略呈中部厚、四周薄的趋势。研究区中部的营山北部地区、龙岗南部地区沉积厚度较大;研究区西部的公山庙地区沉积厚度薄。介壳灰岩不发育和泥岩以灰绿色为主,说明马鞍山段沉积期整体水体较浅。

4. 大安寨段（$J_1dn$）

自流井组大安寨段沉积时期为研究区第二次大的湖侵期，但其内部也有明显的湖水深浅变化。厚70~120m，主要以灰色、灰褐色介壳灰岩，黑色、暗色泥页岩为主，主要表现为两端厚层的介壳灰岩和中间的黑色泥页岩夹薄层介壳灰岩、石灰岩，或泥页岩与石灰岩、介壳灰岩互层。前人在大量工作的基础上，以这种特点将大安寨段划分为：大一、大二和大三三个亚段。大三亚段沉积期时，研究区主要发育一套暗色泥页岩与介壳灰岩的不等厚互层，厚度为5~20m。大二亚段沉积期时，湖水在大三亚段的基础上继续变深，研究区大部分地区都处于半深湖泥页岩亚相沉积环境中，主要发育一套暗色泥页岩夹介壳灰岩条带或薄层，厚度为30~70m。大一亚段沉积期时，研究区内主要发育介壳滩、泥质介壳滩和半深湖泥页岩亚相，在该时期，湖平面变化比较频繁，介壳和腹足等生物繁盛，岩性以介壳灰岩与暗色泥页岩的不等厚互层为主，常见一些泥质粉砂岩的薄层，厚度为27~60m[24-25]。

总体来说，大安寨段的沉积厚度比较稳定，厚80m左右。以研究区北西部仪陇地区、研究区中北部的龙岗地区最厚。

（二）凉高山组（$J_1l$）

凉高山组沉积期由于北部大巴山和米仓山的局部隆升，物源供给增加。凉高山组可以看成是湖泊相广泛发育的自流井组和河流相为主的沙溪庙组的过渡。

1. 凉下段（$J_1l^1$）

凉下段与大安寨段湖侵期相比，湖盆面积明显萎缩，沉积相以三角洲前缘和滨浅湖为主，主要发育一套杂色泥岩与灰绿色泥质粉砂岩的不等厚互层，局部地区偶见黑色页岩夹层和团块灰岩。凉下段厚度为20~80m，总体上厚度变化趋势为从西向东或自北而南逐渐加厚。

2. 凉上段（$J_1l^2$）

凉上段沉积期，为研究区又一次湖进期，但由于陆源碎屑的持续供给，研究区内介壳灰岩已经开始变少，以陆源碎屑沉积为主。主要发育浅—半深湖泥页岩、浅湖沙坝、席状砂，在达县等地还发育三角洲前缘等微相。岩性主要为暗色泥页岩夹浅灰色粉—细砂岩，常见薄—中层状的介壳灰岩，植物碎屑等常见。凉上段厚度为60~150m，总体上厚度变化趋势为从西向东或自北而南逐渐加厚。

（三）沙溪庙组（$J_2s$）

沙溪庙组沉积期，由于盆缘山系的强烈隆升提供了大量的陆源碎屑物，研究区开始进入河流相为主的沉积期。下沙溪庙组岩性以杂色泥岩与灰绿色、灰色粉砂岩互层为主，含钙质团块和结核，夹灰色—黄灰色岩屑长石砂岩、长石砂岩。顶部为一套暗色页岩，即"叶肢介页岩"，是四川盆地的重要区域标志层之一。底部一般以一套巨厚层的粉—细砂岩作为和凉高山组的分界标志。该组厚度在200~500m内变化，总体上厚度变化趋势为从西向东或自北而南逐渐加厚，龙岗腹地沉积厚度最大。

1. 沙一段（$J_2s^1$）

上部岩性为紫灰、浅灰色细—中粒岩屑长石砂岩，长石砂岩与紫红、暗紫红泥岩、粉砂岩不等厚互层。顶部为紫灰色含灰质细粒岩屑长石石英砂岩与遂宁组分界。中部岩性为紫红、暗紫红色泥岩、粉砂质泥岩夹灰绿、浅绿灰色细粒长石砂岩及粉砂岩。下部岩性为浅灰、浅绿灰色中—细粒岩屑长石砂岩、长石石英砂岩及长石砂岩与紫红、暗紫红色泥岩、粉砂质泥岩不等厚互层。普遍含灰质团块、灰绿色条带及色斑。

2. 沙二段（$J_2s^2$）

上部岩性为紫红、暗紫红色泥岩夹浅绿灰色细粒长石砂岩及浅灰色含石膏细—中粒混合砂岩。顶部为紫红色泥岩，质较纯，局部具页理，较硬脆。中部岩性为紫红色、暗紫红色泥岩，深灰绿色泥质粉砂岩与绿灰色、灰绿色含泥细粒长石岩屑砂岩，混合砂岩不等厚互层。下部岩性为暗紫红色泥岩夹浅灰、浅绿灰色中—细粒混合砂岩，长石岩屑粉砂岩。

## 二、层序划分

划分和识别层序界面作为最直接和最客观的手段，是对野外露头或钻井岩心中的宏观标志进行分析研究，利用其特殊成因意义的界面，如构造不整合面、大型冲刷侵蚀面、水进超覆面、岩性突变面和最大洪泛面等界面类型，结合剖面结构和相序的变化规律划分层序，其中以识别不同级别和成因类型的不整合面最为重要[26-27]。本次选择了4条实测野外剖面，分析了各剖面中发育的界面特征、岩性岩相垂向变化特征等。

### （一）大型冲刷侵蚀面

此类界面在野外较易识别，如在南江剖面（图3-2），沙溪庙组之间则表现为沙二段大套砂岩叠置于沙一段黑色泥岩之上（图3-3和图3-4）；珍珠冲段底部砾岩层叠置在下伏须家河组黑色泥岩之上（图3-5和图3-6）。该界面的形成机理与基准面大幅度快速下降造成的侵蚀冲刷作用有关，一般以冲刷面具有一定的起伏变化幅度为重要识别标志。

### （二）岩性岩相转换面

此类界面在研究区广泛发育，它是在湖平面下降速率小于盆地沉降速率条件下形成的。这种转化可以是两个由粗到细的正向结构的转化，也可以是由细到粗的逆向结构到正向结构的转化，在界面上可以见到岩性的突变。

### （三）最大湖泛面

最大湖泛面一般代表层序中水深最大部位的沉积产物，相当于海相层序中的凝缩层或凝缩段，代表长期基准面持续上升的进积→退积序列折向下降的加积→进积序列的相转换面。根据此界面可以将一个层序划分为湖进体系域与湖退体系域。一般最大湖泛期标志性沉积物为具有区域代表性的泥页岩或生物碎屑等。最大湖泛面的指示标志主要为两套岩层：下沙溪庙组顶部的"叶肢介页岩"和凉高山组黑色页岩（图3-7和图3-8）。

### （四）测井层序界面特征及识别标志

在钻井岩心较少的情况下，可以运用测井相方法对沉积相和层序进行划分。在研究区地层研究中，应用最多和较为可靠的测井曲线主要为自然伽马和视电阻率。由于自然伽马和视电阻率测井曲线的响应值主要受沉积物中泥质含量（除高伽马的长石砂岩）、分选性和粒度的变化影响大，因此，由测井值的变化可提供沉积环境的水动力状况、物源供给条件、沉积作用方式（进积、加积、退积）、剖面结构和沉积相演化序列等诸多方面的信息。在应用测井曲线进行层序界面识别和沉积相、沉积层序划分时，主要利用其标志性特征的几个结构要素，包括形态、圆滑程度、接触关系、组合特征、叠加样式等测井相特征加以判别。

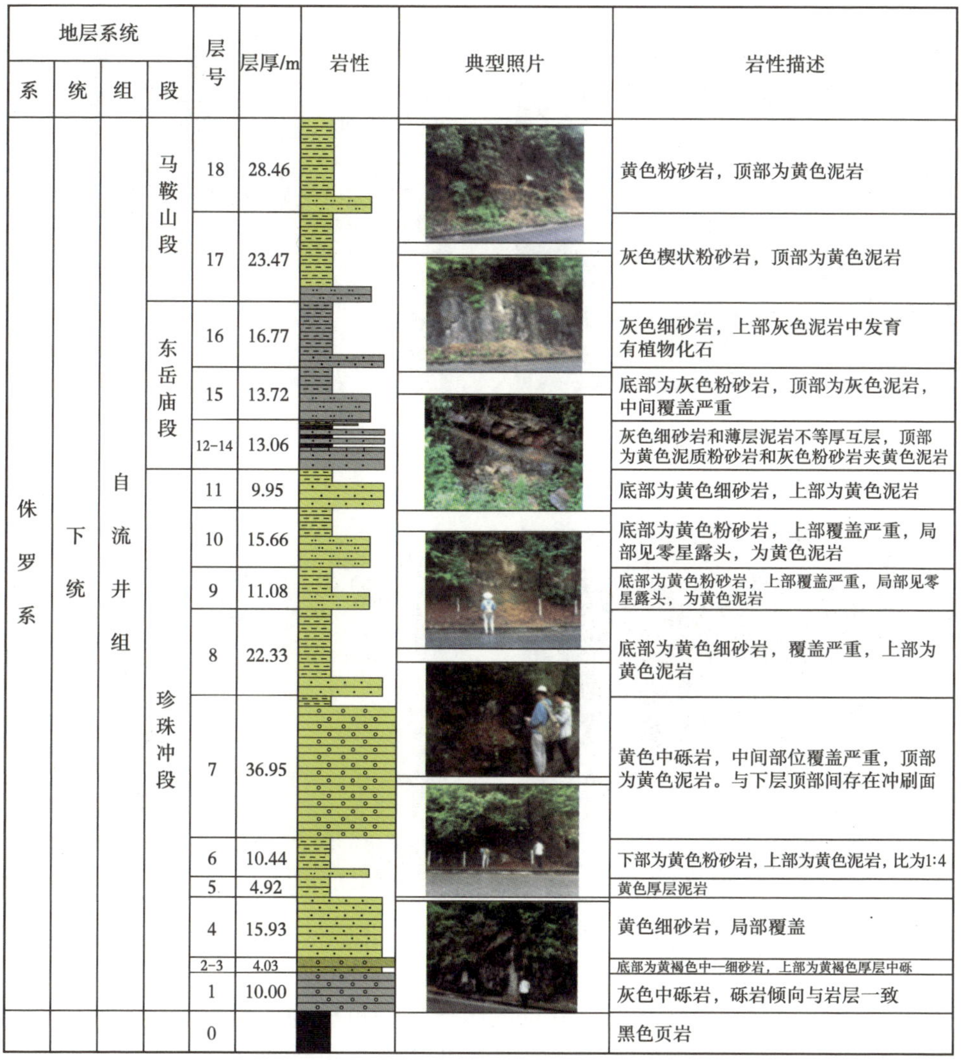

| 地层系统 | | | 层号 | 层厚/m | 岩性 | 典型照片 | 岩性描述 |
|---|---|---|---|---|---|---|---|
| 系 | 统 | 组 | 段 | | | | |
| 侏罗系 | 下统 | 自流井组 | 马鞍山段 | 18 | 28.46 | | | 黄色粉砂岩，顶部为黄色泥岩 |
| | | | | 17 | 23.47 | | | 灰色楔状粉砂岩，顶部为黄色泥岩 |
| | | | 东岳庙段 | 16 | 16.77 | | | 灰色细砂岩，上部灰色泥岩中发育有植物化石 |
| | | | | 15 | 13.72 | | | 底部为灰色粉砂岩，顶部为灰色泥岩，中间覆盖严重 |
| | | | | 12–14 | 13.06 | | | 灰色细砂岩和薄层泥岩不等厚互层，顶部为黄色泥质粉砂岩和灰色粉砂岩夹黄色泥岩 |
| | | | 珍珠冲段 | 11 | 9.95 | | | 底部为黄色细砂岩，上部为黄色泥岩 |
| | | | | 10 | 15.66 | | | 底部为黄色粉砂岩，上部覆盖严重，局部见零星露头，为黄色泥岩 |
| | | | | 9 | 11.08 | | | 底部为黄色粉砂岩，上部覆盖严重，局部见零星露头，为黄色泥岩 |
| | | | | 8 | 22.33 | | | 底部为黄色细砂岩，覆盖严重，上部为黄色泥岩 |
| | | | | 7 | 36.95 | | | 黄色中砾岩，中间部位覆盖严重，顶部为黄色泥岩。与下层顶部间存在冲刷面 |
| | | | | 6 | 10.44 | | | 下部为黄色粉砂岩，上部为黄色泥岩，比为1:4 |
| | | | | 5 | 4.92 | | | 黄色厚层泥岩 |
| | | | | 4 | 15.93 | | | 黄色细砂岩，局部覆盖 |
| | | | | 2–3 | 4.03 | | | 底部为黄褐色中—细砂岩，上部为黄褐色厚层中砾 |
| | | | | 1 | 10.00 | | | 灰色中砾岩，砾岩倾向与岩层一致 |
| | | | | 0 | | | | 黑色页岩 |

图 3-2 南江剖面自流井组珍珠冲段—马鞍山段野外剖面图

图 3-3 南江剖面沙二段底界面（黑色泥岩/砂岩）

图 3-4 南江剖面沙一段顶部黑色泥岩

图 3-5　南江珍珠冲段底界侵蚀面（一）

图 3-6　南江珍珠冲段底界侵蚀面（二）

图 3-7　南江沙一段底界面（黑色泥岩/砂岩）

图 3-8　南江凉高山组黑色泥岩

通过对各组段的测井曲线分析，常见的组合类型可分为3类：（1）底部突变、向上渐变的退积式组合；（2）下部渐变、顶部突变的进积式组合；（3）自下而上均变的加积式组合。在测井剖面中，所标定的主要层序界面位置大多数位于突变的钟形、箱形或侧积式曲线的底界。

由测井相特征反映的层序界面和层序演化特征，与地震、地表露头（或钻井岩心）中识别的层序界面和层序特征具有较好的对应关系。因此，在露头层序研究的基础上，通过分析钻井资料所提供的岩石的颜色、成分、结构和沉积构造、剖面结构、相序等沉积学标志，结合测井曲线特征，进行了井资料的层序地层学分析。凉高山组自下向上，颜色由浅变深再变浅，粒度由粗变细再变粗，沉积由加积式到退积式再到进积式，表现为一套水体由浅变深又变浅的完整沉积旋回，可以划分出一个完整的三级层序，进一步细分出低水位体系域、湖侵体系域和高水位体系域。

### （五）地震层序界面特征及识别标志

由于层序地层学是在地震地层学基础上发展起来的，因此，地震勘探中获得的反射波资料是地层的地震响应，同一反射界面的反射波有相同或相似的特征，如反射波振幅、波形、频率、反射波波组的相位个数等。根据这些特征，沿横向对比追踪同一反射界面的反射，也就实现了同一地质界面的对比，进而实现了层序划分。

地震地层学认为，地震反射界面反映的是沉积地层的年代界面，故不同的地震同相轴反射终止类型表明了地层的不同的尖灭形式，因此地震反射终止类型是识别层序的重要标识之一。运用地震资料解释层序的发育及空间展布是一项最直观、最有效的研究方法，同时也是易于为大部分研究者所接受的研究方法。地震反射终止现象包括削蚀、顶超、上超、下超和平行等几种类型。

在研究区钻井岩心数据观察和测井曲线特征分析基础上，建立地层层序划分标准，通过制作人工合成地震记录，在全区进行地层层序划分研究。研究结果表明：四川盆地仪陇—平昌区块地层层序为近似平行分布，根据沉积时期的不同，地层沉积厚度存在差异，反映出沉积环境和沉积特征受构造特征影响明显（图3-9）。

1. 珍珠冲段底

珍珠冲段沉积处于湖水体变浅的过程，由于受构造特征影响，珍珠冲段沉降中心位于JP1井附近，因此地层厚度总体表现为东北部大，向西南方向变薄。珍珠冲段底部在东北部发育一套砾岩，在西南部以细砂岩为主，与下伏须家河组呈不整合接触，地震剖面上表现中弱振幅，连续性中等。

2. 东岳庙段底

东岳庙段在珍珠冲湖盆沉积的基础上，湖平面上升。受水进的影响，总体沉积厚度稳定，厚度多集中在40m左右。东岳庙段底部发育一套黑色页岩，与下伏珍珠冲段砂—泥岩互层形成明显岩性差异，地震剖面上表现为平行反射结构，中弱振幅，连续性中等。

3. 马鞍山段底

马鞍山段在受东岳庙段湖进沉积的基础上，湖平面下降，湖盆萎缩，沉降中心位于研究区中部，总体呈现中部厚、四周薄的趋势。研究区中部的营山北部地区，龙岗南部地区沉积厚度较大；研究区西部的公山庙地区沉积厚度薄。马鞍山段底部以泥岩为主，与下伏东岳庙段介壳灰岩形成明显岩性对比，地震剖面上表现为平行反射结构，中强振幅，连续性好。

4. 大安寨段底

大安寨段沉积为第二次大的湖进期，总体沉积厚度稳定，研究区北西部仪陇地区、中北部的龙岗地区相对较厚。大安寨段底部发育一套黑色页岩与介壳灰岩不等厚互层，与下伏马鞍山段顶部以砂—泥岩互层存在明显岩性变化，地震剖面上表现为平行反射结构，强振幅，连续性好。

5. 凉高山组底

凉高山组沉积期受北部大巴山和米仓山的局部隆升影响，物源供给增加，沉积环境由湖泊沉积向河道沉积过渡。沉积厚度变化不大，变化趋势为从西向东或自北而南逐渐加厚。凉高山组下段发育一套砂—泥岩不等厚互层，与下伏地层大安寨段的泥页岩夹介壳灰岩形成明显岩性差异，地震剖面上表现为平行反射结构，强振幅，连续性好。

6. 沙溪庙一段底

沙溪庙组沉积时期，受盆缘山系的强烈隆升影响，以河流相沉积为主，岩性以杂色泥岩与灰绿色、灰色粉砂岩互层为主。总体上厚度变化从西向东，自北而南逐渐加厚，龙岗腹地沉积厚度最大。沙溪庙一段底部一般以一套巨厚层的粉—细砂岩为岩性标志。地震剖面上表现为平行反射结构，中强振幅，连续性中等。

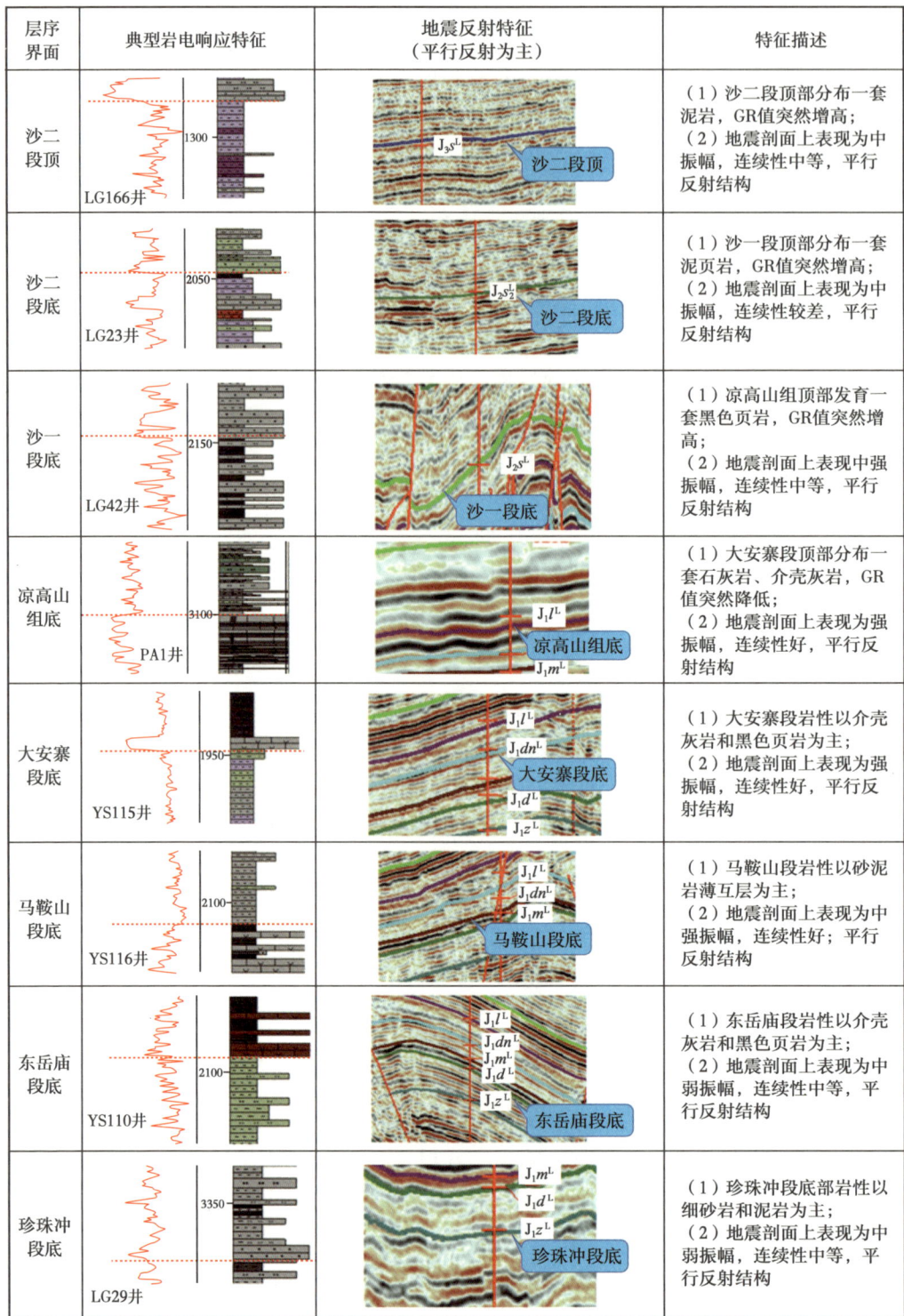

图 3-9　四川盆地仪陇—平昌区块中—下侏罗统岩性—测井—地震界面追踪识别

7. 沙溪庙二段底

沙溪庙二段底界之下岩性为一套暗色页岩，即"叶肢介页岩"，是四川盆地的重要区域标志层之一，与上覆地层存在明显岩性变化。沙溪庙二段岩性以紫红、暗紫红色泥岩夹浅绿灰色细粒长石砂岩及浅灰色含石膏细—中粒混合砂岩。总体上厚度自西向东，自北而南逐渐加厚。沙溪庙二段底部以浅灰色细粒岩屑长石砂岩为主，与沙一段紫灰、浅灰色细—中粒岩性长石砂岩，长石砂岩与紫红、暗紫红色泥岩、粉砂岩不等厚互层存在显著岩性差异。地震剖面上表现为平行反射结构，中振幅，连续性较差。

8. 沙溪庙二段顶

地震剖面上表现为平行反射结构，中振幅，连续性中等。

### 三、层序格架下地层分布特征

在对四川盆地仪陇—平昌地区侏罗系露头基干剖面、若干连井大剖面层序地层对比分析和井震标定的基础上，结合对典型辅助剖面的深入研究，重点考虑上述关键界面特征及上述层序划分的各种标志，结合各级次层序成因及特征，对研究区侏罗系进行了层序划分。

在层序界面识别基础上，建立地层格架，将侏罗系中—下统自下而上划分出3个二级层序，6个三级层序。进一步将大安寨段划分5个砂组，凉下段划分2个砂组，凉上段划分3个砂组，沙一段划分5个砂组，沙二段划分10个砂组（图3-10）。

**（一）自流井组**

1. 珍珠冲段

研究区珍珠冲段地层发育完整，平面珍珠冲段地层厚度总体呈北部、东北部较厚，向西南方向逐渐减薄的趋势，厚度总体在100~200m。研究区北部南江地区和东北部及万源地区ZY1井—ME1井一带，厚度为190m左右。研究区西南部蓬安地区和GS1井区带厚度最薄，为110m左右。仪陇、龙岗、平昌、营山区域厚度变化较小，总体厚度在120~150m。

2. 东岳庙段

研究区东岳庙段地层发育完整，平面东岳庙段地层厚度总体呈北部、东北部较厚，向西南方向逐渐减薄的趋势，厚度总体在25~75m。研究区北部南江地区、HB1井区域和东北部FS1井—WL1井一带及万源地区ZY1井—ME1井一带，厚度为65m左右。研究区西南部苍溪、阆中、南部地区和G71井区带厚度最薄，为30m左右。仪陇、龙岗、平昌、营山区域厚度变化较小，总体厚度在40~50m。

3. 马鞍山段

研究区马鞍山段地层发育完整，平面马鞍山段地层厚度总体呈北东、北西方向较厚，向南西方向逐渐减薄的趋势，厚度总体在95~200m。研究区北部南江地区、HB1井区域和东北部FS1井—WL1井一带及万源地区ZY1井—ME1井一带，厚度为65m左右。研究区西南部苍溪、阆中、南部地区和G71井区带厚度最薄，为30m左右。仪陇、龙岗、平昌、营山区域厚度变化较小，总体厚度在40~50m。

4. 大安寨段

研究区内大安寨段地层发育比较稳定，平面上大安寨段地层厚度总体呈东北方向较厚、向西南方向逐渐减薄的趋势，厚度总体在 70~114m。研究区西南部 G71 井—G75 井—GT1 井—GS1 井一带厚度最薄，仅为 70m 左右；北部南江地区、HB1 井区域和东北部 FS1 井—WL1 井—YJ1 井—ZJ1 井—DS1 井区一带及万源地区 ZY1 井—ME1 井一带厚度最大，厚度为 110m 左右。

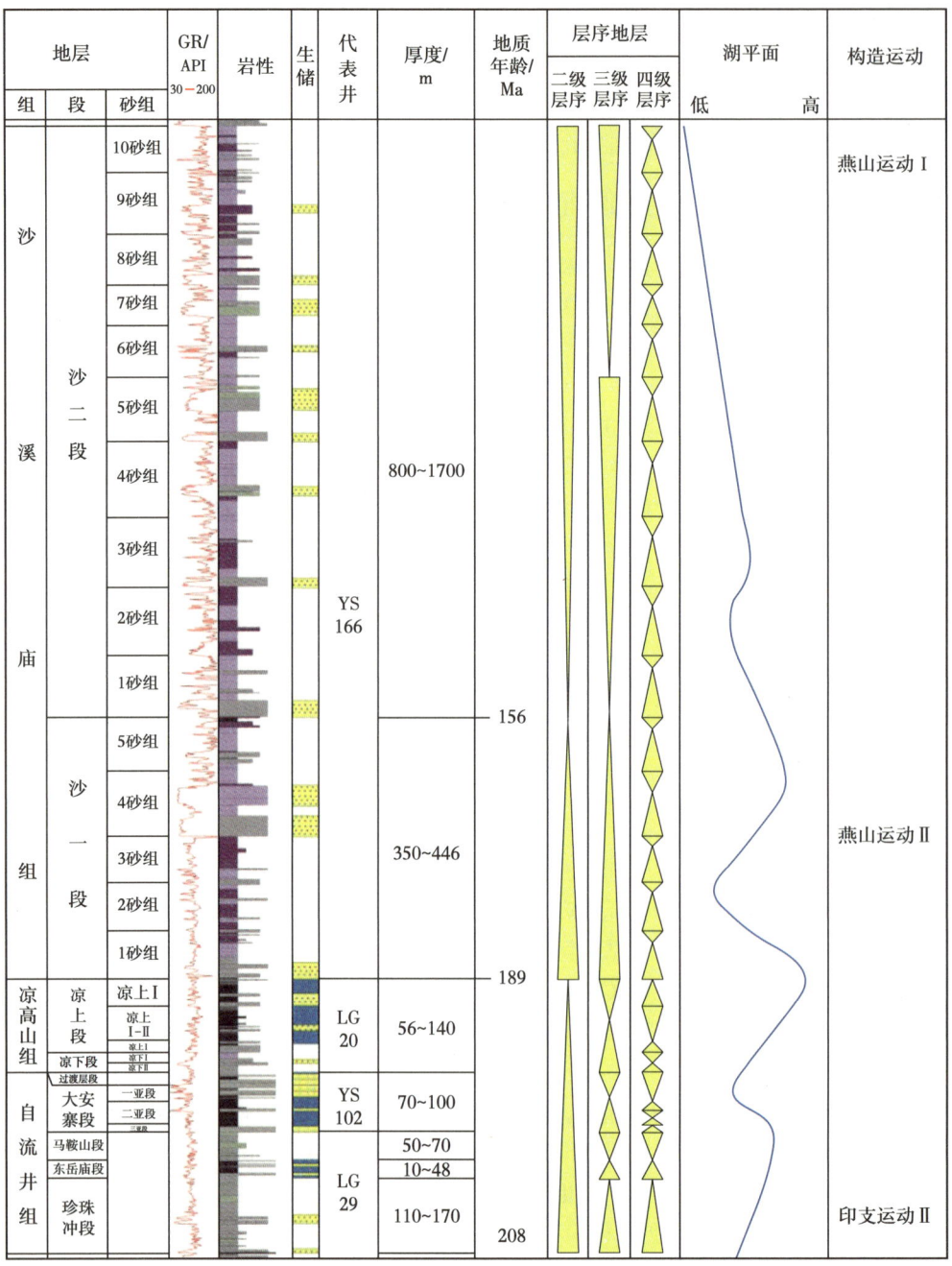

图 3-10　仪陇—平昌地区中—下侏罗统层序地层划分方案

1）大三亚段

大三亚段在研究区北部地层厚度最大，西北部和西南部厚度较小，厚度变化不大，总体在 5~12m。其中研究区西部的苍溪和阆中地区地层最薄，仅为 2m 左右，北部南江地区一带地层最厚，厚度为 20m 左右。

2）大二亚段

大二亚段在研究区地层北部、东北部和东南部厚度较大，向西南方向逐渐减薄，厚度总体在 40~64m。研究区内南江、万源、开江附近区域和 FS1 井—YJ1 井—ZJ1 井—DS1 井一带厚度可达 60m 左右，龙岗、营山、平昌区域一带地层厚度总体在 42~50m，研究区西部苍溪、阆中附近区域地层厚度最薄，厚度为 40m 左右。

3）大一亚段

大一亚段总体为东北部厚度最大，西南部厚度最小，总体厚度变化在 16~44m。

地层厚度最大区域分布在万源地区、ZY1 井—ME1 井一带和 FS1 井—WL1 井—ZJ1 井区一带，厚度为 40m 左右，厚度最小区域分布在 GT1 井—GS1 井区一带附近，厚度为 20m 左右。

**（二）凉高山组**

1. 凉下段

研究区内凉下段地层发育比较稳定，东北部地层厚度最大，东南部和西南部厚度较小，厚度变化不大，总体厚度为 48~76m。地层厚度最大的区域分布在 ZY1 井—ME1 井一带，厚度为 74m 左右，厚度最小的区域分布在西南部的 GT1 井—GS1 井一带和东南部的 HL3 井一带附近，厚度为 50m 左右。仪陇、龙岗、营山和平昌地区地层厚度为 50~60m。

2. 凉上段

平面上凉上段地层厚度总体呈北部较厚、向西南方向逐渐减薄的趋势，总体厚度变化为 80~170m。地层厚度最大的区域分布在南江地区，厚度为 170m 左右；厚度最小的区域分布在 GT1 井—GS1 井区一带附近，厚度为 90m 左右。仪陇地区厚度较小，在 100m 左右。

## 第二节　区域页岩空间展布特点

### 一、页岩特征

**（一）页岩矿物成分**

据下侏罗统页岩重点层段矿物分析可知，凉高山组黏土矿物 47.1%、石英 46.2%、长石 3.6%，含少量黄铁矿，脆性矿物总含量为 52.1%。大安寨段黏土矿物 40.2%、石英 35.2%、碳酸盐岩 19.2%、长石 5.3%，脆性矿物总含量为 56.4%。东岳庙段黏土矿物 41.8%、石英 29.7%、碳酸盐岩 23.3%、长石 3.6%，含少量黄铁矿，脆性矿物总含量为 52.3%（图 3-11）。整体上，凉上段主要为长英质页岩，表明该时期受陆源碎屑影响较大，而大安寨段、东岳庙段长英质页岩较少，前者主要为黏土泥页岩、混合泥页岩，东岳庙段黏土泥页岩、混合泥页岩、碳酸盐泥页岩均发育，表明该时期主要为湖相静水环境，受陆源碎屑影响较小。

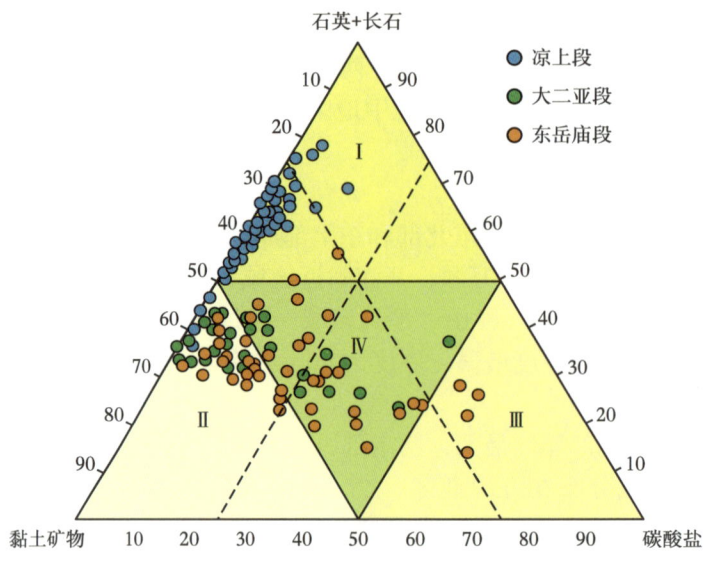

图 3-11 四川盆地侏罗系页岩全岩矿物组成特征

Ⅰ—长英质页岩；Ⅱ—黏土泥页岩；Ⅲ—碳酸盐泥页岩；Ⅳ—混合泥页岩

### （二）页岩物性特征

凉高山组页岩孔隙度介于 0.35%~4.66%，平均孔隙度为 2.84%，孔隙度主要集中分布在 2.00%~4.00%（图 3-12）；页岩渗透率介于 0.069~7.987mD，平均为 0.83mD。凉高山组页理缝呈连续或断续的平直状或微弱波状平行于层理面分布，在肉眼和显微镜下均可见（图 3-13），镜下显示缝宽为 30~300μm，页理缝线密度 500~1000 条/m。岩心表面可见裂缝呈砖墙缝状，网格直径 1~9cm，顺层缝与斜交缝交织成网状，裂缝局部呈开启状，裂缝长度 1~10cm，宽度 0.1~0.8mm，密度 400~1000 条/m。

大安寨段页岩孔隙度介于 0.35%~13.65%，平均孔隙度为 5.80%，孔隙度主要集中分布在 4.00%~6.00%（图 3-12）；页岩渗透率介于 0.084~9.790mD，平均为 1.760mD。无机质孔占比 85%，其中硅质矿物粒间孔与黏土矿物层间孔缝占比较大，有机质孔占 15%，呈不规则状、气泡状或椭圆形，孔径一般在 30~1000nm，发育大量的毫米级钙质纹层，页理缝、黏土矿物层间缝发育，页理缝密度 300~1000 条/m（图 3-13）。

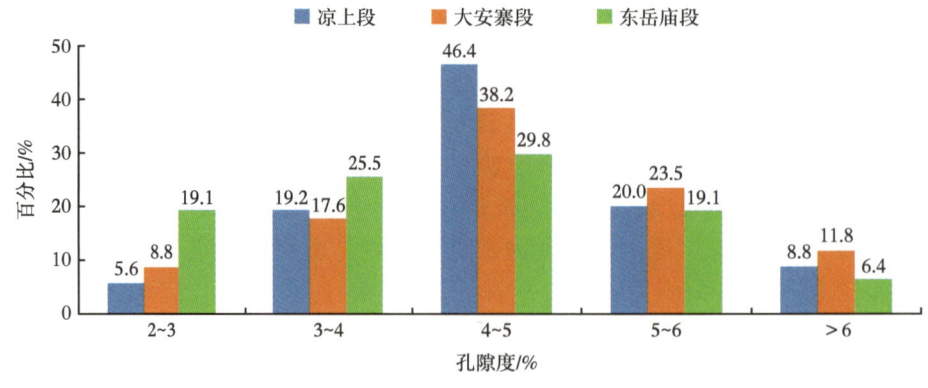

图 3-12 侏罗系页岩孔径特征图

东岳庙段孔隙度介于0.87%~6.51%，平均孔隙度为2.11%，孔隙度主要集中分布在3.00%~4.00%（图3-12）；页岩渗透率介于0.036~2.080mD，平均为0.697mD。以无机溶蚀孔为主，占78%，镜下可见有机孔，孔径30~500nm。岩心见页理缝，肉眼可见的页理缝密度为200~400条/m（图3-13）。

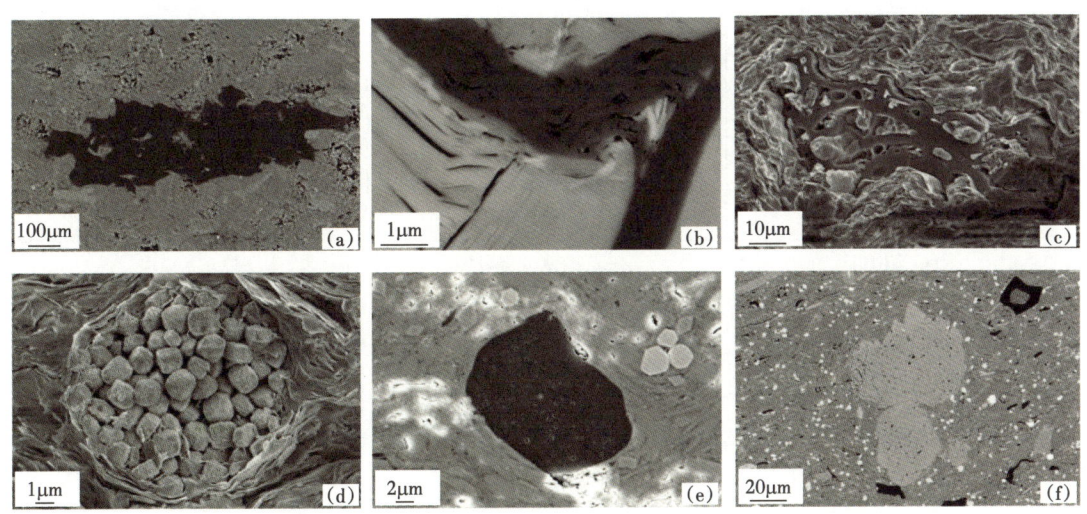

图3-13 四川盆地侏罗系页岩储层孔隙发育特征

（a）PA1井，凉上段，外缘呈齿状的无机质孔，3007.5m；（b）PA1井，凉上段，变形短条状有机质孔，3015.9m；（c）YS8井，大安寨段，碎块状有机质疑似发育胞腔孔，部分被黏土矿物充填，1694.84m；（d）YS8井，大安寨段，草莓状黄铁矿发育晶间孔，1694.06m；（e）QL1井，东岳庙段，有机孔，2202.4m；（f）QL1井，东岳庙段，方解石内溶孔，2202.4m

整体上，凉高山组、大安寨段、东岳庙段等层段页岩孔隙、页理较发育，均可为油气聚集提供有效的储集空间。相对而言，大安寨段孔隙度更高，大孔更多，储集性能更好，凉上段次之。

需要注意的是，样品分析揭示储层孔隙以无机孔为主，可能与还没有系统、连续的页岩取心段样品、没有取到最好的深湖相带页岩有关，需要进一步分析。

## 二、页岩平面展布

川东北地区在早侏罗世为大巴山前陆盆地的前渊坳陷区，三期较强烈的幕式压降奠定了三次大规模湖盆扩张的构造背景，沉积了三套富含有机质页岩，为侏罗系页岩油气形成提供了丰富的物质基础。凉高山组沉积期为早侏罗世最后一次湖侵，湖盆由鼎盛期转向收缩期，受陆源碎屑影响较大，以深湖泥页岩和泥岩夹粉砂岩为主。平面上湖相优质页岩向川东北地区增厚，厚度高值区集中在仪陇—达州—合川一带，累计厚度20~40m（图3-14a）。大安寨段沉积期为早侏罗世最大湖泛期，表现为深盆深水环境，湖盆扩张期陆源碎屑影响较小，水体清澈较动荡，以页岩与介壳灰岩互层为主，在平面上湖相优质页岩沉积中心从川东北地区向川中方向扩张，其中厚度较大的地区位于南充—仪陇—达州—梁平一线，累计厚度15~60m（图3-14b）。东岳庙段沉积期为早侏罗世第一次大规模湖侵，呈现平缓、广盆静水的沉积环境，水体清澈、动力较弱，早期为滨浅湖沉积，晚期以深湖页岩为主，在平面上湖相优质页岩具有环带状分布特征，其中厚度较大的地区位于川东地区仪陇—达州—梁平一线，累计厚度10~40m，以该地带为中心，页岩厚度逐步往湖盆外围递减（图3-14c）。

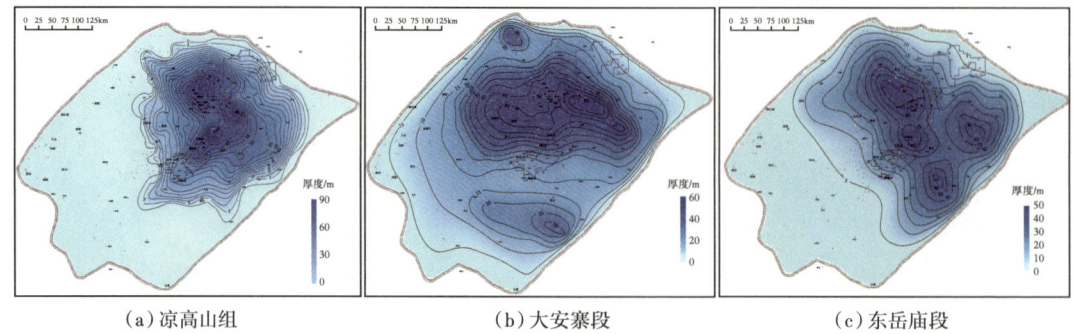

（a）凉高山组　　　　　　　（b）大安寨段　　　　　　　（c）东岳庙段

图3-14　四川盆地侏罗系页岩重点层段厚度图

## 第三节　区域沉积演化特征

### 一、沉积相标志

#### （一）颜色

沉积岩最直接、最不能忽视的第一标志就是颜色，出现什么样的颜色，一般是由岩石所含有的元素及岩石内部发生的物理化学作用所决定，是沉积环境最有力的信号灯，沉积岩的颜色可以分为继承色、自生色和次生色3种，其中继承色和次生色是指示意义最重要的，它们与岩石中含有铁的自生矿物及有机质的种类和数量信息有关，比如古水介质的物化条件，就能很好地在黏土岩和生物沉积岩的次生色上表现出来。沉积物的颜色是沉积环境的良好指示剂，同时沉积岩的颜色与其成分、沉积相、颗粒大小、干湿程度、风化程度等都有着密切的关系。沉积岩的颜色可用作识别沉积相的标志（表3-1）。

表3-1　沉积岩颜色与沉积相的关系（据李国荣，2012）

| 沉积岩类型 | 致色因素 | 颜色类型 | 氧化还原环境 | 沉积（亚）相 |
| --- | --- | --- | --- | --- |
| 碎屑岩 | 有机质或分散状硫化铁 | 灰色、黑色 | 还原或强还原环境 | 半深湖或深湖亚相 |
|  | 含铁的氧化物或氢氧化物染色 | 红色、棕色、黄色 | 氧化或强氧化环境 | 湖相或海相 |
|  | 低价铁的矿物或含铜化合物 | 绿色 | 弱氧化或弱还原环境 |  |
| 黏土岩 | 绿泥石、海绿石或伊利石晶格中含有铁离子 | 红色、紫红色 | 弱氧化或弱还原环境 |  |
|  | 富含有机质和分散状的低价的硫化物 | 灰色、黑色 | 还原或强还原环境 | 海湾、滨海陆棚及内陆湖泊的深湖、半深湖亚相 |
| 火山碎屑岩 | 物质成分及酸度 | 鲜艳的颜色 |  |  |

四川盆地凉高山组岩石类型以泥岩、粉砂质泥岩、泥质粉砂岩和粉砂岩为主，凉下段大面积分布氧化色沉积岩，可见绿灰色杂暗紫色泥质粉砂岩（图3-15a）、绿灰色—褐灰色泥质粉砂岩（图3-15b），指示四川盆地凉高山组下段整体以弱氧化环境为主。凉上段大面积发育暗色泥岩、粉砂质泥岩，指示沉积环境以还原环境为主（图3-15c）。

（a）绿灰色杂暗紫色泥质粉砂岩

（b）绿灰色—褐灰色泥质粉砂岩

（c）深灰色泥岩，夹粉砂质条纹

图3-15 侏罗系岩石颜色特征

## （二）岩石类型

通过野外剖面露头研究，研究区凉下段主要发育浅灰色粉砂岩、细砂岩、泥岩互层（图3-16a），凉上一亚段发育页岩夹粉砂岩，页岩页理发育（图3-16b），凉上二亚段发育灰色泥岩、黑色页岩夹粉砂岩（图3-16c），凉上三亚段发育灰色泥岩、粉砂岩夹黑色页岩（图3-16d）。四川盆地凉高山组各段均发育灰色泥岩、黑色页岩，地化指标中等—较好；凉上一亚段页岩相对更为发育。

（a）凉下段敖家营野外地质露头

（b）凉上一亚段敖家营野外地质露头

（c）凉上二亚段敖家营野外地质露头

（d）凉上三亚段敖家营野外地质露头

图3-16 四川盆地侏罗系野外地质露头特征

通过钻井岩心综合观测发现四川盆地凉高山组岩石类型主要发育泥岩、泥质粉砂岩、粉砂质泥岩与粉细砂岩。而不同的沉积环境下发育的岩石类型及其组分特征是具有差异性的，因此通过岩石学特征也可以帮助进行沉积相分析。通过岩心观察发现凉高山组主要发育砂岩类、泥岩类，以及砂泥互层几类岩性（图3-17）。

(a) 灰绿色夹暗紫色泥质粉砂岩，DY1井，凉下段，3424m，三角洲平原洪泛沉积

(b) 深灰色水平层理泥岩，PY1井，凉上段，3141.5m，半深湖相半深湖泥

(c) 灰色中砂岩—细砂岩，DY1井，凉上段，3402.6m，浅湖滩坝

(d) 褐灰色粗砂级砂屑灰岩，PA1井，凉下段，3103.4m，滨湖

(e) 暗紫色泥砾岩，PY1井，凉下段，3197.04~3197.19m，三角洲平原泥

(f) 深灰色泥岩，DY1井，凉上段，3365.96~3366.56m，半深湖泥

图3-17 侏罗系岩心岩性特征

### （三）自生矿物

虽然在陆源碎屑岩中含有的自生矿物（沉积矿物、同生矿物、成岩矿物）比重很小，但是却可以很好地指示沉积环境。研究区储层砂岩中可见部分自生绿泥石，它们大多数都是作为孔隙衬里或颗粒环边产出，在绿泥石的形成过程中，含有丰富铁质的同时期沉积物是必不可少的，这种情况在三角洲沉积环境中十分常见，特别是三角洲前缘亚相中的河口坝微相和远沙坝微相。根据自生绿泥石这种形成条件，成岩作用早期阶段形成的自生绿泥石，特别是以孔隙衬里产出的，都可以很好地指示沉积环境，说明是与海水相关的三角洲相沉积。

### （四）沉积岩的结构

沉积岩结构包括粒度分选度、形状、圆度、球度、石英表面结构、支撑类型、结构成熟度等，粒度分选度及粒度结构反映了水动力条件、流体力学性质。可以根据颗粒支撑类型判断介质水体的流动性质；颗粒支撑反映牵引流；杂基支撑反映密度流、重力流。

岩石的粒度特征是沉积时介质水动力条件的直接反映。不同介质水动力条件下形成的沉积物具有不同的粒度特征，即使是在同种介质条件下形成的沉积物，但随着水动力条件的由强变弱，沉积物粒度也会出现由粗到细的变化。另外，沉积速度的快慢、遭受改造时间的长短等因素在沉积物结构方面也有反映。侏罗系页岩层段沉积物以杂基支撑为主，粒度范围基本为泥岩到细砂岩，分选中等，磨圆较差（图3-18）。

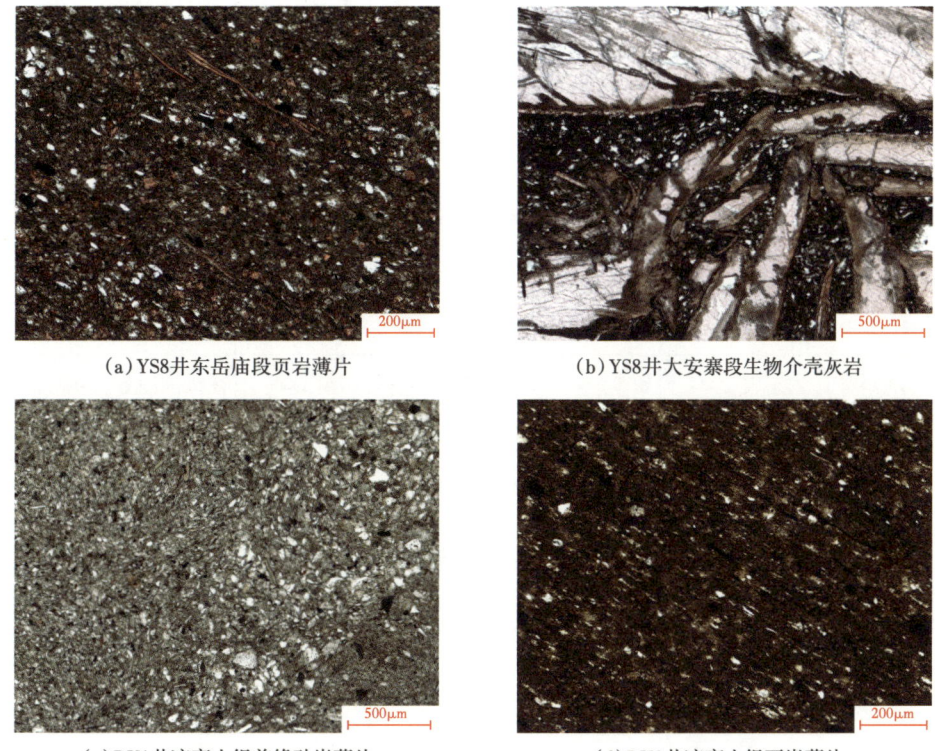

图 3-18 四川盆地侏罗系典型井页岩层段岩石薄片

**（五）沉积岩的构造**

沉积岩的构造是沉积岩的重要特征之一，根据构造的研究可以得出沉积岩的生成存在条件与发展的概念，沉积构造是沉积岩重要的宏观特征之一。沉积岩的原生构造是沉积相的重要标志之一，也是判别沉积时水动力条件的直接标志，碎屑岩中的沉积构造，特别是物理成因的原生沉积构造最能反映沉积物形成过程中的水动力条件。沉积构造主要包括层理构造、层面构造及其他构造。

1. 物理成因的沉积构造

物理成因构造主要由于流动、同生变形、暴露等物理原因形成，包括层理、层面、底面、冲刷充填、侵蚀面及变形构造等（表 3-2）。

2. 化学成因的沉积构造

化学成因的沉积构造是指沉积时期和沉积期后由结晶、溶解、沉淀等化学作用在沉积面上或沉积物中所形成的沉积构造。

3. 生物成因的沉积构造

生物成因的沉积构造包括硅化木、叠层石等。对沉积环境和沉积相也有一定的指示意义。四川盆地侏罗系常见的沉积构造标志如图 3-19 所示。

在强水动力条件下的沉积构造主要有块状层理、板状交错层理、粒序层理、楔状交错层理、槽状交错层理、平行层理、叠瓦状构造、冲刷面等，主要发育在冲积扇、河道、三角洲分流河道等环境；在弱水动力条件下形成的沉积构造主要有水平层理、沙纹层理、脉状层理、波状层理、透镜状层理、揉皱变形层理等，主要出现在洪泛平原、潮坪、河漫滩、分流间湾、湖泊、分流间洼地、沼泽等环境；同时也可见到一些层面构造，如泥裂主要出现在洪泛沉积等沉积环境中。

表 3-2 主要物理成因沉积构造与沉积相关系

| | 沉积构造类型 | | 形成背景 | 沉积（亚）相或微相 |
|---|---|---|---|---|
| 流动成因 | 层面 | 波痕（风成、浪成、水流等） | 风、水流或波浪等介质的运动 | 滨—浅湖（海）相 |
| | | 冲刷痕（槽模）、压刻痕（沟模、刷模等） | 水流在沉积物表面流动 | 河流相 |
| | 层理 | 水平层理 | 较弱水动力条件；产于细碎屑岩及泥晶灰岩 | 深湖（海）相、潟湖 |
| | | 平行层理 | 急流及高能量环境；产于砂岩或颗粒灰岩 | 河道、海岸、海滩等 |
| | | 波状层理 | 沉积介质的波浪振荡及单向水流的前进运动 | 滨—浅湖（海）相及河漫滩等 |
| | | 交错层理 | 沉积介质（水流及风）的流动 | 河流、浊流、滨—浅湖（海）相及三角洲等 |
| | | 韵律层理 | 潮汐环境或气候季节性变化 | 滨—浅湖（海）相及浊流等 |
| | | 块状层理 | 悬浮物快速堆积、沉积物来不及分异；产于泥岩及厚层粗碎屑岩 | 冲洪积扇及重力流等 |
| 同生变形 | 重荷模及火焰状构造 | | 饱和塑性软泥承受上覆不均压力 | |
| | 滑塌构造 | | 重力作用下发生运动和位移 | 三角洲及湖底扇等 |
| | 泄水构造 | | 出现在迅速堆积的沉积物中 | 浊流、三角洲前缘及河流边滩等 |
| 暴露成因 | 雨痕、冰雹痕、干裂、泡沫痕、流痕及冰成痕等 | | 沉积物露出水面（附近），处于大气中，表面逐渐干涸收缩会受到撞击 | 指示沉积环境及古气候 |

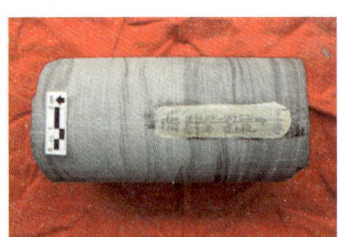

(a) 平行层理，LQ2井，凉上段

(b) 块状层理，PA1井，凉上段

(c) 凉高山组深灰色水平层理泥岩（一）

(d) 凉高山组深灰色水平层理泥岩（二）

(e) 凉高山组灰色韵律层理粉砂质泥岩

(f) 凉高山组灰色波状交错层理细砂岩

图 3-19 侏罗系主要沉积构造类型典型照片

### （六）古生物标志

无论是现代生物还是古生物化石，它们的生活环境永远是首先考虑的要素。

生物种类不同，继而适应生存的条件也不同，所以在不同的环境中生物也是有差异的，即使在同水域的不同阶段，由于环境因素的不同，不但生物类别不同，而且其种群数量、外在特征，以及内部生物结构都具有很大差别。

研究区内可见一定数量的生物介壳，代表一种滨浅湖环境，水体循环良好，氧气充足，沉积环境主要为三角洲前缘。在一些地层中含少量植物碎屑化石，说明沉积环境是在水下。

### （七）沉积地球化学标志与沉积环境

沉积地球化学标志指：通过运用硼含量法、微量元素比值法、沉积磷酸盐法、自生铁矿物法及同位素等地球化学方法，获取的水体古盐度、古温度及氧化还原条件离岸距离（古水深）及源区母岩性质等因素的沉积环境指示标志（表3-3）。

表3-3 前人用于判断海陆环境的沉积地球化学标准

| 方法 | | 判断标准 | 来源 |
|---|---|---|---|
| 微量元素标准 | | Sr/Ba 大于 1 时为海相，小于 1 时为陆相；B/Ga 小于 4 时为淡水环境，7~20 时为海水环境 | 王益友（1979） |
| | | Rb/K 在正常海相页岩中一般为 0.006，在微咸水页岩一般大于 0.004，在河流沉积物中一般为 0.0028 | Campbell 等（1965） |
| | | 泥岩中的 Sr/Ba 为 0.8~1 | 中国海底样品研究结果 |
| | | 大多数泥岩样的 Sr/Ba 为 0.54，有部分样品在 0.5~0.8，少数大于 0.8 | 鄂尔多斯中生代陆相地层的研究发现 |
| 稳定同位素 | | 海相灰岩 $\delta^{13}C$ 平均值为 -5‰~5‰，$\delta^{18}O$ 平均值为 -12‰~-8‰ | Keith 和 Weber（1964） |
| | | 侏罗纪以来的海相灰岩和淡水灰岩的公式：$Z=2.048\times(\delta^{13}C+50)+0.498(\delta^{18}O+50)$，当 $Z>120$ 时为海相灰岩，$Z<120$ 时为淡水灰岩 | Keith 和 Weber（1964） |
| | | 计算古水体温度的经验公式：$T(℃)=16.9-4.2(\delta c-\delta w)+0.13(\delta c-\delta w)^2$。$\delta c$：25℃ 时碳酸盐与 100% 磷酸盐反应时产生的 $CO_2$ 的 $\delta^{18}O$ 值；$\delta w$：25℃ 时所测试的 $CaCO_3$ 样品形成时与海水平衡的 $CO_2$ 的 $\delta^{18}O$ 值 | Craig（1965） |

依据碳氧同位素分析，四川盆地早—中侏罗世最大水深时期发生在大安寨段沉积时期，为最大一期湖泛（图3-20）。

沉积岩中的微量元素对环境的变化十分敏感，微量元素的含量及变化可以为恢复古沉积环境提供可靠的判别依据。同时，古水深、古气候恢复对研究区下侏罗统岩相古地理恢复及页岩油气勘探具有重要指导意义。

根据岩石类型、沉积构造和古生物化石分布特征，结合 Fe/Mn 比值、（Al+Fe）/（Ca+Mg）比值及干酪根类型对川东地区自流井组和凉高山组古水深变化趋势进行分析，并采用 La-Co 法、TOC 法及 Th/U 比值法对早侏罗世古水深进行定量恢复。沉积构造及古生物分布特征表明早侏罗世研究区长期处于湖盆低洼位置，Fe/Mn 比值和（Al+Fe）/（Ca+Mg）比值的变化趋势反映研究区为半深湖浅水—深湖区。La-Co 法、TOC 法及 Th/U 比值法古水深恢复结果存在一定差异，古水深恢复结果表明研究区下侏罗统半深湖广泛发育，早侏罗世湖泊最大水深约 60m，广泛发育半深湖—深湖沉积，凉高山组整体为淡水—微咸水沉积。气候温润，有利于有机质的富集和保存，是页岩油气勘探的有利位置。

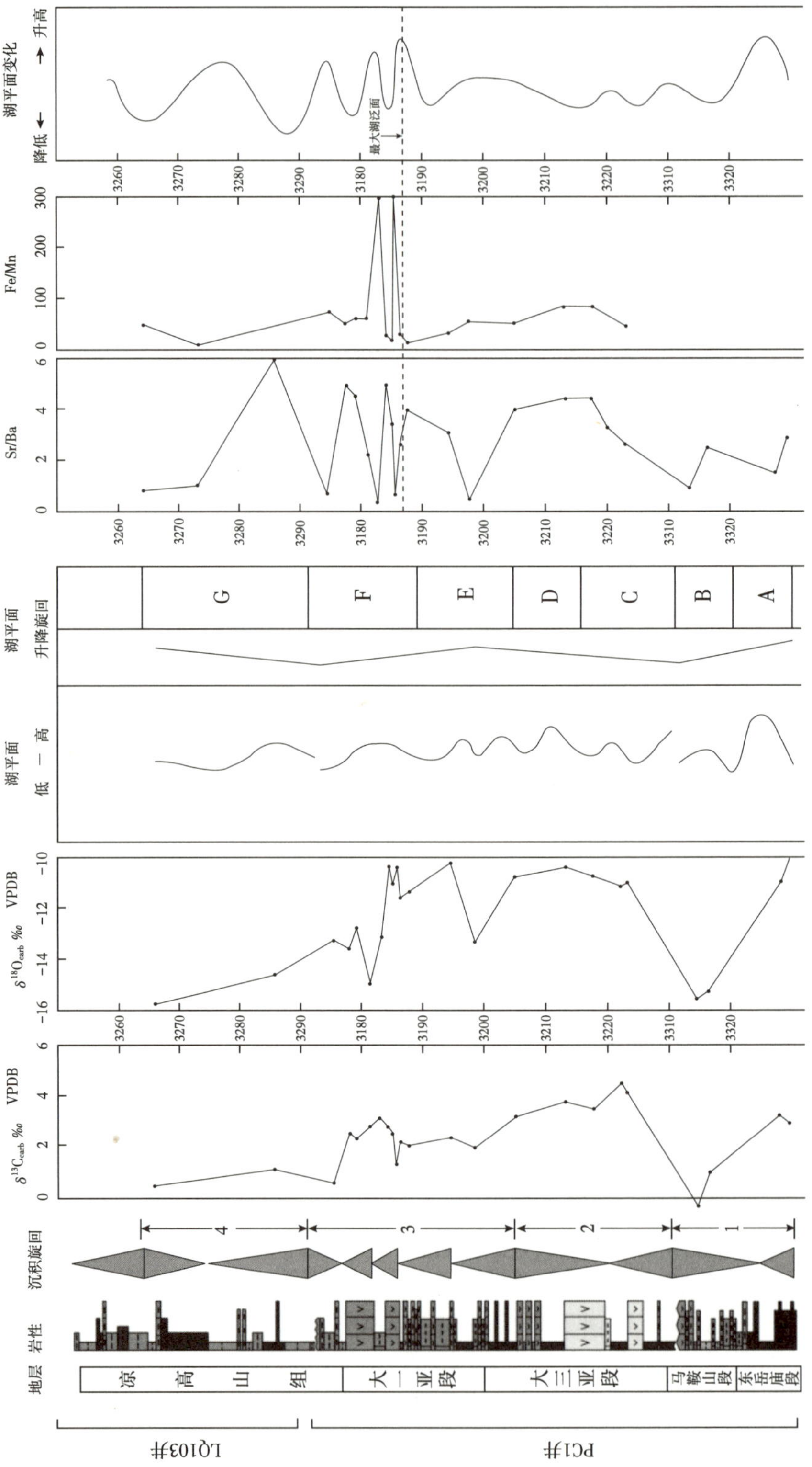

图 3-20 LQ103井与PC1井中—下侏罗统碳氧同位素分析图

### （八）测井相标志

在钻井时，钻入的地层在垂向上是具有连续性的，而钻井过程中获得的测井资料可以准确地将这种连续性反映出来，所以测井曲线可以有效地用于沉积微相研究。同时，也可依据测井曲线资料判断各类沉积微相在垂向上变化的规律，从而根据粒序及相序来确定沉积微相的类型。一般把表示地层特征的测井响应的总和叫作测井相，而且这种测井响应特征与周围的测井响应明显不同。

通过分析研究不同的测井相特征，自然就可以还原相对应的沉积相。测井相的要素有定性和定量两方面。测井响应曲线特征会出现很多种，比如齿中线向下收敛、曲线出现幅度异常、曲线是否光滑等。能够反映沉积特征的测井曲线形态特征是重要的相标志。通常对一个地层进行测井相分析是从以下两方面开始：测井响应曲线特征和测井相特征。

大庆探区中—下侏罗统地层沉积相研究也是从这两方面开始，首先获取地层野外特征，比如岩性组合等，再用测井技术研究，最后在实际分析中结合自然伽马测井曲线特征进行分析。研究区测井曲线形状包括箱形、漏斗形和锯齿形等。

箱形则说明物源丰富，水动力条件稳定，是一种正在进行中的加积沉积指示；漏斗形说明水动力正在逐渐增强，颗粒粒序与柱形相反，从上到下逐渐变细；锯齿形说明岩性组合不均匀，可能有夹层或互层发育，反映了水动力条件不稳定的特征。但通常测井曲线不会以单一形状出现，而是由两种或两种以上组合出现，表示了水动力环境的变化。

自然伽马测井曲线呈低幅弱齿形：岩性以泥岩为主，可见紫红色泥岩，对应湖泊相浅湖亚相沉积。

自然伽马曲线呈漏斗形：测井曲线呈漏斗形，顶部突变呈箱形，底部从低幅漏斗形逐渐转为低幅锯齿形，沉积物表现出颗粒下细上粗的反旋回序列，根据岩性可以估计其为三角洲前缘亚相河口坝微相沉积。

自然伽马曲线呈箱形：测井曲线呈箱形，反映物源充足、强而稳定的水动力条件。曲线底部突变接触，在岩性上也相应发生了变化，向上为钟形，幅度也随之逐渐变大，对应为三角洲前缘亚相水下分流河道微相沉积。

以自然伽马曲线为主，以电阻率曲线和声波时差曲线为辅进行沉积微相划分，在岩心观察分析基础上，总结出研究区侏罗系不同沉积微相的测井响应标志。

通过对研究区取心井进行系统的微相解释，并将其与测井响应进行对比，最后建立了5种沉积微相的测井相模式（图3-21）。

## 二、沉积相类型划分

### （一）物源分析特征

有利物源分析在确定沉积物物源位置和性质及沉积物搬运路径，甚至整个盆地的沉积作用和构造演化等方面都有重要的意义。它在原型盆地恢复、古地理再造，沉积相编图、砂体展布，以及评价储层的品质等方面，都可起到重要作用。因此，弄清物源位置、阐明古物源与沉积体系的空间配置对远景区油气储层的准确预测具有重要意义。随着现代分析测试手段的提高，物源分析已从定性走向定量化，其研究方法日趋增多，并不断地相互补充和完善。

| 测井曲线形态（GR） | 岩性剖面 | 岩心特征 | 沉积微相 | 单层厚度 | 对应单井 |
|---|---|---|---|---|---|
|  微齿化线形 90~135 API | 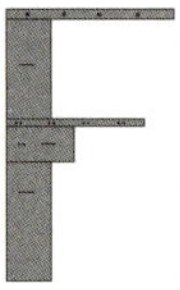 | 深灰色泥岩、灰色泥岩、灰色粉砂质泥岩夹粉砂岩、细砂岩条纹条带 | 深湖—半深湖泥 | 泥岩单层厚度5~20m 砂岩单层厚度0~5m | PA1井、LG2井、PY1井等凉上2亚段 |
|  齿化漏斗形 65~100 API | 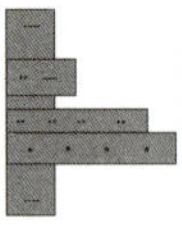 | 灰色粉砂岩、灰色细砂岩与粉砂质泥岩、泥岩互层鲍玛序列 | 深湖—半深湖重力流 | 砂岩单层厚度3~10m | LG177井等凉上2亚段 |
|  齿化线形 80~120 API | 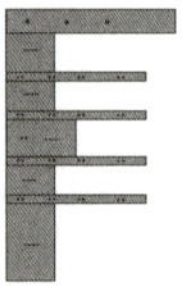 | 灰色泥岩、灰色粉砂质泥、灰色泥质粉砂岩夹粉砂岩、细砂岩条纹条带 | 浅湖泥 | 泥岩单层厚度3~15m 砂岩单层厚度0~3m | JP1井、LG2井、YS103井等凉上1亚段与凉上3亚段 |
|  齿化线形 80~105 API | 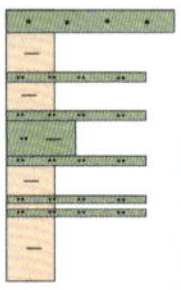 | 紫红色泥岩、绿灰色粉砂质泥、绿灰色泥质粉砂岩夹粉砂岩、细砂岩条纹条带 | 滨湖泥 | 泥岩单层厚度3~12m 砂岩单层厚度0~3m | JP1井、LG2井、YS103井等凉下段 |
|  指形 65~90 API |  | 灰色粉砂岩、灰色细砂岩与泥岩互层 | 薄层滨浅湖滩坝 | 砂岩单层厚度3~7m | LG20井等凉上1亚段、凉上3亚段 |
|  齿化箱形 55~80 API |  | 灰色粉砂岩、灰色细砂岩 | 厚层滨浅湖滩坝 | 砂岩单层厚度7~10m | LG001-6井、ME1井等凉上1亚段、凉上3亚段 |

图 3-21　侏罗系测井相模式发育情况

1. 自流井组物源分析

早侏罗世自流井组沉积期，川西前陆盆地西缘的龙门山造山带的构造隆升活动趋缓，但其北部地区的米仓山—大巴山造山带的构造隆升活动则表现为加剧，受此构造活动差异性的影响，盆地的沉积和沉降双中心由前期（晚三叠世须家河组沉积期）的龙门山前缘地带发生转移，并最终转移至米仓山—大巴山前缘地带。

在早侏罗世自流井组沉积期，龙门山地区的逆冲推覆活动开始减弱，而米仓山—大巴山地区的逆冲推覆构造活动开始活跃，使得四川盆地沉降和沉积中心由龙门山前缘的川西地区开始向位于米仓山—大巴山前缘的川北和川东北地区迁移，结果使早侏罗世自流井组沉积时期在南充—达川—万县—武隆—重庆一带沉积较厚。从沉积特征分析，多属于湖滨—浅湖—半深湖沉积相，向四周则逐渐变浅。此时沉积物的颜色，自滨湖至浅湖相区，由灰、灰绿色变至紫红色。在沉积物的组成、构造上，浅湖相区主要为泥页岩相，水平层理发育；滨湖相区除砂泥外，以出现较粗的砂岩、含砾砂岩及成分和结构成熟度较高的石英砂岩为特点（图 3-22）。

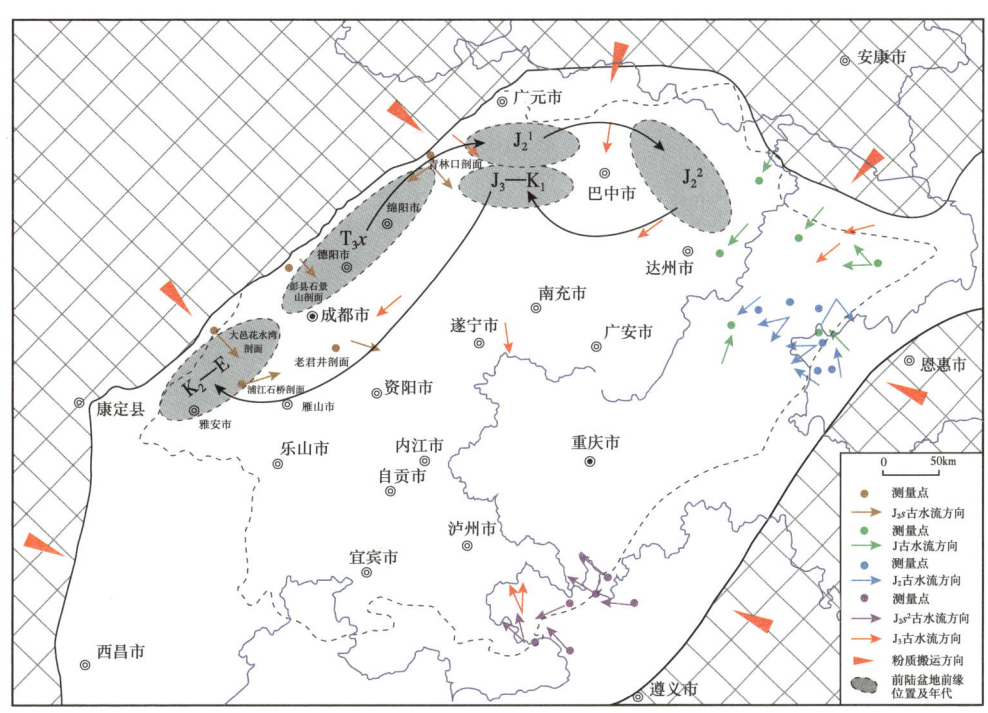

图 3-22 四川盆地侏罗纪时期水流方向及物源（据李朝辉，2016）

2. 凉高山组物源分析

凉高山组沉积期，盆地西部龙门山（中段、北段）地区的逆冲推覆构造活动相对较弱，而盆地北部米仓山—大巴山地区的逆冲推覆构造活动则进一步增强，故而盆地的沉降中心不断向川北和川东北地区迁移，在盆地北部、东北部的米仓山、大巴山前缘，沉积厚度大，可达1000m以上，而龙门山前缘的沉积厚度只有500m左右（图3-23）。湖盆向南东

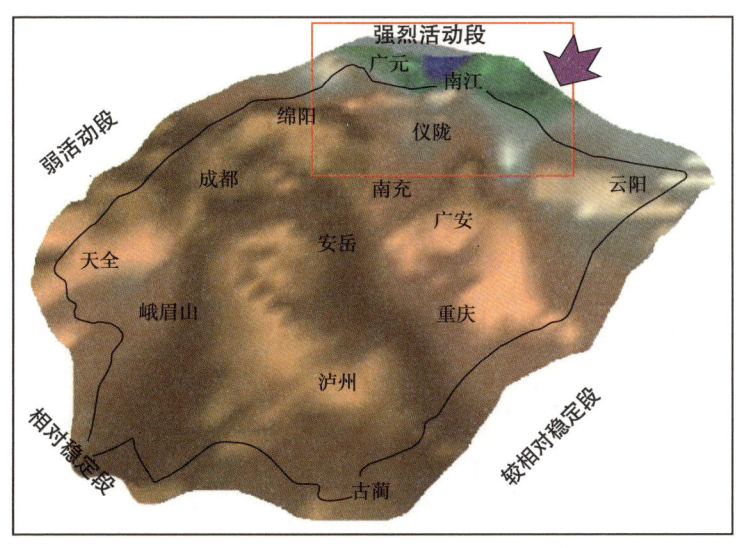

图 3-23 四川盆地中侏罗统凉高山组古地貌图（据刘少峰，2016）

方向迁移，乐至、大足、永川一带为滨浅湖环境，邻水、涪陵一带为浅湖—半深湖环境。该时期米仓山—大巴山为强烈活动段，主要物源来源方向为大巴山。

对于研究区凉高山组凉上段砂体来说，该段单砂层厚度一般为2~16m，累计45m左右，由万源向仪陇方向粉砂岩—细砂岩占比由70%降至50%，岩性不断变细，反映主物源来自东北大巴山（图3-24）。

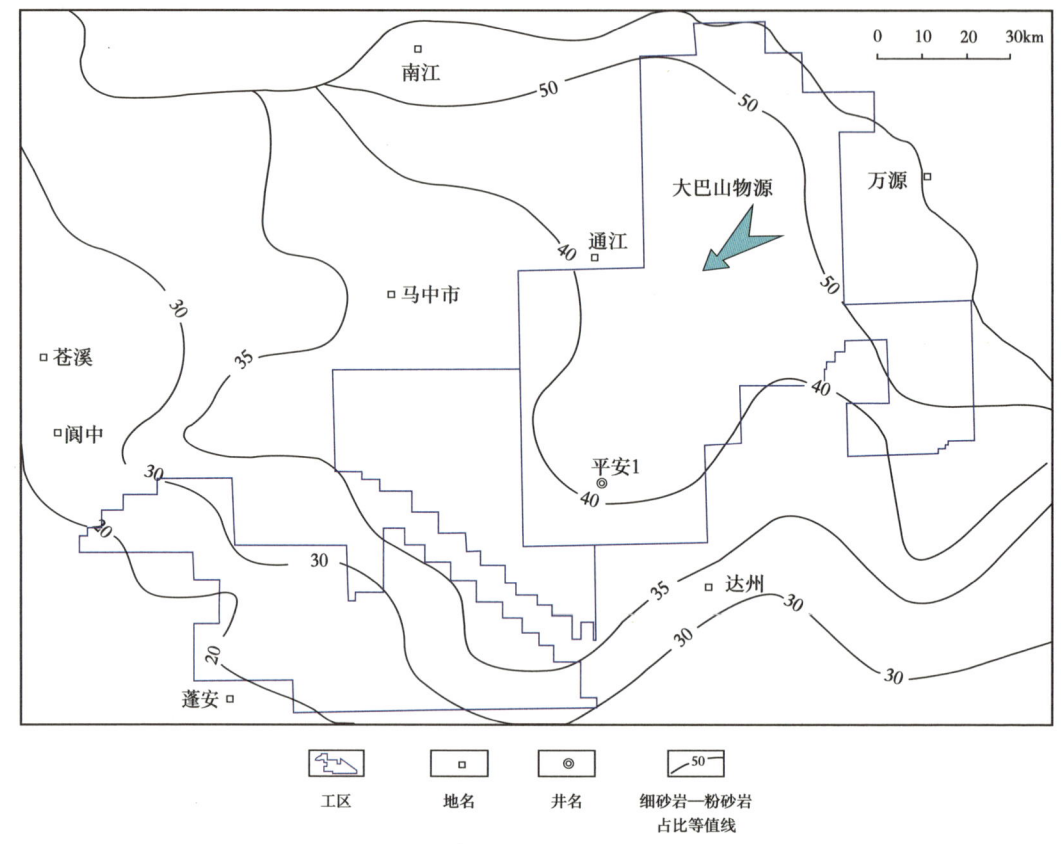

图3-24 四川盆地仪陇—平昌区块凉上段物源分析图

### （二）侏罗系沉积相带分析

沉积相可根据沉积岩原始物质的不同，分为碎屑岩沉积相和碳酸盐岩沉积相。目前沉积相的分类通常以沉积环境中占主导地位的自然地理条件为主要依据，并结合沉积动力、沉积特征和其他沉积条件进行划分。

姜在兴（2003）将沉积相划分为3个相组：陆相组、海相组及过渡相组，每个相组又划分为若干沉积相。根据穆龙新等（1997）、曾允孚等（1986）及刘宝珺（1980）对沉积相划分的相关描述，把陆相湖盆沉积相类型归并划分为湖泊相、河流相、冲（洪）积相、三角洲相、水下扇相及沼泽相，每个相分为若干亚相，各个亚相可以包含若干微相（表3-4）。四川盆地侏罗系主要发育湖盆—三角洲沉积体系。

1. 湖泊相

虽然类型很多，但其亚相划分原则基本相同，即从湖泊整体着眼，参考所在位置和湖水深度两个基本条件，根据洪水面、枯水面和浪基面，把湖泊相划分为滨湖亚相、浅湖亚相、半深湖亚相和深湖亚相（图3-25a），平面上它们大致呈环带状分布（图3-25b），另外，还可划分出湖湾亚相。

表 3-4　陆相湖盆沉积相类型划分方案

| 沉积相 | | 沉积亚相 | 沉积微相及骨架砂体 | 主要沉积作用 |
|---|---|---|---|---|
| 湖泊 | 淡水湖<br>半咸水湖<br>盐湖 | 滨湖<br>浅湖<br>（半）深湖<br>湖湾 | 沙滩、坝、泥坪、碎屑岩滩坝、碳酸盐岩滩坝、生物礁 | 湖流、波浪、化学、生物 |
| 河流 | 顺直河<br>辫状河<br>曲流河<br>网状河 | 河道<br>河道间（河漫滩） | 河流滞留沉积、边滩（曲流河）、心滩（辫状河）、河道填积：天然堤、决口扇、泛滥盆地、废弃河道及牛轭湖（曲流河） | 牵引流 |
| 三角洲 | 辫状河三角洲<br>曲流河三角洲<br>扇三角洲 | 三角洲平原<br>三角洲前缘<br>前三角洲 | 分流河道，分流河道间；水下分流河道、水下分流河道间、河口坝、远沙坝、席状砂 | 牵引流为主，重力流次之 |
| 冲（洪）积扇 | 干旱扇<br>湿地扇 | 扇根<br>扇中<br>扇端 | 主槽、侧缘槽、槽滩、漫洪带：辫状沟槽、漫流带 | 泥石流<br>牵引流 |
| 水下扇 | 近岸水下扇<br>远岸水下扇<br>滑塌浊积体（扇） | 供给水道<br>内扇<br>中扇<br>外扇 | 主水道、天然堤：辫状水道、水道间；无水道区席状砂：滑塌透镜体 | 重力流为主，牵引流次之 |
| 沼泽 | 湖泊沼泽<br>河流冲积平原沼泽<br>三角洲平原沼泽 | | | 生物 |

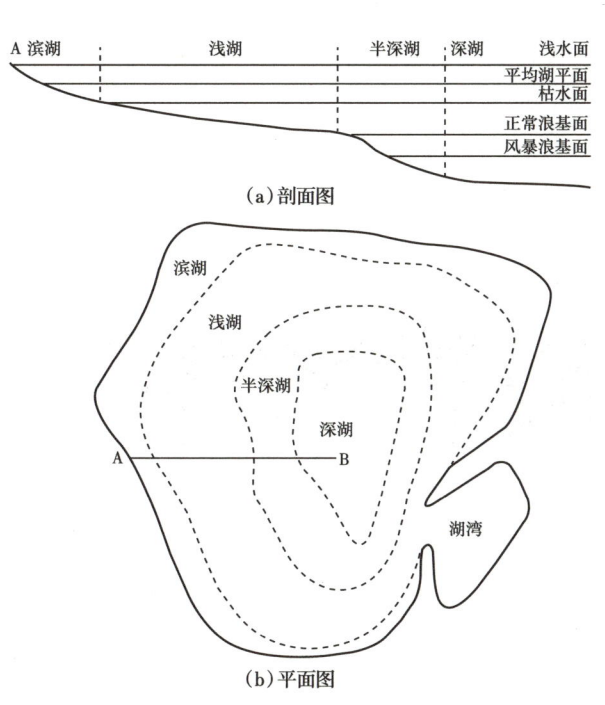

图 3-25　湖泊亚相划分示意图

1）滨湖亚相

滨湖区由于湖浪作用水介质能量较高。沉积物以杂色砂岩、粉砂岩为主，有时具砾岩；一般分选性和磨圆度均好，成熟度较高。还有生物介壳，可富集堆积形成介壳滩。中至大型交错层理和沙纹层发育；下部发育浪成波痕，上部发育干裂、雨痕、波痕、虫迹及冲刷等暴露构造；有生物化石碎片及植物根等。四川盆地凉高山组滨湖亚相大面积分布，覆盖北部大巴山前大面积地区。

2）浅湖亚相

浅湖区水介质能量变低，沉积物为浅灰、灰绿色黏土岩、粉砂岩，可夹颗粒灰岩薄层或细砂透镜体；结构成熟度较高；发育波状层理、不规则的水平层理、透镜状层理、浪成波痕；底栖生物化石丰富，多破碎、磨蚀。

自流井组珍珠冲段、马鞍山段及大安寨段为浅湖亚相，主要岩性组合为水云母粉砂岩与紫红色水云母泥（页）岩，并夹有薄层水云母介壳灰岩、含石英粉砂质泥质灰岩、中厚层泥质细粒岩屑石英砂岩，多为基底—孔隙式胶结。砂岩层理清晰，具斜交层理；粉砂岩具平缓斜交层理；泥（页）岩中含瓣鳃类化石；石灰岩层理较清晰，具隐晶质结构。

3）深湖—半深湖亚相

深湖—半深湖区几乎不受湖浪影响，故多半为水体安静的还原环境。沉积物为灰、灰黑色及暗色黏土岩，有时含少量粉砂、碳酸盐岩（泥灰岩、石灰岩）及油页岩薄层。生物化石保存较好，多为浮游、游泳生物，一般缺乏底栖生物，有机质含量高，往往为良好生油层。主要发育水平层理，横向上分布稳定，局部地区可以发育浊流沉积。

2. 三角洲相

三角洲相位于海（湖）陆之间的过渡地带，是海（湖）陆过渡相组的重要组成部分。三角洲根据成因可分为河控三角洲、浪控三角洲及潮控三角洲。不同类型的三角洲其沉积序列特征有所不同。内陆湖泊由于波浪较小、潮汐作用不明显，主要发育河控三角洲。无论从平面上还是从剖面上来看，一个河控三角洲都可以划分为三种沉积相（图3-26）。根据沉积环境及其沉积特征，在平面上由陆向海（湖）可将三角洲相依次划分为：三角洲平原亚相、三角洲前缘亚相和前三角洲亚相。

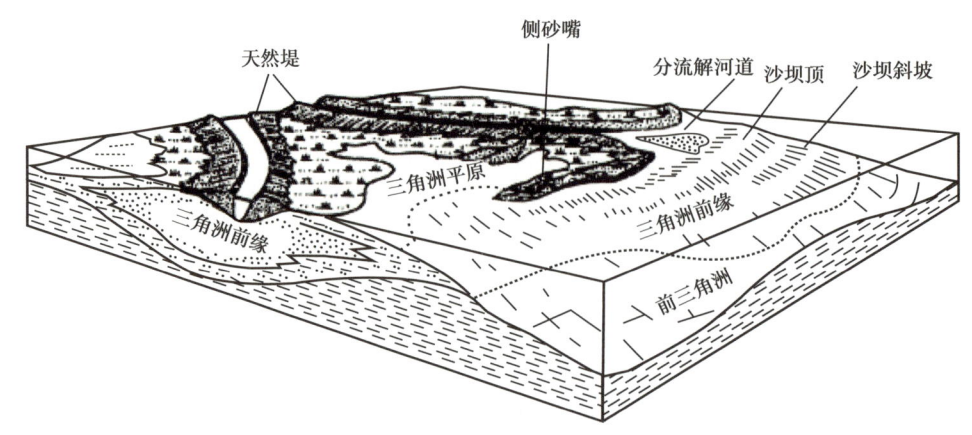

图 3-26　三角洲沉积模式

三种亚相大致呈环带状依次分布。由于沉积环境的变化，三角洲沉积物和生物特征也发生规律性的变化：从三角洲平原到前三角洲其粒度由粗变细；植屑和陆上生物化石减少，而海（湖）相生物化石增多；底栖生物的扰动程度增加；多种类型的交错层理变为较单一的水平纹理；有机质含量增高，颜色变暗等。

此外，霍尔姆斯（Holmes），内麦克和斯蒂尔（Nemec 和 Steel）曾对"扇三角洲"做出过研究，认为"扇三角洲是由冲积扇提供物源，在活动的扇体与稳定水体交界地带沉积的可以部分或全部沉没于水下的远岸沉积体系"。

1）三角洲平原亚相

三角洲平原是三角洲的陆上部分，主要由分支河流和沼泽沉积组成，它与河流体系的分界是从河流大量分叉处开始。三角洲平原沉积的亚环境多种多样，以分流河道为格架，分流河道的两侧有天然堤、决口扇，而分流河道间常发育有沼泽、湖泊和分支间湾等。其中最主要的是分流河道砂沉积与沼泽的泥炭或（和）褐煤沉积。二者的共生是三角洲平原沉积的典型特征。四川盆地凉高山组水上部分三角洲平原亚相大面积分布。

2）三角洲前缘亚相

三角洲的水下部分，主要由河口沙坝和远沙坝沉积组成，呈环带状分布于三角洲平原向海洋一侧边缘，即分流河道的前端。三角洲前缘是三角洲最活跃的沉积中心。从河流带来的砂、泥沉积物，一旦离开河口注入海洋，就迅速地堆积在这里。沉积物以极细的砂、粉砂及黏土为主，发育波状层理、水平层理、透镜状层理、楔形交错层理及前积、水平纹理，局部地区出现流水和波浪作用发育的复杂交错层理。可见生物介壳、植物残体、虫孔、生物扰动构造及植物碎片。三角洲前缘可分为以下微相：水下分流河道、水下天然堤、分流间湾、河口沙坝、远沙坝（末梢坝）、前缘席状砂。

3）前三角洲亚相

前三角洲位于三角洲前缘的前方，为海底厚层泥质沉积。前三角洲的海底地貌为一平缓的斜坡。其沉积物完全是在海（湖）面以下，而且大部分是在海（湖）水波浪所不能及的深度下沉积的。岩性主要由暗灰色黏土和粉砂质黏土组成，仅含有少量由河流带来的极细砂。前三角洲沉积物中的沉积构造不发育，主要为水平纹理和块状层理，偶见透镜状层理。其中发育有生物扰动构造和潜穴，并含有广盐度的化石种属，如介形虫、瓣鳃类和有孔虫等。

**（三）四川盆地侏罗系典型单井（剖面）相分析**

1. 达州金鸡镇剖面沉积相分析

南江剖面侏罗系整体为三角洲相沉积（图3-27）。凉下段为三角洲前缘—滨湖，岩性以灰绿色粉砂岩和黄灰色泥岩互层为主；凉上段以浅湖—半深湖沉积为主，岩性整体以灰色粉砂质泥岩、黑色页岩和灰色、灰黄色细砂岩为主。

2. YS115 井凉高山组单井沉积相分析

YS115 井位于营山地区，该井单井地质资料丰富，层序发育完整。

凉高山组表现为湖泊沉积，滨湖、浅湖、深湖交替出现，体现了水体的周期性变化（图3-28）。

3. PA1 井凉高山组单井沉积相分析

PA1 井位于平昌地区西南方向，该井单井地质资料丰富，层序发育完整。凉高山组沉积时期，沉积相表现为三角洲沉积夹湖泊沉积，整体厚度约244m，三角洲相分为三角洲平原亚相和三角洲前缘亚相，三角洲平原以绿灰色粉砂岩和灰色泥岩为主，三角洲前缘以灰色粉砂岩和灰黑色泥页岩为主（图3-29）。

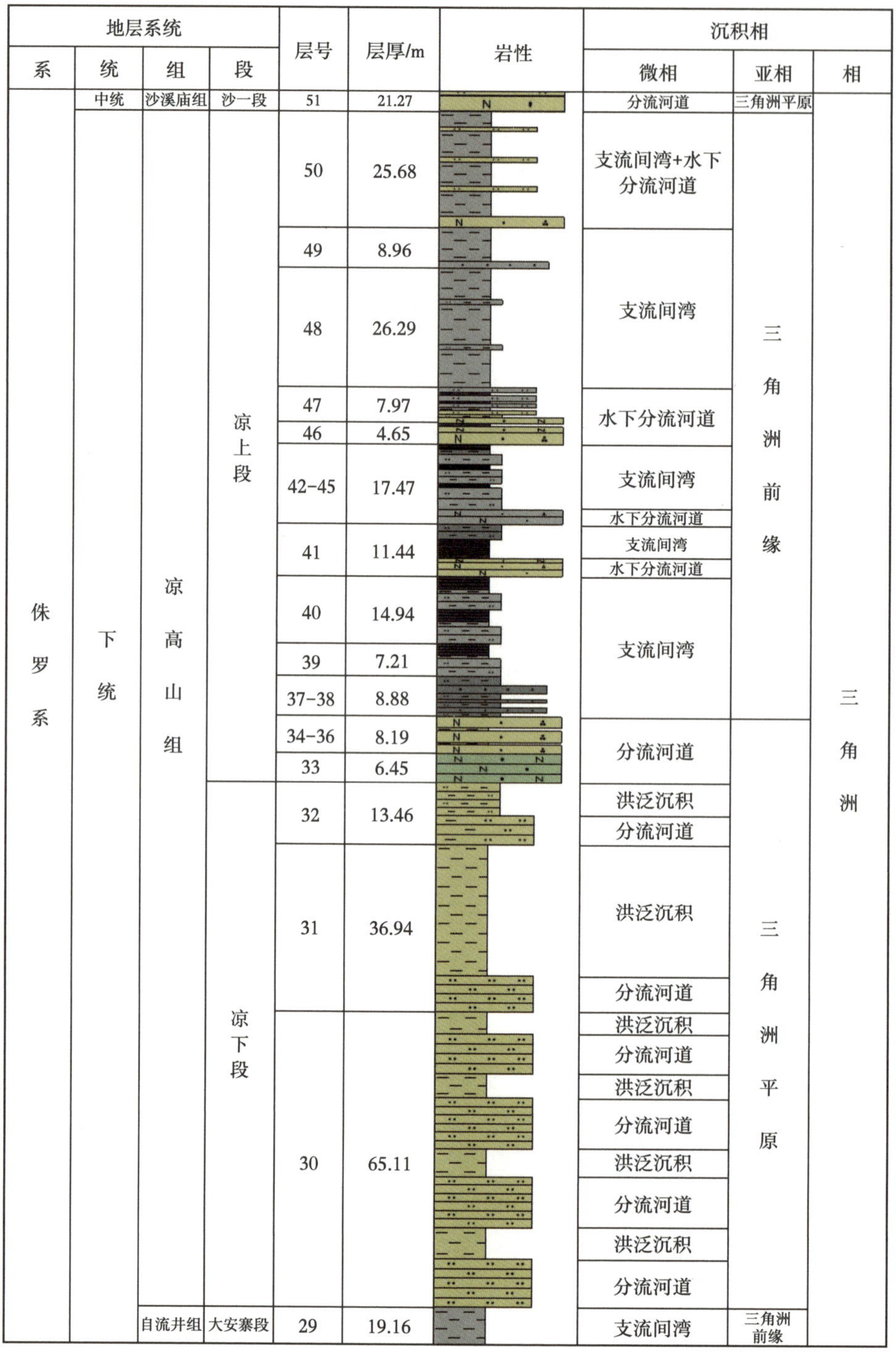

| 地层系统 | | | | 层号 | 层厚/m | 岩性 | 沉积相 | | |
|---|---|---|---|---|---|---|---|---|---|
| 系 | 统 | 组 | 段 | | | | 微相 | 亚相 | 相 |
| 侏罗系 | 中统 | 沙溪庙组 | 沙一段 | 51 | 21.27 | | 分流河道 | 三角洲平原 | 三角洲 |
| | 下统 | 凉高山组 | 凉上段 | 50 | 25.68 | | 支流间湾+水下分流河道 | 三角洲前缘 | |
| | | | | 49 | 8.96 | | | | |
| | | | | 48 | 26.29 | | 支流间湾 | | |
| | | | | 47 | 7.97 | | 水下分流河道 | | |
| | | | | 46 | 4.65 | | | | |
| | | | | 42–45 | 17.47 | | 支流间湾 | | |
| | | | | | | | 水下分流河道 | | |
| | | | | 41 | 11.44 | | 支流间湾 | | |
| | | | | | | | 水下分流河道 | | |
| | | | | 40 | 14.94 | | 支流间湾 | | |
| | | | | 39 | 7.21 | | | | |
| | | | | 37–38 | 8.88 | | | | |
| | | | | 34–36 | 8.19 | | 分流河道 | 三角洲平原 | |
| | | | 凉下段 | 33 | 6.45 | | | | |
| | | | | 32 | 13.46 | | 洪泛沉积 | | |
| | | | | | | | 分流河道 | | |
| | | | | 31 | 36.94 | | 洪泛沉积 | | |
| | | | | | | | 分流河道 | | |
| | | | | | | | 洪泛沉积 | | |
| | | | | | | | 分流河道 | | |
| | | | | | | | 洪泛沉积 | | |
| | | | | 30 | 65.11 | | 分流河道 | | |
| | | | | | | | 洪泛沉积 | | |
| | | | | | | | 分流河道 | | |
| | | | | | | | 洪泛沉积 | | |
| | | | | | | | 分流河道 | | |
| | | 自流井组 | 大安寨段 | 29 | 19.16 | | 支流间湾 | 三角洲前缘 | |

图3-27 南江剖面层序地层及沉积相综合柱状图

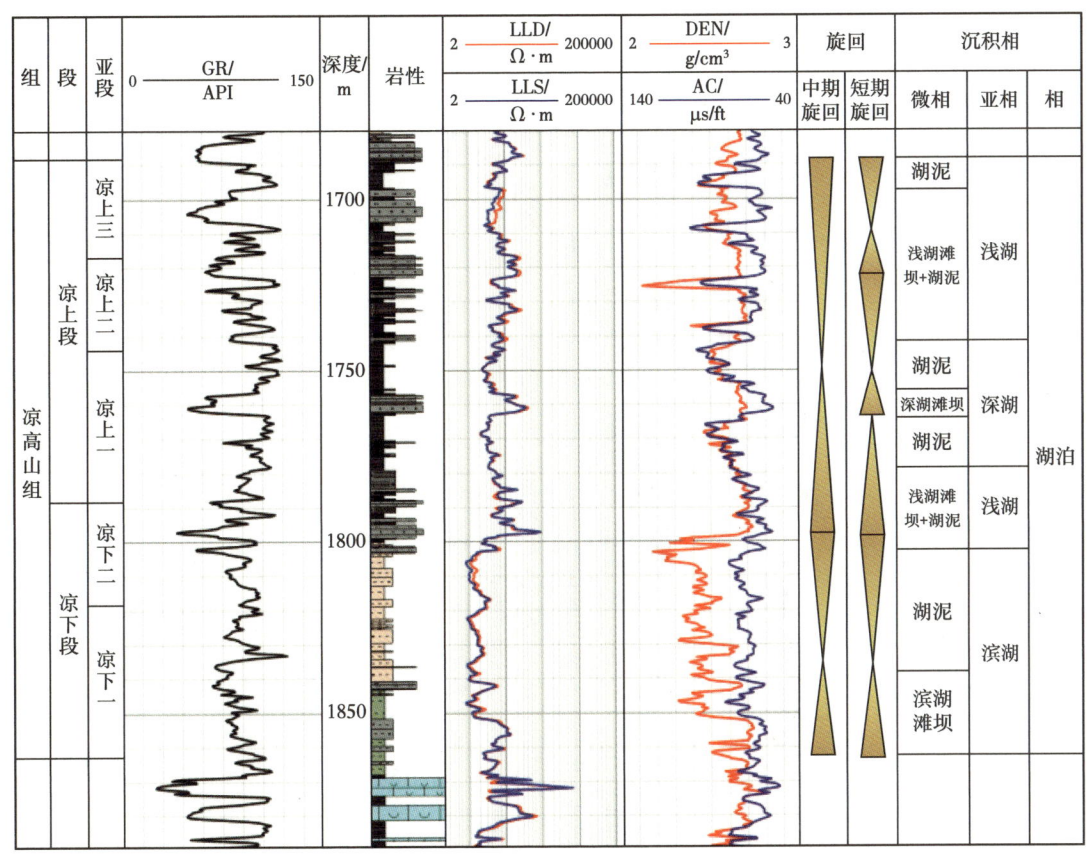

图 3-28 YS115 井层序地层及沉积相综合柱状图

## 三、沉积相展布特征及演化

### (一)连井沉积相对比分析

凉高山组暗色泥岩纵横向的分布特征明显受控于沉积环境的变迁及沉积相带的分异。在浅湖环境,页岩的埋藏深度厚,在三角洲前缘地带,页岩埋深相对较薄。川北地区中侏罗统凉高山组在垂向上砂岩与泥页岩互层频繁。

选取典型连井相进行分析,该连井沉积相剖面方向为东北—西南向。依次经过 HC106 井、TS1 井、HC1 井、HC121 井、HC135 井、LG177 井、LG23 井、LG29 井、LG166 井、PA1 井、JP1 井、ME1 井、ZY1 井。从连井沉积相对比结果来看,该剖面沉积相具有如下展布特征:

中侏罗世以来,由于受到大巴山逆冲推覆作用的进一步影响,前陆盆地的北部和东部开始强烈抬升,东面湖盆的泄水通道慢慢封闭,沉积格局变化明显。

沉积环境在早侏罗世(自流井组沉积时期)、中侏罗世早期(凉高山组沉积时期)依然以滨湖相沉积为主,湖域面积较大,蓄水量较多。

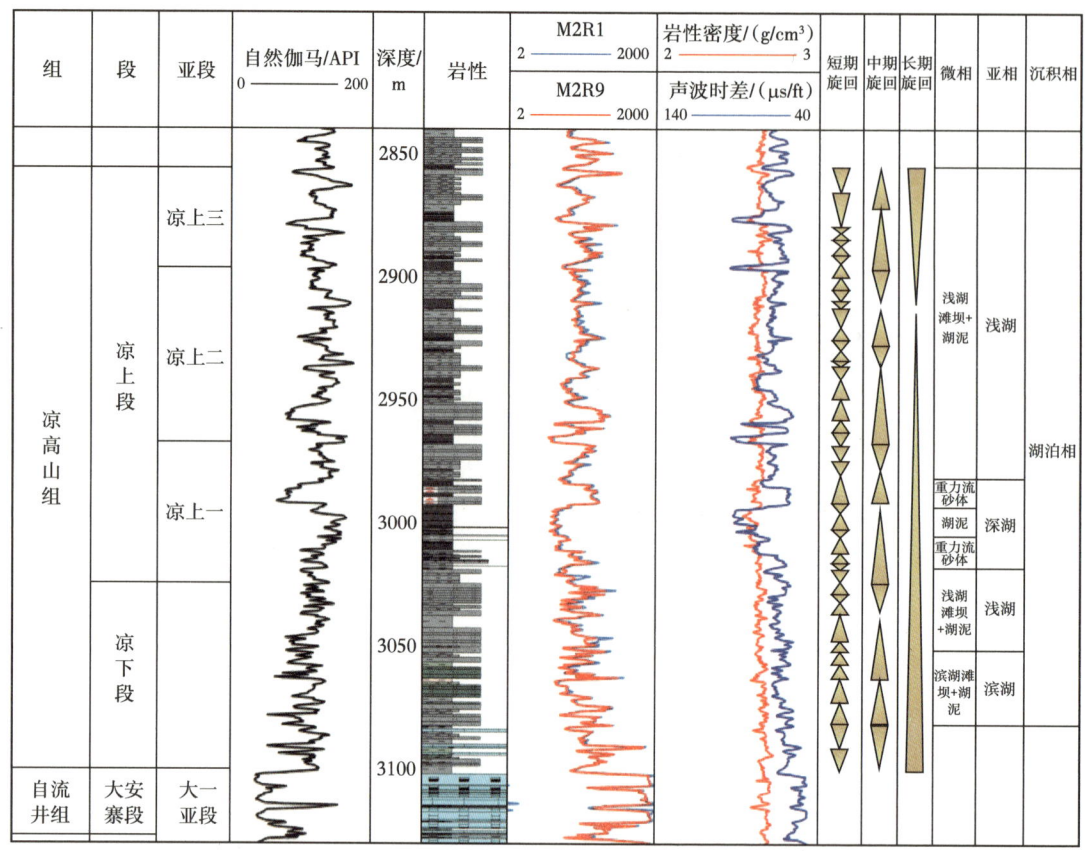

图 3-29 PA1 井层序地层及沉积相综合柱状图

凉高山组沉积时期，自下而上水体先变浅，又变深，最后变浅。从凉下段以滨浅湖、三角洲前缘为主过渡到凉上一亚段与凉上二亚段以浅湖—深湖沉积为主，再过渡到凉上三亚段以滨浅湖为主。该时期发育一些透镜状水下分流河道砂体和浅湖沙坝。深湖水体位置具有一定的迁移性，表现为凉上段内部由下向上湖盆中心深湖位置由南向北迁移，凉上一亚段沉积时期湖盆中心位于平昌—龙岗地区，凉上二亚段沉积时期湖盆中心位于龙岗—合川地区，凉上三亚段沉积时期湖盆中心位于合川地区（图 3-30）。

**（二）凉下段沉积相展布**

根据凉高山组凉下段砂岩累计厚度、砂地比值、单层砂岩最大厚度、暗色泥页岩累计厚度等参数，将研究区凉下段沉积相划分出三角洲平原、三角洲前缘、滨浅湖相。

三角洲平原亚相发育含中粗粒砂岩，砂地比大于 40%；三角洲前缘亚相岩性以粉细砂岩为主，砂地比大于 30%；滨湖亚相发育灰绿色泥岩，砂地比在 20%~30%；浅湖发育暗色泥页岩，砂地比小于 20%。

凉高山组凉下段沉积时期米仓山—大巴山活动增强，物源增加，湖平面下降，与大安寨湖侵期相比，湖盆面积明显萎缩，研究区北部和中部大部分被三角洲相覆盖。三角洲平原亚相范围较大，覆盖研究区北部南江、巴中、通江、万源等地；在物源丰富的条件下，三角洲前缘相进入滨湖相，河道砂体顺物源流动方向延伸至仪陇、龙岗、平昌、PA1 井区、FS1 井—WL1 井一带及 YJ1 井—DS1 井—HL1 井一带。凉下段主要为滨浅湖沉积，其中营山、龙岗地区主要为滨湖相沉积，营山地区有 2 个沙坝富集区，平昌地区主要为浅湖沉积（图 3-31）。

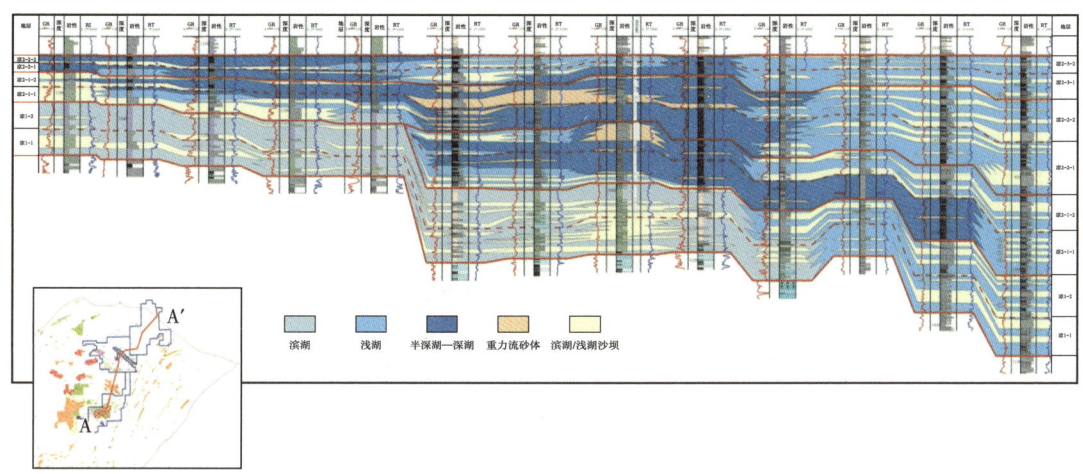

图 3-30　四川盆地凉高山组连井相

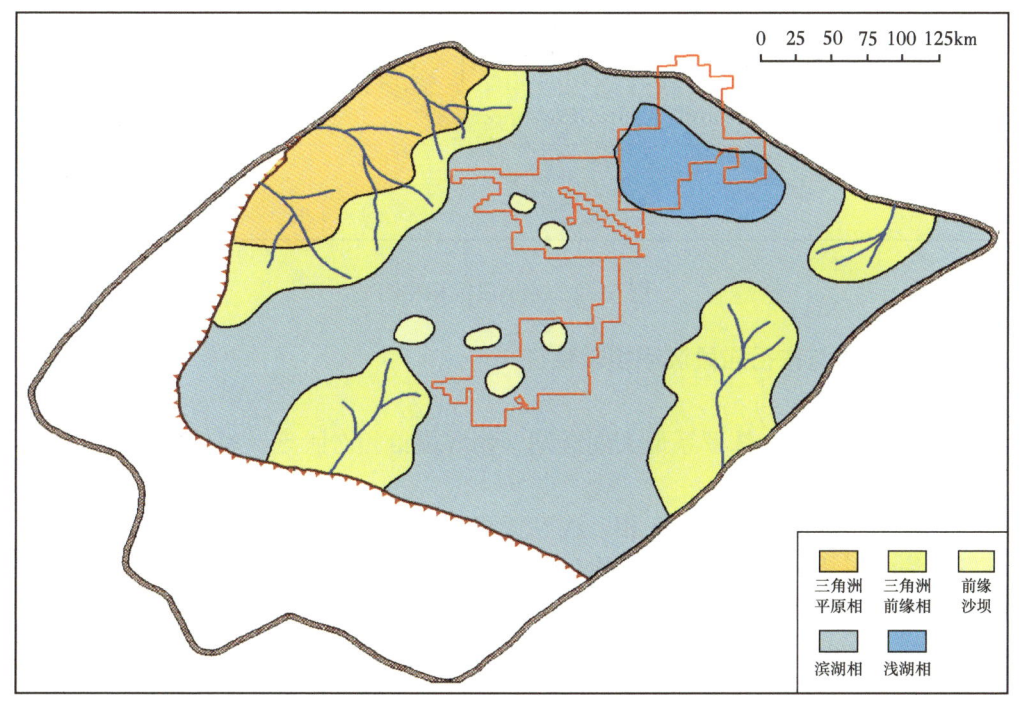

图 3-31　凉下段沉积相图

### (三)凉上段沉积相展布

根据凉高山组凉上段砂岩累计厚度、砂地比值、单层砂岩最大厚度、暗色泥页岩累计厚度等参数,将研究区凉上段沉积相划分出三角洲前缘、滨浅湖相。三角洲前缘亚相岩性以粉细砂岩为主,砂地比大于35%;滨湖亚相发育灰绿色泥岩,砂地比在30%~35%;浅湖相发育暗色泥页岩,砂地比小于30%。

凉上段经历了一次水体逐渐变深再变浅的过程,深湖—浅湖亚相沉积主要分布于川东北地区,内部滩坝与重力流砂体也较为发育,川西与川西南地区发育滨湖及三角洲前缘亚相沉积,川西边部发育三角洲平原亚相沉积(图3-32)。

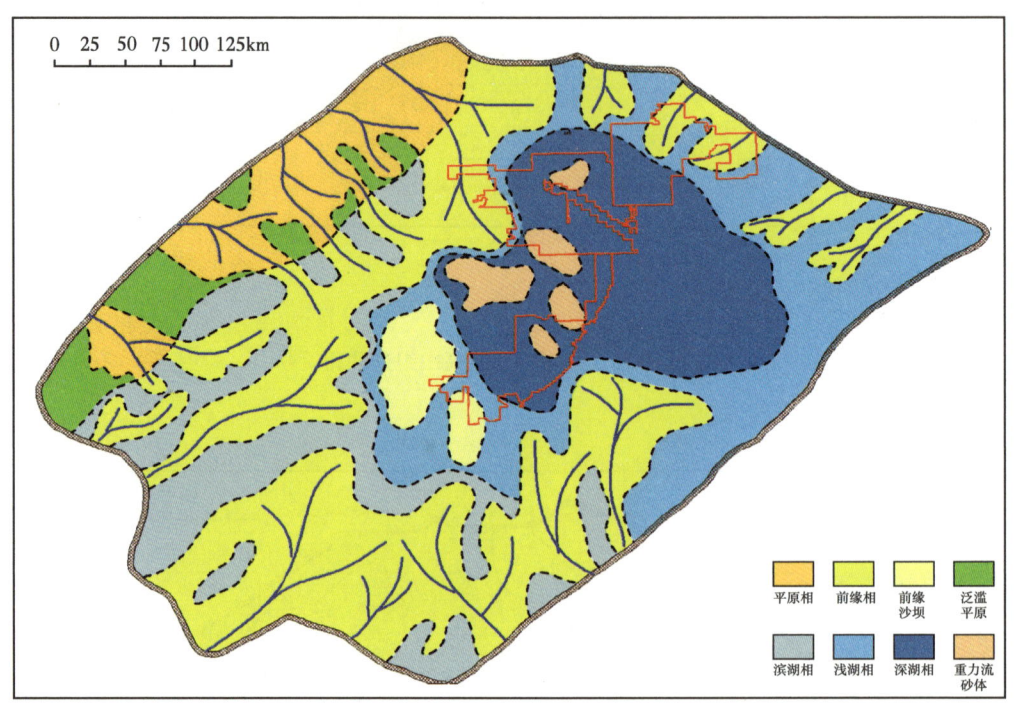

图3-32 凉上段沉积相图

### (四)大安寨段与东岳庙段沉积相带特征

**1. 大安寨段**

大安寨段沉积时期为侏罗系最大湖泛期,物源供给相对匮乏,整体发育暗色泥岩与介壳灰岩的互层。

川东北与川中地区发育深湖亚相、浅湖亚相,以及介壳滩亚相,川西与川南,以及盆地边部发育滨湖亚相与三角洲前缘亚相(图3-33)。

**2. 东岳庙段**

东岳庙段沉积时期为侏罗系一期湖泛期,物源供给相对匮乏,暗色泥岩发育,局部位置介壳滩发育,主要发育深湖、浅湖、滨湖、介壳滩,以及三角洲前缘亚相。

深湖亚相主要发育于川东北,浅湖与介壳滩主要发育于川东北与川中,滨湖亚相主要发育于川西南,三角洲前缘亚相主要发育于川西盆地边部(图3-34)。

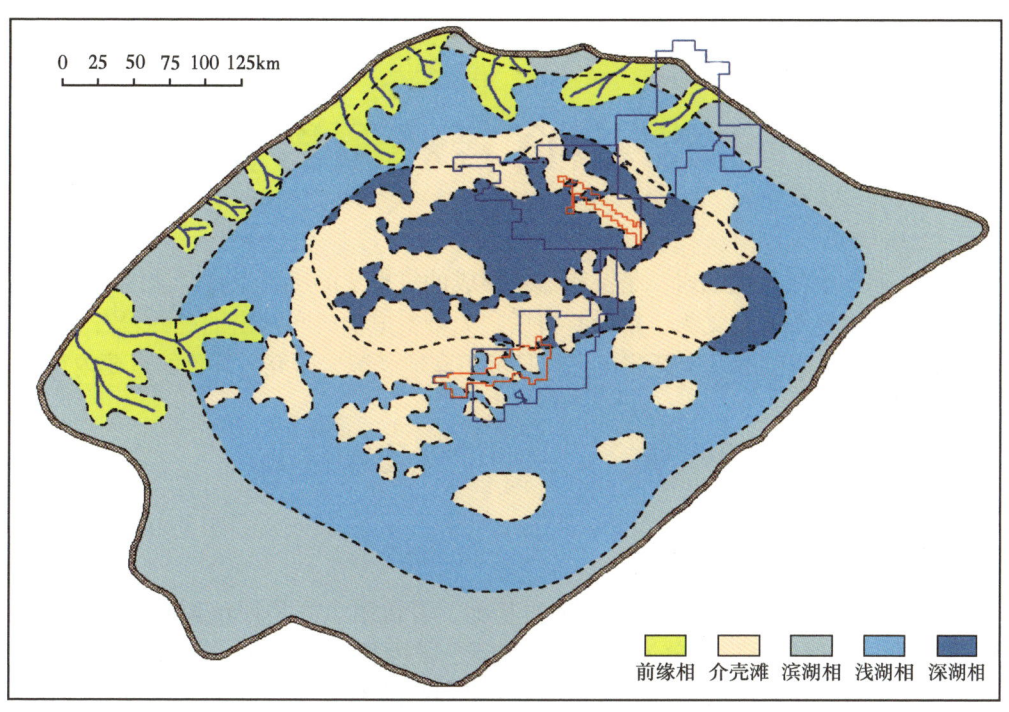

图 3-33 大安寨段沉积相图

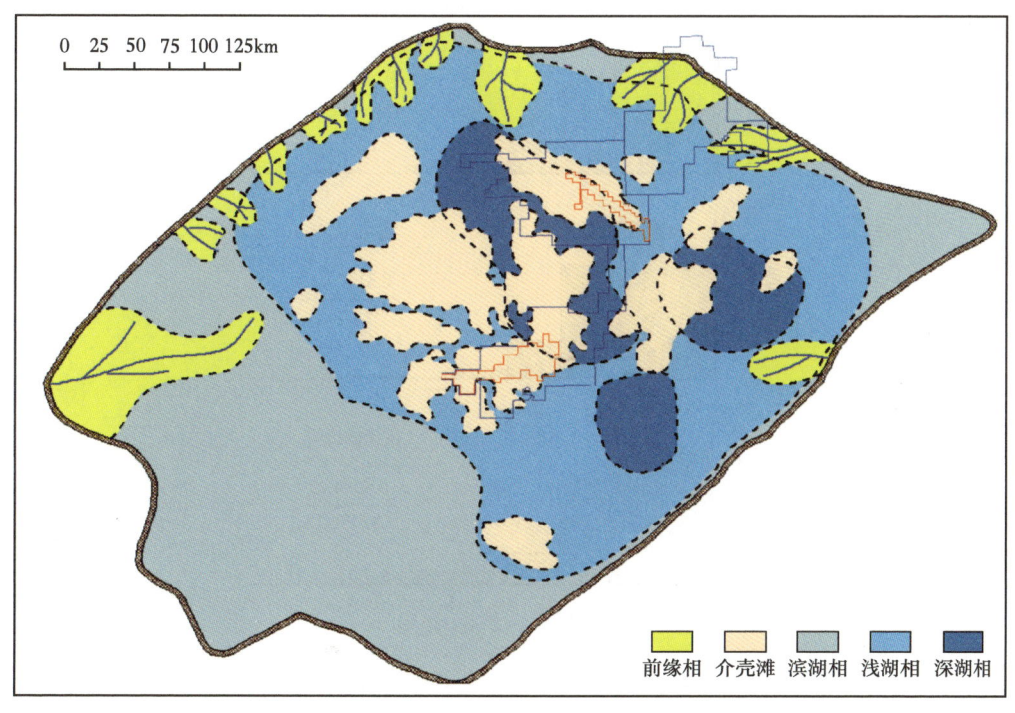

图 3-34 东岳庙段沉积相图

# 第四章 侏罗系页岩烃源岩发育特征

烃源岩，通常也叫作生油岩，是沉积盆地形成油气聚集的必备条件。法国石油地质学家 Tissot 等（1978）将烃源岩定义为：富含有机质、大量生成油气与排出油气的岩石。烃源岩的有机质丰度、类型、成熟度及生烃演化模式是沉积盆地烃源岩研究与评价的重要内容。

## 第一节 页岩的地球化学特征

### 一、有机质丰度

页岩中的有机质是生成页岩油气的物质基础，有机质丰度是评价页岩中有机质富集程度的重要参数，是评价页岩油气富集区和"甜点"段的核心参数之一。通常采用烃源岩中总有机碳含量（TOC）和岩石热解生烃潜量（$S_1+S_2$）等参数作为有机质丰度的评价指标。

川东北地区侏罗系三套烃源岩分别为凉高山组上段（凉上段）、大安寨段和东岳庙段，总体上来看，各段有机质丰度范围相似，分布特征如图 4-1 所示。

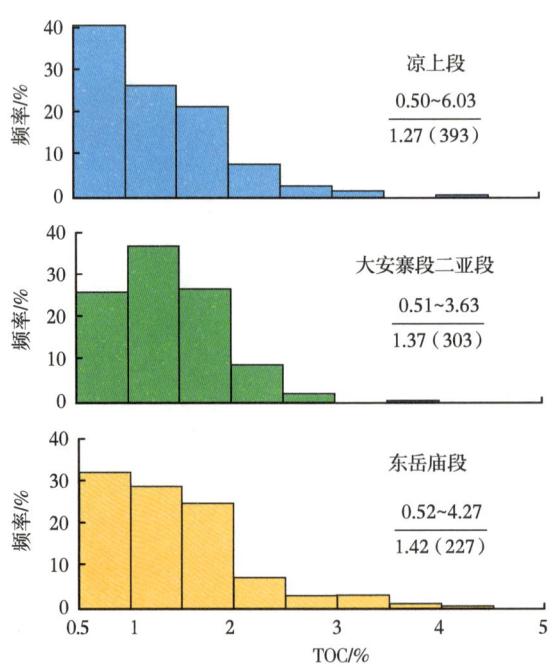

图 4-1 侏罗系各层段页岩 TOC 频率分布图

图中数据格式：$\dfrac{\text{最小值}-\text{最大值}}{\text{平均值（样品数）}}$

凉高山组上段和大安寨段、东岳庙段 TOC 值主要分布在 1%~2%，平均值分别为 1.27% 和 1.37%、1.42%，凉上段烃源岩 TOC 值分布范围最广，TOC 最大值达 6.03%。从 $S_2$—TOC 烃源岩综合评价图（图 4-2）可以看出，三个层段的页岩有机质丰度均较高，根据（SY/T 5735—2019）《烃源岩地球化学评价方法》[28]，判断侏罗系各层段页岩总体为好烃源岩，详细数据统计见表 4-1。

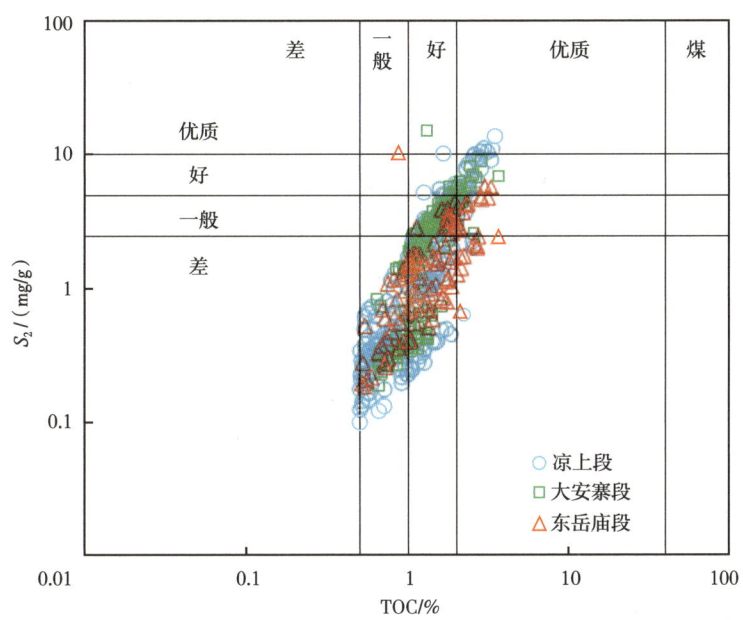

图 4-2　侏罗系各层段页岩 $S_2$—TOC 源岩综合评价图

表 4–1　侏罗系页岩有机质丰度评价表

| 层位 | TOC/% | $S_1$+$S_2$/(mg/g) |
|---|---|---|
| 凉高山组 | $\dfrac{0.50-6.03}{1.27(393)}$ | $\dfrac{0.11-23.19}{2.93(310)}$ |
| 大安寨段 | $\dfrac{0.51-3.63}{1.37(303)}$ | $\dfrac{0.23-30.57}{3.93(240)}$ |
| 东岳庙段 | $\dfrac{0.52-4.27}{1.42(227)}$ | $\dfrac{0.08-22.92}{3.11(227)}$ |

注：$\dfrac{最小值-最大值}{平均值(样品数)}$，后同。

PA1 井样品分析数据丰富，按照不同岩性分别统计后，绘制了直方图（图 4-3），从图 4-3 可以看出，页岩的有机质丰度（TOC）一般大于 1%，且明显高于泥岩和粉砂质泥岩。

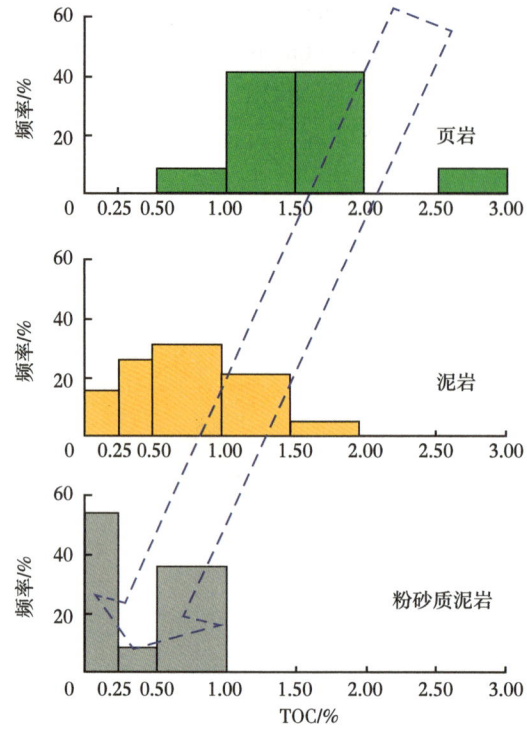

图 4-3 PA1 井凉上段不同岩性有机质丰度直方图

## 二、有机质成熟度

有机质成熟度是页岩有机质热演化程度的重要参数，判断有机质成熟度的参数很多，主要有镜质组反射率（$R_o$）、岩石热解最高峰温度（$T_{max}$）、孢粉颜色指数（SCI）、热变指数（TAI），以及生物标志物评价参数等，其中最有效且应用最广泛的评价参数是镜质组反射率（$R_o$）[29-30]。

表 4-2 侏罗系页岩 $R_o$ 数据统计表

| 层位 | $R_o$/% | 评价结果 |
| --- | --- | --- |
| 凉高山组 | $\dfrac{0.88-1.70}{1.10(41)}$ | 成熟—高成熟 |
| 大安寨段 | $\dfrac{0.98-1.84}{1.25(17)}$ | 成熟—高成熟 |
| 东岳庙段 | $\dfrac{1.24-1.44}{1.32(5)}$ | 成熟—高成熟 |

从凉高山组上段、大安寨段和东岳庙段页岩样品的实测 $R_o$ 数据上来看，凉高山组页岩 $R_o$ 的平均值为 1.10%，大安寨段页岩 $R_o$ 平均值为 1.25%，东岳庙段页岩 $R_o$ 平均值为 1.32%，具体数据分布统计见表 4-2，各段页岩均处于成熟—高成熟演化阶段（表 4-2 和图 4-4）。

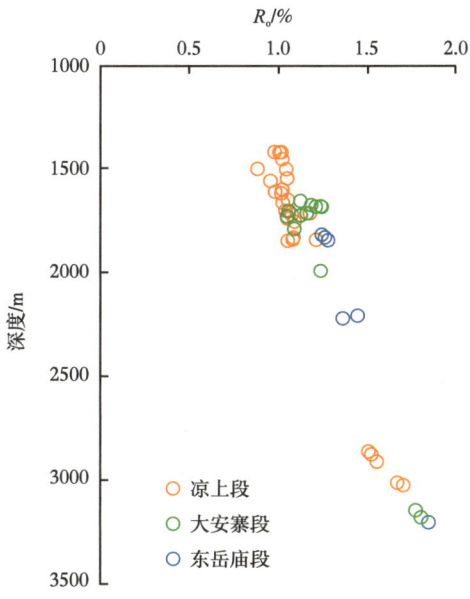

图 4-4　侏罗系三套页岩深度—$R_o$ 关系图

平面分布特征显示，凉高山组上段页岩大部分处于高成熟阶段，成熟度整体由南向北逐步增大（图 4-5），如 PA1 井处于高成熟区域，该井凉上段底部样品实测 $R_o$ 值为 1.66%。

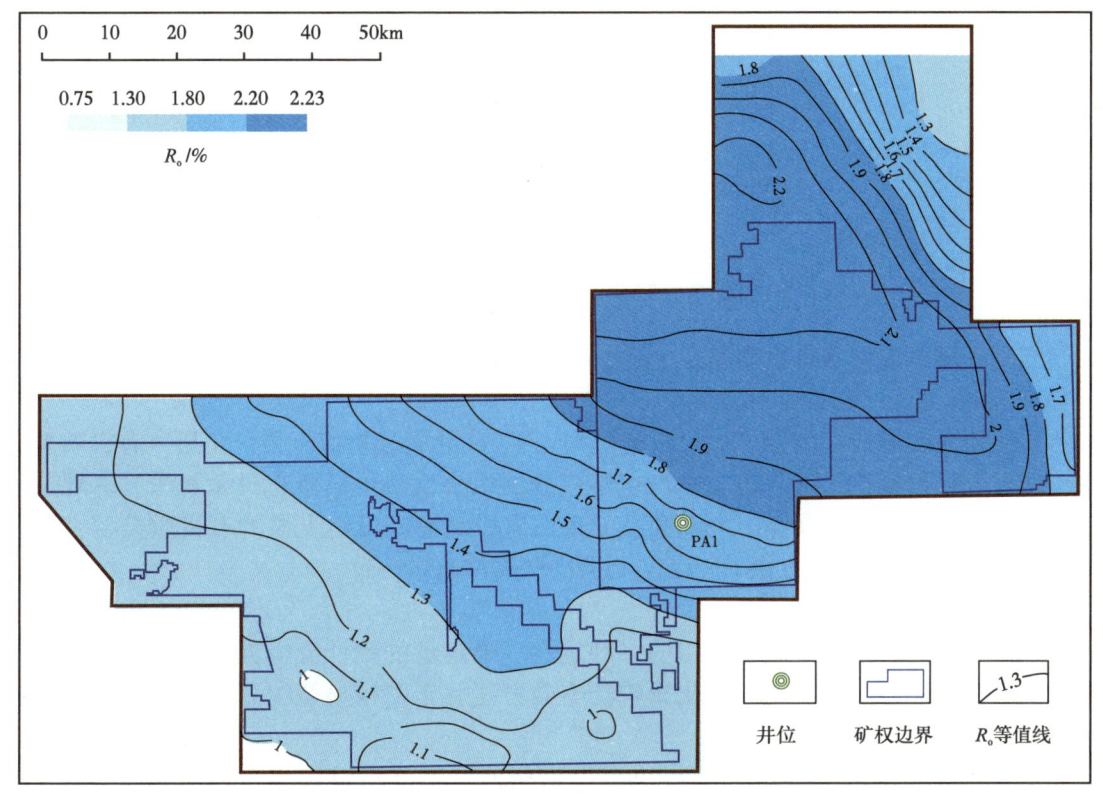

图 4-5　凉高山组上段底面 $R_o$ 平面分布图

## 三、有机质类型

有机质类型是衡量有机质生烃演化属性的标志，反映了烃源岩有机质的显微组分和化学结构。烃源岩有机质类型可分为四类，常用的判别方法有烃源岩热解法和干酪根法。

### （一）岩石热解参数划分有机质类型

$T_{max}$图版在考虑成熟度指标对有机质类型影响的同时可以消除有机二氧化碳$S_3$的易因外界影响而导致氧指数不准确的缺点，因此常可以采用HI—$T_{max}$图版来划分生油岩有机质类型。图4-6显示，凉高山组上段、大安寨段、东岳庙段页岩的有机质类型主要为Ⅱ型，以Ⅱ$_1$型为主。

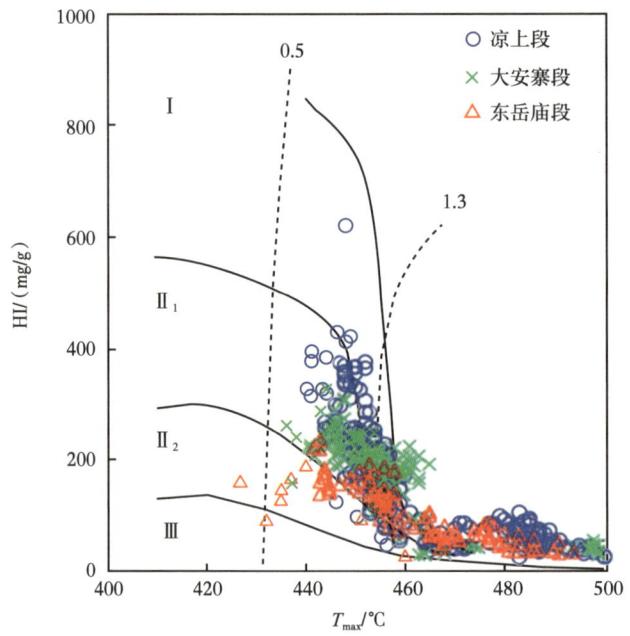

图4-6 侏罗系各层段页岩HI—$T_{max}$有机质类型划分图

### （二）干酪根法判别有机质类型

1. 干酪根元素法划分有机质类型

干酪根H/C与O/C的原子比可以通过C、H、O元素分析仪求得，是研究有机质类型的经典地球化学参数，是有机质平均化学成分的综合反映。根据有机元素法可以划分有机质类型，由图4-7可以看出大安寨段、东岳庙段和凉高山组上段的有机质类型主要为Ⅱ$_1$—Ⅱ$_2$型，与岩石热解参数HI—$T_{max}$划分图版类型基本一致。

2. 干酪根镜检判别法

干酪根镜检是有机岩石学常用的一种定性、半定量的统计分析方法，是一种能简单快速评价干酪根类型且不受热演化影响的有效方法。干酪根显微组分能直接反映其母质类型。

大安寨段和东岳庙段烃源岩与凉高山组相似，干酪根显微组分以腐泥组为主（图4-8），干酪根镜检结果也指示有机质类型为Ⅱ$_1$—Ⅱ$_2$型。

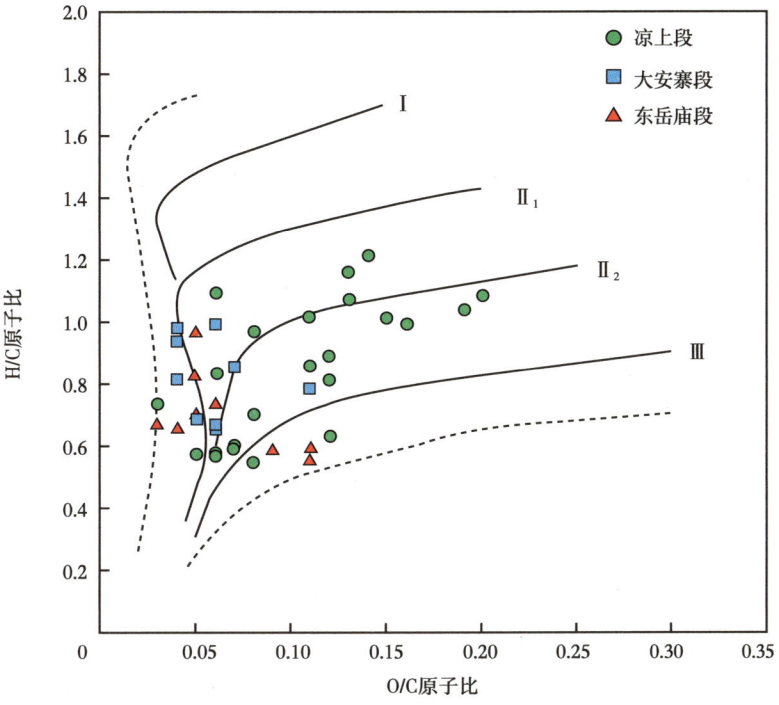

图 4-7　侏罗系各层段页岩 H/C—O/C 元素组成范氏图

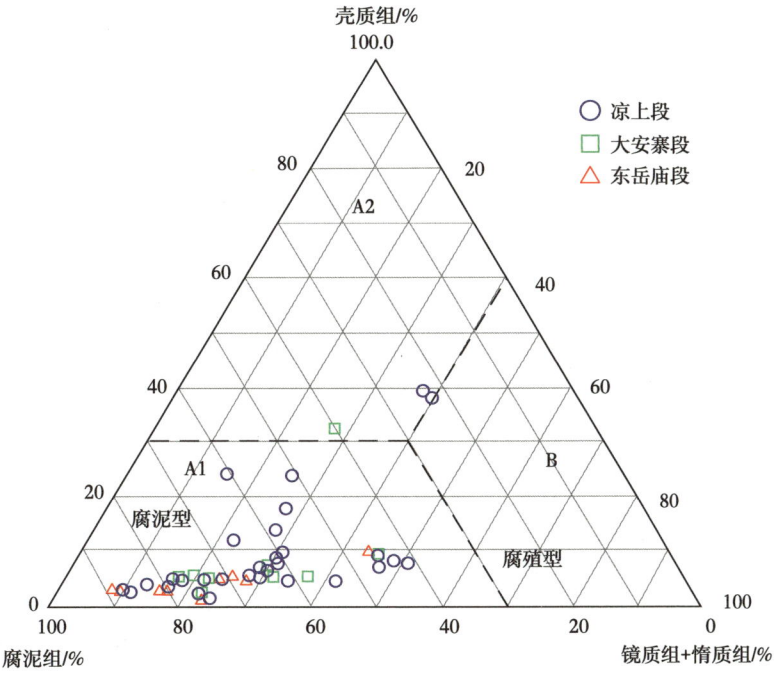

图 4-8　侏罗系各层段页岩干酪根显微组分图版

## 第二节 页岩的有机质来源

### 一、页岩的有机岩石学特征

有机岩石学是研究沉积有机质的成因、产状、组成、结构和演化的一门学科。以全岩镜检为技术手段,从"看得见"的显微组分的角度认识烃源岩,具有快速、经济、直观、可靠等优点,具有很强的实用性,目前已经发展成为油气勘探评价中不可缺少的常规分析和研究手段。

应用有机岩石学实验分析,能直观认识有机质中显微组分的原始形貌及结构特征,对确定有机质的来源并进而剖析生烃母质性质具有明显的优势。

学者们将岩石中的有机显微组分按成因来源分为腐泥组、壳质组、镜质组、惰质组等四个大类十多个亚类,本书参照行业标准 SY/T 6414—2014《全岩光片显微组分鉴定及统计方法》进行显微组分分类和命名(表4-3)[31]。

表4-3 烃源岩显微组分分类和命名

| 组 | 组分 | 成因、来源 | 意义 |
| --- | --- | --- | --- |
| 腐泥组 | 层状藻类体 | 藻类和其他低等水生生物及其降解产物 | 生油潜力最大的油源物质 |
| | 结构藻类体 | | |
| | 沥青质体 | | |
| 壳质组 | 孢粉体 | 高等植物繁殖器官、保护组织、分泌物等 | 良好的油源物质 |
| | 角质体 | | |
| | 木栓质体 | | |
| | 树脂体 | | |
| | 荧光质体 | | |
| | 壳屑体 | | |
| 镜质组 | 富氢镜质体 | 高等植物的木质纤维组织凝胶化作用的产物 | 产油较少,是天然气的良好气源物质 |
| | 正常镜质体 | | |
| | 再循环镜质体 | | |
| 惰质组 | 丝质体 | 植物木质显微组织经丝碳化作用或由木质组织凝胶化作用后再受强烈氧化作用或来源于菌类组织 | 不能生油,只生成很少量的天然气 |
| | 粗粒体 | | |
| | 菌类体 | | |
| | 惰屑体 | | |
| 次生有机组 | 烃类体 | 富氢显微组分成烃的次生产物和生烃母质或烃类物质的热变质残余物 | 生排烃的直接证据 |
| | 沥青体 | | |
| | 微粒体 | | |
| | 各向异性体 | | |
| 动物有机碎屑组 | 动物碎屑体 | 动物硬体经生物化学作用形成的降解残余物质 | 油源物质,与烃源岩成因和性质有关 |
| | 动物软体 | | |
| 矿物沥青基质 | | 充分降解的藻类体及类脂物质与无机矿物的混合物 | 良好的油源物质,干酪根中腐泥无定形的主要来源 |

川东北地区侏罗系页岩普遍演化程度较高，许多显微组分都会经历热演化作用而逐渐失去原始的面貌特征，因此选择一些较低成熟度的野外露头样品，开展有机岩石学分析，结果显示：不同类型的较低成熟度的页岩具有不同的显微组分组成特征（表4-4）。

表4-4　侏罗系不同类型较低成熟度烃源岩显微组分及其分布

| 有机质类型 | 腐泥组 | | | 壳质组 | | | | | | 镜质组 | | | 惰质组 | | | | 次生有机组 | 动物有机碎屑组 |
|---|---|---|---|---|---|---|---|---|---|---|---|---|---|---|---|---|---|---|
| | 层状藻类体 | 结构藻类体 | 沥青质体 | 孢粉体 | 角质体 | 木栓质体 | 树脂体 | 荧光质体 | 壳屑体 | 富氢镜质体 | 正常镜质体 | 再循环镜质体 | 丝质体 | 粗粒体 | 菌类体 | 惰屑体 | | |
| Ⅰ | +++ | ++ | + | ++ | - | | | | + | - | + | + | - | + | | + | - | - |
| Ⅱ₁ | +++ | ++ | + | ++ | | | | | + | - | + | ++ | + | + | - | ++ | | - |
| Ⅱ₂ | ++ | + | + | ++ | | | | | + | + | ++ | ++ | + | ++ | + | ++ | | |
| Ⅲ | | + | + | | | | | | ++ | ++ | ++ | ++ | ++ | ++ | + | ++ | | |

注：+++、++、+、-分别代表丰富、常见、少见和偶见。

腐泥组主要由藻类和其他低等水生生物及其降解产物组成，分为藻类体和沥青质体。藻类体来源于藻类且保留了藻类的形态与结构，根据形态和结构的不同又分为层状藻类体和结构藻类体。沥青质体主要为藻类降解物，也可能有部分浮游动物、细菌等强烈降解的产物。随着成熟度的增高，藻类生油之后呈残余、模糊、无定形态，已无藻类体的原始特征，但仍旧是烃源岩中腐泥无定形态的主要组成部分，在本书中也将其归到腐泥组中的沥青质体中。

川东北地区侏罗系页岩在较低成熟度时，可见到丰富的藻类体，以层状藻类体为主，结构藻也较为常见（图4-9）；常见的壳质组是孢粉体，胞腔结构是其最明显的特征，成熟度较低的时候，具有较强的荧光特征；页岩中含有富氢镜质体，是生烃潜力相对较高的显微组分，成熟度较低时具褐色至暗褐色弱荧光；惰质组主要为粗粒体和惰屑体，丝质体也较常见，菌类体比较罕见；偶尔见到包裹体（烃类体），高成熟样品中无荧光沥青体比较常见；偶见动物碎屑体，个体较大，呈深灰色条带状，表面具有生物纹层特征和弱的荧光特征；未见到明显的矿物沥青基质分布。

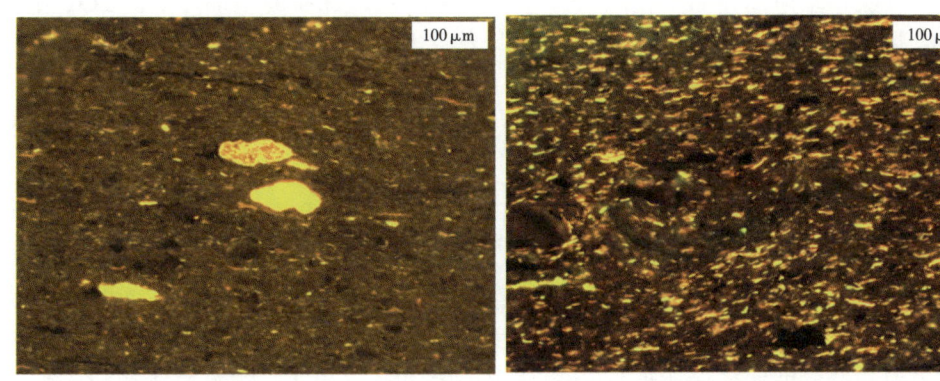

（a）结构藻镜下特征　　　　　　　　（b）层状藻镜下特征

图4-9　侏罗系页岩典型藻类体显微图片

## 二、不同成熟度页岩有机质显微组分演化

为了研究页岩中有机质的原始分布特征和热演化规律，分别选取了川渝侏罗系低成熟—高成熟演化阶段 9 块页岩样品，开展了全岩镜检分析。其中 5 块热演化程度较高的样品取自川渝探井的侏罗系岩心，另外 4 块较低成熟度的样品取自四川盆地川渝探区野外露头。样品的详细地球化学信息见表 4-5。

表 4-5 侏罗系全岩镜检样品地球化学数据

| 样品编号 | 剖面/井号 | 井深/m | 岩性 | TOC/% | $T_{max}$/°C | $S_1+S_2$/mg/g | HI/mg/g C | $R_o$/% | |
|---|---|---|---|---|---|---|---|---|---|
| 32# | 敖家营 | 露头 | 黑色页岩 | 6.03 | 430 | 14.63 | 231.18 | 0.60 | 较低成熟度 |
| 20# | 敖家营 | 露头 | 黑色页岩 | 2.12 | 435 | 5.30 | 241.51 | — | |
| 6-16# | 黄钦 | 露头 | 黑色页岩 | 2.01 | 439 | 9.74 | 456.22 | 0.80 | |
| 5-3# | 垭角铺 | 露头 | 黑色页岩 | 2.49 | 439 | 11.87 | 464.22 | 0.60 | |
| 1# | YQ1 | 1420.75 | 黑色泥岩 | 3.31 | 446 | 12.56 | 270.59 | 1.01 | 中等成熟度 |
| 2# | YQ1 | 1421.59 | 黑色泥岩 | 1.64 | 447 | 6.39 | 297.91 | 1.02 | |
| 3# | PA1 | 3003.10 | 灰黑色页岩 | 1.23 | 485 | 1.16 | 66.80 | 1.66 | 高成熟度 |
| 4# | PA1 | 3007.50 | 黑色页岩 | 2.56 | 470 | 3.17 | 77.26 | 1.66 | |
| 5# | PA1 | 3017.70 | 深灰色泥岩 | 0.66 | 487 | 0.37 | 50.32 | 1.70 | |

全岩镜检结果显示，黄钦、垭角铺样品中显微组分以腐泥组为主，占 76% 以上，镜质组、惰质组和壳质组含量较低，反映有机质类型较好，有机质类型为 I 型到 $II_1$ 型；敖家营 20 号样品腐泥组含量较高，占 67%，但惰质组含量也相对较高，反映有机质类型差于黄钦和垭角铺样品，对应的有机质类型应为 $II_1$ 型到 $II_2$ 型；而敖家营 32 号样品腐泥组仅占 22%，镜质组和壳质组含量较高，分别占 39% 和 27%，反映有机质类型相对较差，有机质类型应介于 $II_2$ 型和 III 型之间。这些较低成熟度的露头样品中，腐泥组的主要来源为藻类体，黄钦和垭角铺样品中呈层状分布的藻类体是最优质的生油母质。YQ1 井和 PA1 井虽然因成熟度较高未见到大量的藻类体，但来源于藻类体的沥青质体和残余的结构藻类体组成的腐泥组也占有较高的比例。1#~4# 样品的腐泥组达到了 62%~67%，对应的有机质类型应为 $II_1$ 型；而 5# 样品的腐泥组占 42%，来自陆源碎屑的惰质组和镜质组所占比例达到了 18% 和 36%，对应的有机质类型应为 $II_2$ 型。

不同成熟度的 $II_1$ 型样品显微组分分析结果显示（图 4-10），腐泥组具有明显的演化规律：随成熟度的增加，藻类体占比逐渐减少，同时沥青质体占比明显增加。说明在热演化过程中，腐泥组中原本形态结构明显的藻类体受生物化学热降解作用，荧光颜色逐渐加深至消失，逐渐转变成了沥青质体。孢粉体和富氢镜质体，虽然伴随着成熟度的增加荧光消亡，但有相当一部分能保持原始的形态和结构；镜质组中非富氢的镜质体和惰质组的变化最小，基本保留了原始的形态和结构，镜质组的灰度随成熟度的增加而增大；惰质组的光性特征无明显变化。

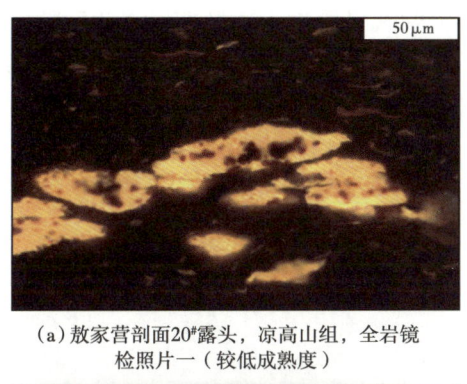
(a) 敖家营剖面20#露头，凉高山组，全岩镜检照片一（较低成熟度）

(b) 敖家营剖面20#露头，凉高山组，全岩镜检照片二（较低成熟度）

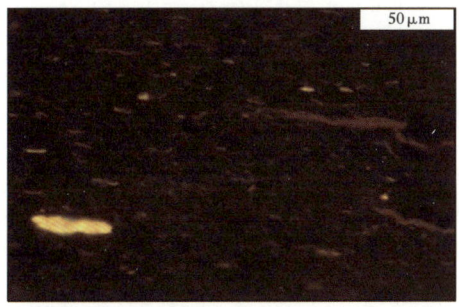
(c) 垭角铺剖面5-3#露头，凉高山组，全岩镜检照片（较低成熟度）

(d) 黄钦剖面6-16#露头，凉高山组，全岩镜检照片（较低成熟度）

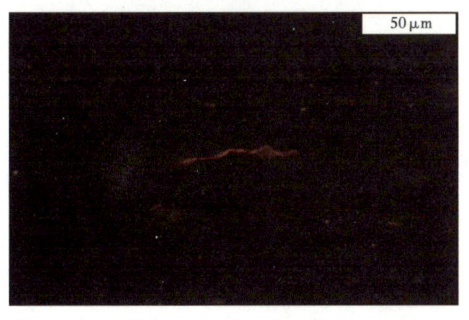
(e) YQ1井，1421.59m，凉高山组，全岩镜检照片（中等成熟度）

(f) PA1井，3007.5m，凉高山组，全岩镜检照片（高成熟度）

图 4-10　川渝侏罗系页岩腐泥组演化特征——典型显微图片

## 第三节　页岩的有机质生烃演化特征

### 一、生烃演化阶段划分

有机地球化学研究方法中，主要通过研究烃源岩的成熟演化阶段、可溶有机质的热演化特征及生烃模式等，绘制烃源岩生烃演化剖面图，以此判断有机质向油气的转化程度，并界定有机质成烃演化阶段。从四川盆地川东北地区侏罗系页岩生烃演化剖面图上可看出（图4-11），侏罗系页岩 $R_o$ 值在 0.88%~1.91%，烃源岩已达到成熟—高成熟演化阶段，$T_{max}$ 平均值为 466℃，生物标志化合物（OEP）平均值为 1.03，整体热演化程度较高。随着成熟度增高，可溶有机质的含量不断增加，氯仿沥青"A"转化率和生烃率增大，当 $R_o$ 值在 1.0%

左右时，氯仿沥青"A"/TOC达到最大值0.46，表明有机质进入生烃高峰，此后随着成熟度继续增加，伴随着排烃和裂解生气，氯仿沥青"A"/TOC和$S_1+S_2$/TOC开始逐步降低。

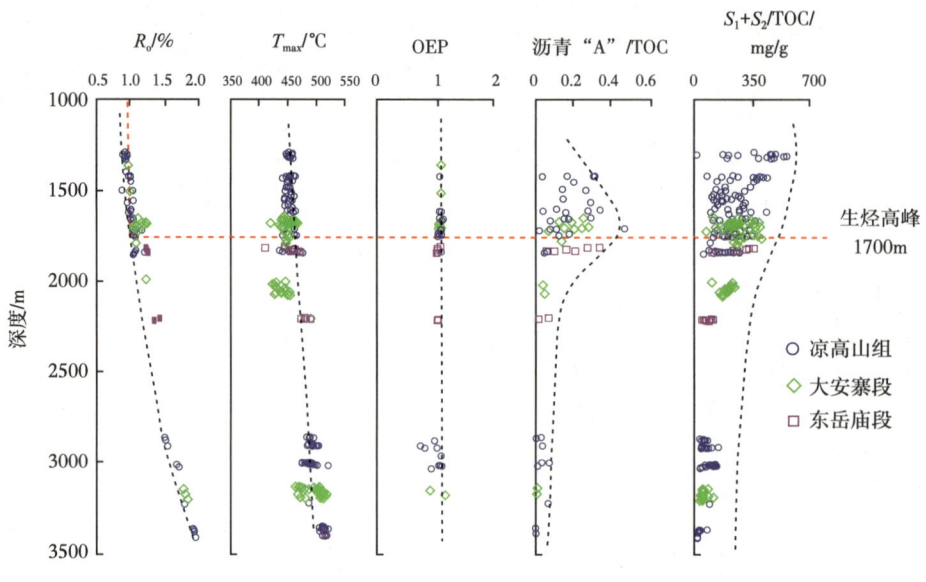

图4-11 侏罗系页岩生烃演化剖面图

## 二、页岩成烃演化模式

页岩生烃过程一方面受温度、压力等客观条件控制，另一方面还受其自身有机质来源及组成影响[32-33]。针对四川盆地川东北地区侏罗系页岩的生排烃特征，分别开展了封闭体系含水热模拟实验和开放体系热解生烃实验。封闭体系含水热模拟实验采用黄钦剖面的凉高山组露头样品，样品信息见表4-6。

表4-6 黄钦剖面热模拟实验露头样品信息

| 层位 | 岩性 | TOC/% | $S_1$/(mg/g) | $S_2$/(mg/g) | $R_o$/% |
| --- | --- | --- | --- | --- | --- |
| 凉高山组 | 页岩 | 1.85 | 0.27 | 6.79 | 0.80 |

将样品分为5份，共设置5个模拟温度点：300℃、350℃、375℃、400℃和425℃。根据实验结果得到的含水热模拟产物产率变化图来看（图4-12），油气生排烃可分为三个阶段：第一阶段为350℃之前，为生排油早期，干酪根首先转化成沥青，沥青又进一步转化成油，同时生成少量气，该阶段总的生排油量相对较低；第二阶段为350~375℃，是主要的生排油阶段，此时干酪根开始大量裂解向沥青和油转化，气的产出略有升高，生油高峰出现在375℃，排烃效率在62%左右；第三阶段为大于375℃，属于生排油晚期大量裂解生气阶段，此时总生油量、排油量均大幅下降，生气量明显增加，反映生成的油开始大量裂解成气。

从开放体系热解生烃模拟实验结果上来看（图4-13和图4-14），与古龙页岩相比凉高山组页岩热解模拟产物的气烃占比高：$C_{1-5}$占比较高（37%~41%），$C_{14+}$占比较少（15%~21%），$C_{5+}$—$C_{14}$占比大致相当，且大量生烃的时间更早，因而相同成熟度下凉高山组页岩油的气油比明显高于古龙页岩，也更有利于页岩油气的开发。

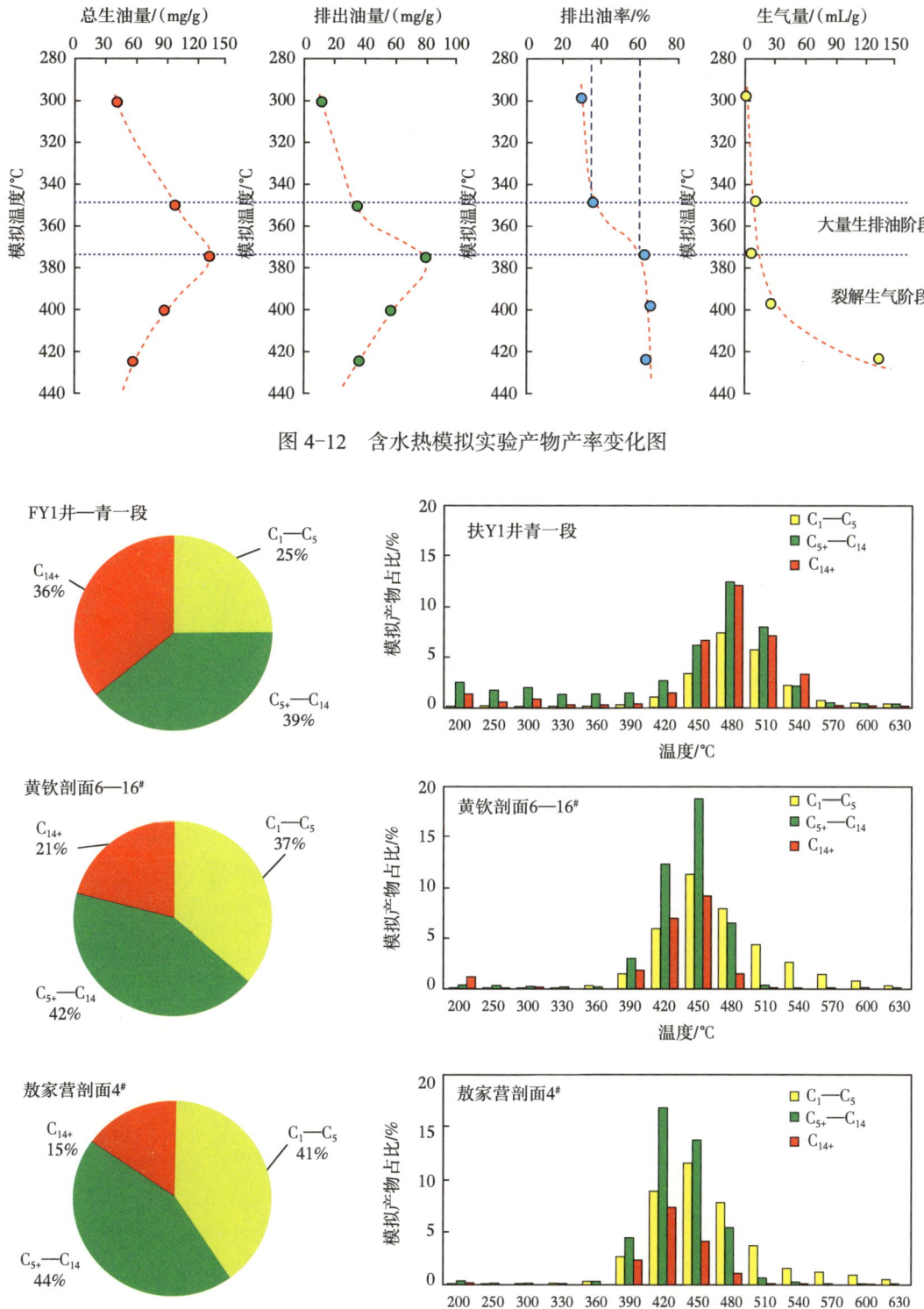

图 4-12　含水热模拟实验产物产率变化图

图 4-13　开放体系热解生烃模拟实验产物占比分析图（5℃/min）

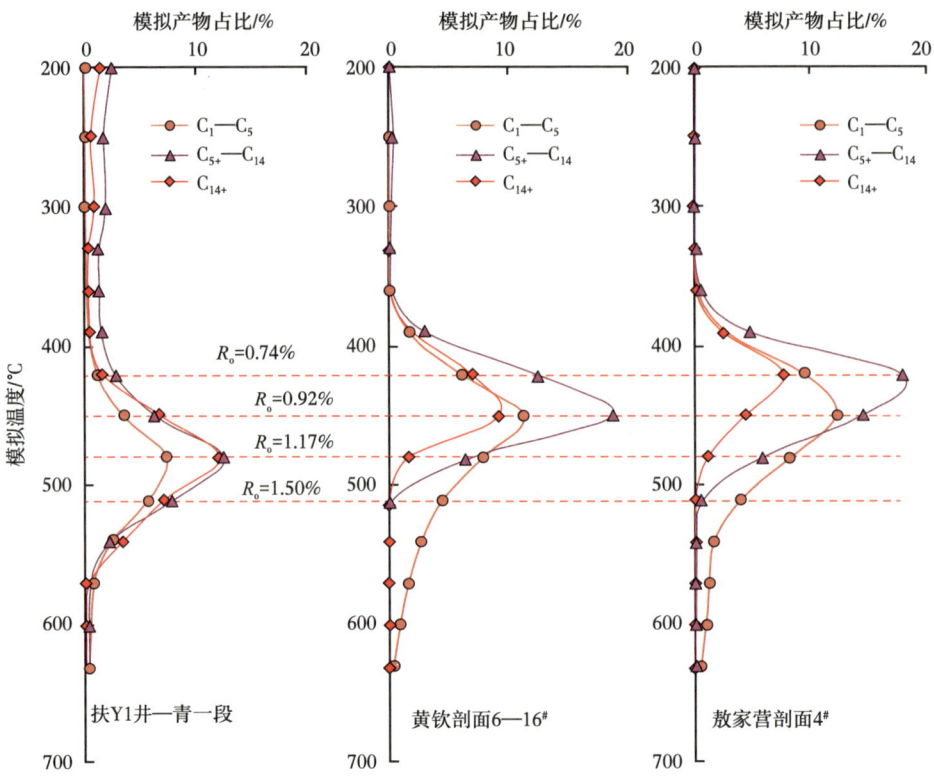

图 4-14 开放体系热解生烃模拟实验产物演化对比图

# 第五章　侏罗系页岩储层特征

近年来，四川盆地侏罗系湖相页岩油气勘探取得了重大突破，展现出巨大勘探潜力。为了进一步支撑深化勘探，基于野外露头、钻井取心和系统全面的实验分析资料，利用薄片鉴定、X射线衍射全岩及黏土矿物分析、氩离子抛光—场发射电镜、核磁共振和地球化学分析等多种测试手段，从岩石学特征（岩石类型划分和矿物组成等）、储集空间特征（储集空间类型及组合、储集结构特征）、储层物性特征（储层孔隙度与渗透率特征、储层物性影响因素）等方面，系统评价了侏罗系凉高山组、大安寨段和东岳庙段三套页岩的储层特征。结果表明：（1）凉上段主要为页岩、细—粉砂岩，偶见生屑灰岩。大一亚段以生屑灰岩为主，夹薄层含生屑页岩；大二亚段以纯页岩、含生屑页岩为主；大三亚段以生屑灰岩为主。东岳庙段主要为页岩、含生屑/生屑质页岩、含钙/钙质页岩。（2）三套页岩矿物组成对比：凉上段长英质含量高于大二亚段、东岳庙段，碳酸盐岩含量低于大二亚段、东岳庙段。（3）应用场发射电镜、核磁、FIB、$CO_2$吸附、氮气吸附、高压压汞等多种分析方法，明确了三套页岩纳米级无机孔缝为主的储集空间特征，实现了纳米尺度的孔缝定量表征，三套页岩孔径分布以半径小于40nm的孔隙为主。（4）大安寨段、东岳庙段储层的岩心实测孔隙度高于凉高山组。凉高山组总孔隙度主要分布于1.67%~2.63%，大安寨段孔隙度主要分布于2.19%~5.28%，东岳庙段孔隙度主要分布于2.1%~4.85%。（5）储层物性影响因素：不同岩性之间孔隙度差异较大，页岩是储层中最有利的储集岩性；页岩孔隙度与TOC含量呈正相关关系；黏土矿物含量与孔隙度呈正相关关系。

## 第一节　储层岩石学特征

### 一、储层矿物组分分析

#### （一）凉上段储层矿物组分

凉上段X衍射全岩矿物分析显示，泥页岩以长英泥页岩为主（图5-1），含少量黏土泥页岩，偶见混合泥页岩及碳酸盐泥页岩。凉上段全岩矿物以石英和黏土矿物为主，石英含量40.5%~48.8%，黏土含量35.7%~42.4%，长石含量10.9%~15.3%，碳酸盐含量2.9%~7%，黄铁矿含量0.1%（表5-1）。

与古龙地区青山口组页岩相比，凉上段泥页岩石英含量较高（表5-1），长石和黄铁矿含量略低于古龙页岩，黏土矿物和碳酸盐含量与古龙页岩相当。

PA1井凉上一亚段的上部主要为长英页岩、黏土页岩，具纹层状构造、页理构造，下部粉砂岩增多。

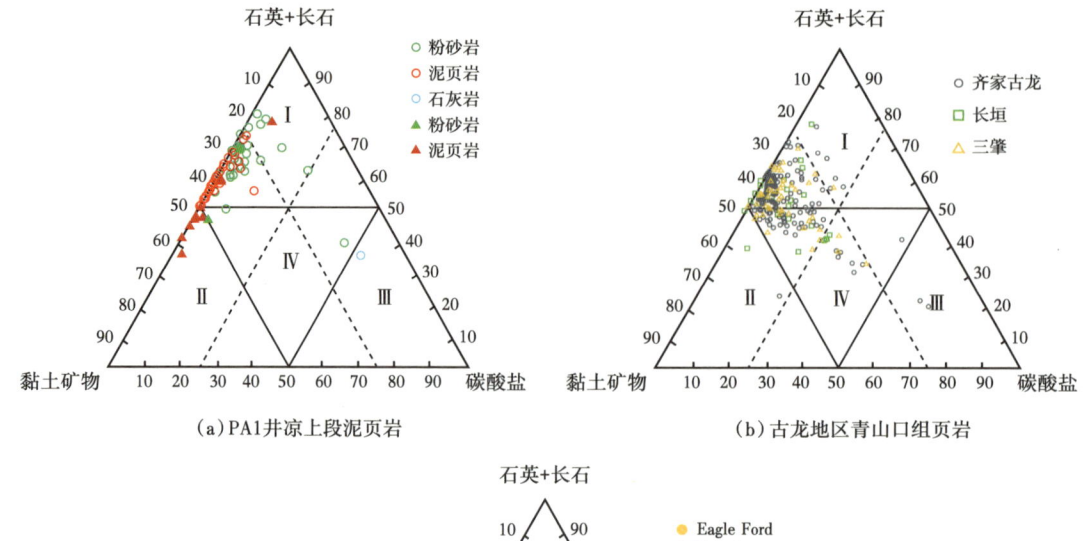

图 5-1 凉上段、古龙地区青山口组、国外页岩全岩矿物组分三角图

Ⅰ—长英泥页岩；Ⅱ—黏土泥页岩；Ⅲ—碳酸盐泥页岩；Ⅳ—混合泥页岩

表 5-1 凉上段泥页岩与国内外页岩矿物组分对比表

| 地区/盆地 | 层位 | 全岩矿物组成/% | | | | |
|---|---|---|---|---|---|---|
| | | 黏土矿物 | 石英 | 长石 | 碳酸盐 | 黄铁矿 |
| 川渝 | 凉上段 | 35.7~42.4 | 40.5~48.8 | 10.9~15.3 | 2.9~7 | 0.1 |
| 松辽盆地 | 青二段 | 34.5 | 32.3 | 22.3 | 6.5 | 4.4 |
| 松辽盆地 | 青一段 | 36.3 | 34.6 | 18.1 | 8.0 | 3.1 |
| 济阳坳陷 | 沙三下亚段 | 27.8 | 29.0 | 4.0 | 36.2 | 3.0 |
| 沾化凹陷 | 沙三下亚段 | 14.9 | 15.8 | 1.0 | 65.1 | 3.3 |
| 鄂尔多斯盆地 | 长7段 | 28.2 | 27.8 | 15.9 | 11.8 | 16.3 |
| 威远 | 五峰—龙马溪组 | 30.0 | 35.0 | 6.0 | 25.0 | 4.0 |
| 长宁 | 五峰—龙马溪组 | 26.0 | 40.0 | 4.0 | 28.0 | 2.0 |
| 焦石坝 | 五峰—龙马溪组 | 23.0 | 62.0 | 5.0 | 6.0 | 4.0 |
| 得克萨斯南 | 鹰滩组 | 30.4 | 4.7 | 8.9 | 53.5 | 2.4 |
| 福斯特盆地 | 巴奈特组 | 33.0 | 46.4 | 7.2 | 8.2 | 5.2 |

取心段 3001~3017.8m 段储层全岩矿物组分为黏土 44.3%，石英 42.7%，长石 12.1%，含少量方解石、黄铁矿（图 5-2）。

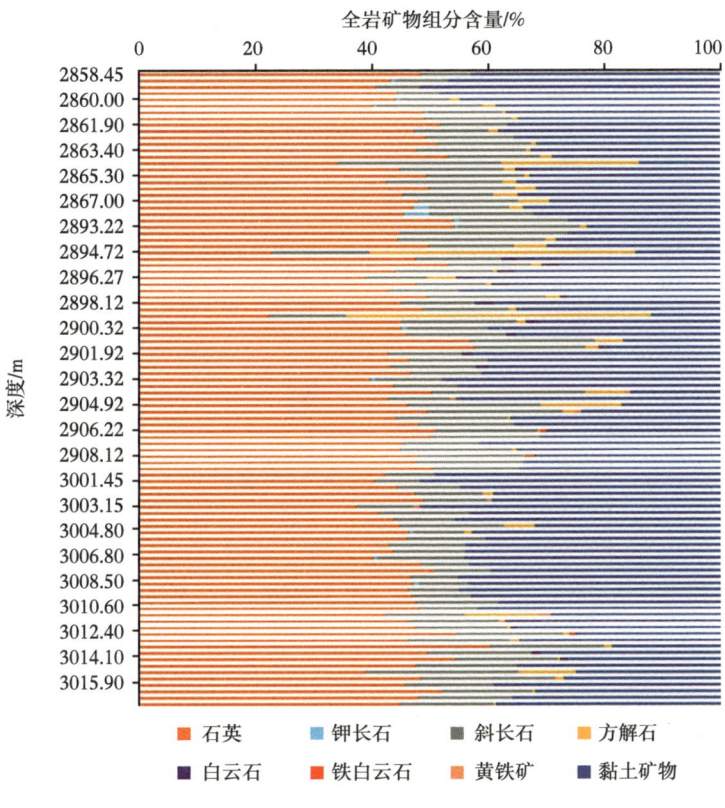

图 5-2 PA1 井凉上段全岩矿物组分图（样品数 $n=100$）

凉上二亚段主要为长英泥页岩、粉砂岩，局部见薄层石灰岩，取心段 2892.52~2909.52m 段储层全岩矿物组分为石英 45.9%，黏土 32.7%，斜长石 16.6%，方解石 3.7%。凉上三亚段主要为长英泥页岩、粉砂岩，取心段 2858~2868m 段储层全岩矿物组分为石英 46%，黏土 36%，斜长石 14.5%，方解石 2.6%，含少量钾长石，偶见白云石。

**（二）大安寨段储层矿物组分**

大二亚段主要为黏土页岩、混合页岩和少量碳酸盐页岩（图 5-3）。

全岩矿物组分为石英 27%~30.2%，黏土 45.6%~52%，长石 3.4%~6%，方解石 13.8%~14.7%（图 5-4）。

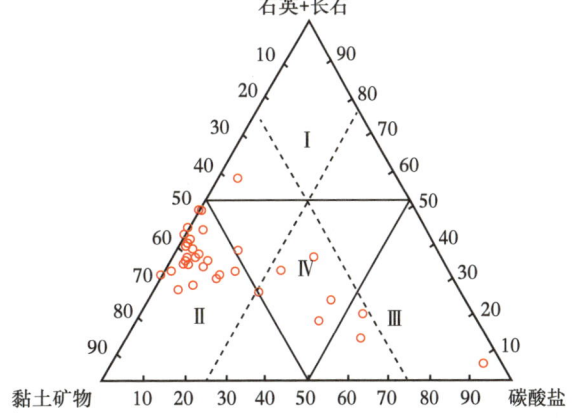

图 5-3 大二亚段全岩矿物组分三角图
Ⅰ—长英泥页岩；Ⅱ—黏土泥页岩；
Ⅲ—碳酸盐泥页岩；Ⅳ—混合泥页岩

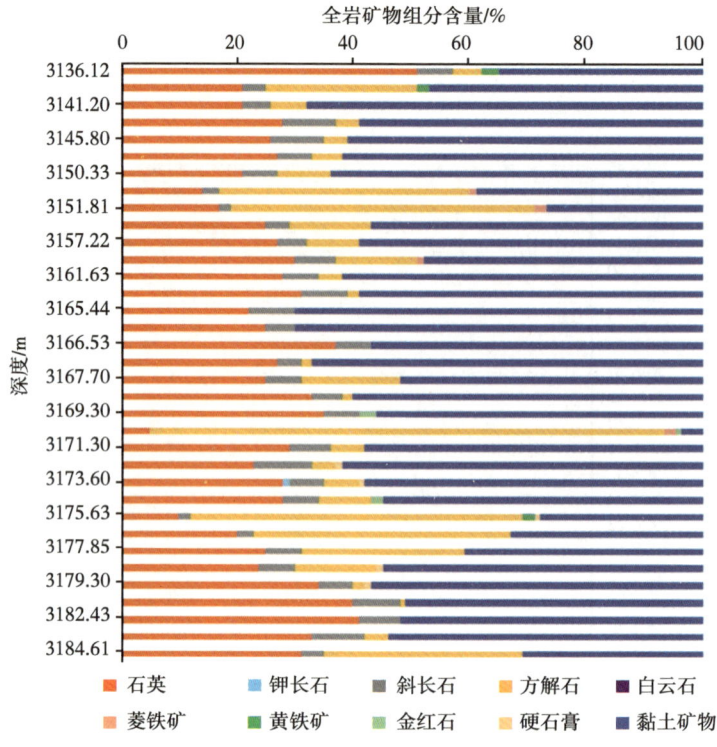

图 5-4　PA1 井大二亚段全岩矿物组分图（样品数 $n$=35）

大二亚段长英质含量低于凉高山组，而黏土矿物和碳酸盐岩含量高于凉高山组。

### （三）东岳庙段储层矿物组分

东岳庙段主要为黏土页岩、混合页岩，其次为长英页岩和碳酸盐页岩（图 5-5）。

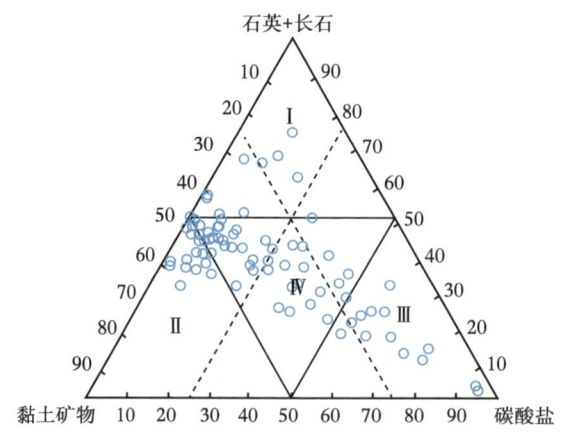

图 5-5　东岳庙段全岩矿物组分三角图

Ⅰ—长英泥页岩；Ⅱ—黏土泥页岩；Ⅲ—碳酸盐泥页岩；Ⅳ—混合泥页岩

全岩矿物组分为石英 28.5%~38.8%，黏土 34.2%~44.7%，长石 3.4%~6.0%，碳酸盐 15.1%~27.1%（图 5-6）。

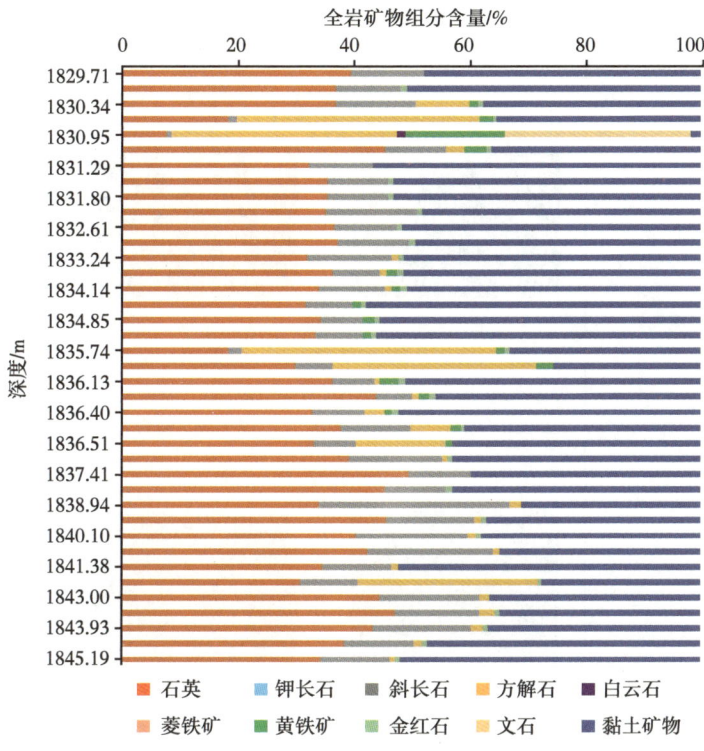

图 5-6　QL1 井东岳庙段全岩矿物组分图（样品数 $n=36$）

东岳庙段长英质含量低于凉高山组，而碳酸盐岩含量高于凉高山组，黏土矿物含量与凉高山组相当。

## 二、储层岩石类型分析

### （一）凉高山组储层岩石类型

镜下薄片鉴定揭示，凉高山组发育 4 大类 25 种岩石类型：凉上段主要为页岩、细—粉砂岩、含粉砂/粉砂质页岩、泥质粉砂岩，偶见生屑灰岩（表 5-2）。

表 5-2　凉高山组储层岩石类型划分表

| 岩石类型 | 岩心薄片鉴定精细分类 | 显微镜下薄片特征 | | |
|---|---|---|---|---|
| 页岩 | 页岩<br>含粉砂/粉砂质页岩<br>含钙/钙质页岩<br>含生屑含粉砂/粉砂质页岩 | （a）PA1 井，3001.38m，凉上段，页岩 | （b）YS5 井，1651.82m，凉上段，含粉砂页岩 | （c）YS5 井，1648.27m，凉上段，粉砂质页岩 |

续表

| 岩石类型 | 岩心薄片鉴定精细分类 | 显微镜下薄片特征 | | |
|---|---|---|---|---|
| 泥岩 | 泥岩<br>含粉砂/粉砂质泥岩<br>含粉砂含钙泥岩<br>含钙/钙质泥岩 | | | |
| | | （d）YS6井，1740.9m，凉上段，含生屑粉砂质页岩 | （e）DY1井，3415.59m，凉下段，泥岩 | （f）DY1井，3406.61m，凉下段，粉砂质泥岩 |
| 细—粉砂岩 | 细砂岩<br>含生屑细砂岩<br>含泥/泥质粉砂岩<br>含钙/钙质粉砂岩<br>含钙含泥/泥质粉砂岩<br>含生屑粉砂岩 | | | |
| | | （g）DY1井，3427.6m，凉下段，含粉砂含钙泥岩 | （h）DY1井，3424.61m，凉上段，钙质泥岩 | （i）DY1井，3232.2m，凉上段，细粒长石岩屑砂岩 |
| 石灰岩 | 生屑灰岩<br>含泥粉砂质生屑灰岩 | | | |
| | | （j）PA1井，2867m，凉上段，含钙泥质粉砂岩 | （k）PA1井，3010.85m，生屑灰岩 | （l）PA1井，3001.05m，含泥粉砂质生屑灰岩 |

凉下段主要为粉砂质泥岩、泥质粉砂岩，夹细—粉砂岩、含钙/钙质泥岩等，偶见页岩和生屑灰岩。凉上一亚段以粉砂质页岩为主，页岩、泥质粉砂岩次之；凉上二亚段以粉砂质页岩为主，其次为粉砂岩、页岩；凉上三亚段以粉砂质页岩为主，其次为泥质粉砂岩，含有少量生屑灰岩。

（二）大安寨段储层岩石类型

镜下薄片鉴定揭示，大安寨段发育5大类25种岩石类型（表5-3）。

大一亚段以生屑灰岩为主，夹薄层含生屑页岩、粉砂质页岩；大二亚段以纯页岩为主，其次为含生屑页岩，少量含粉砂/粉砂质页岩、生屑灰岩、粉砂岩；大三亚段以生屑灰岩为主，其次为页岩、泥质粉砂岩等。

表 5-3 大安寨段储层岩石类型划分表

| 岩石类型 | 岩心薄片鉴定精细分类 | 显微镜下薄片特征 | | |
|---|---|---|---|---|
| 页岩 | 页岩<br>含粉砂/粉砂质页岩<br>含生屑/生屑质页岩<br>含粉砂含生屑页岩 | （a）YQ1井，大安寨段，1677.9m，页岩 | （b）YS8井，1714.06m，大安寨段，含生屑页岩 | （c）YQ1井，大安寨段，1677.48m，生屑质页岩 |
| 泥岩 | 含粉砂/粉砂质泥岩<br>含生屑细砂质泥岩 | （d）PA1井，3161.63m，大二亚段，含粉砂页岩 | （e）PA1井，3210.9m，大三亚段，粉砂质泥岩 | （f）PA1井，3123.9m，大一亚段，含生屑细砂质泥岩 |
| 细—粉砂岩 | 细砂岩<br>含钙细砂岩<br>含泥细砂岩<br>含泥/泥质粉砂岩<br>含钙/钙质粉砂岩<br>含钙含泥/泥质粉砂岩<br>含生屑粉砂岩 | （g）PA1井，3164.13m，大二亚段，含钙极细粒长石岩屑砂屑 | （h）YS6井，1848m，大安寨段，含泥极细粒砂岩 | （i）PA1井，3162.11m，大二亚段，泥质粉砂岩 |
| 石灰岩 | 生屑灰岩<br>含泥生屑灰岩<br>含泥含粉砂/粉砂质生屑灰岩 | （j）PA1井，3198.3m，大三亚段，生屑灰岩 | （k）PA1井，3145.8m，大一亚段，含泥生屑灰岩 | （l）YS8井，1695.61m，大安寨段，泥晶灰质云岩 |
| 白云岩 | 泥晶含灰/灰质云岩 | | | |

### （三）东岳庙段储层岩石类型

镜下薄片鉴定揭示，东岳庙段发育5大类27种岩石类型：主要为页岩、含生屑/生屑质页岩、含钙/钙质页岩，夹生屑灰岩、细—粉砂岩、粉砂质泥岩等，偶见泥晶云岩（表5-4）。

表 5-4 东岳庙段储层岩石类型划分表

| 岩石类型 | 岩心薄片鉴定精细分类 | 显微镜下薄片特征 | | |
|---|---|---|---|---|
| 页岩 | 页岩<br>含粉砂/粉砂质页岩<br>含生屑/生屑质页岩<br>含粉砂含生屑页岩 | （a）YS6井，1999m，东岳庙段，页岩 | （b）YS8井，1825.95m，东岳庙段，含生屑页岩 | （c）YS6井，1992.8m，东岳庙段，生屑质页岩 |
| 泥岩 | 含粉砂/粉砂质泥岩<br>含生屑细砂质泥岩 | （d）YS8井，1811.8m，东岳庙段，含钙页岩 | （e）YS8井，1817.4m，东岳庙段，钙质页岩 | （f）YS6井，2019.8m，东岳庙段，粉砂质泥岩 |
| 细—粉砂岩 | 细砂岩<br>含钙细砂岩<br>含泥细砂岩<br>含泥/泥质粉砂岩<br>含钙/钙质粉砂岩<br>含钙含泥/泥质粉砂岩<br>含生屑粉砂岩 | （g）YS8井，1834.4m，东岳庙段，含极细砂粉砂岩 | （h）YS8井，1834.4m，东岳庙段，泥质粉砂岩 | （i）YS8井，1839m，东岳庙段，含生屑粉砂岩 |
| 石灰岩 | 生屑灰岩<br>含泥生屑灰岩<br>含泥含粉砂/粉砂质生屑灰岩 | （j）YS6井，1991m，东岳庙段，泥质生屑灰岩 | （k）YS8井，1820.05m，东岳庙段，生屑灰岩 | （l）YS8井，1818.2m，东岳庙段，含粉砂含泥泥晶白云岩 |
| 白云岩 | 泥晶含灰/灰质云岩 | | | |

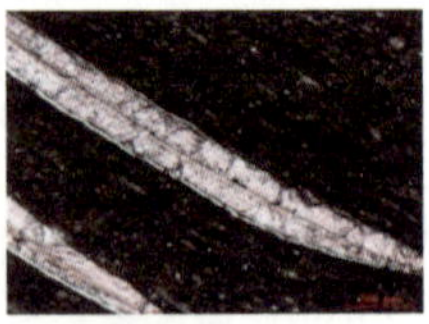

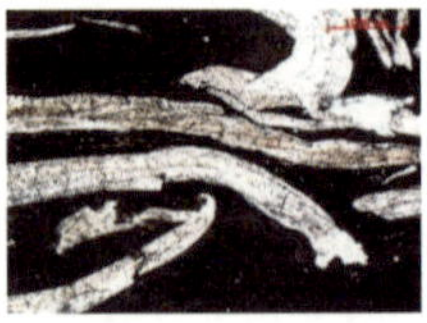

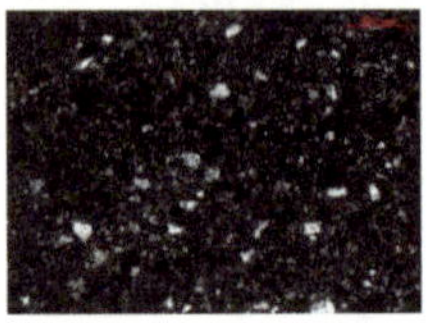

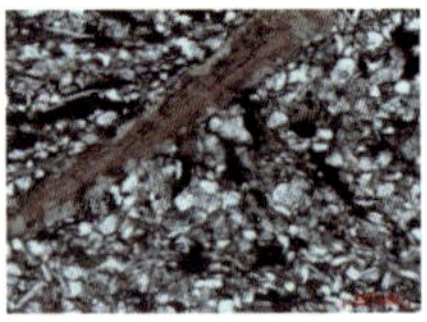

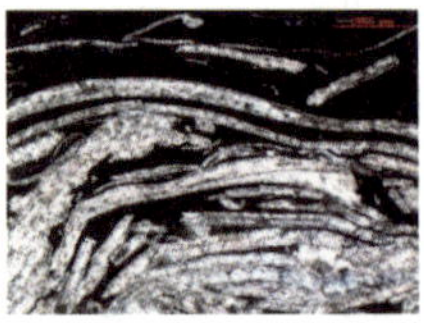

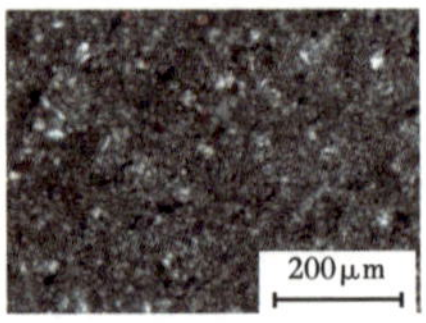

## 第二节 储集空间特征

### 一、储集空间类型及组合

（一）凉高山组储层储集空间类型及组合

应用岩心观察、普通薄片微米尺度鉴定、高分辨率场发射电镜分析，将凉高山组储层储集空间类型分为无机孔缝（粒间孔、粒内孔、黏土矿物晶间孔晶间缝、黄铁矿晶间孔等）和有机孔缝（图 5-7），主要以无机孔缝为主。

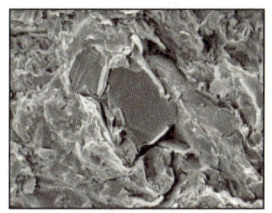 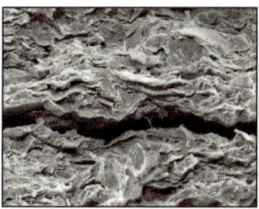 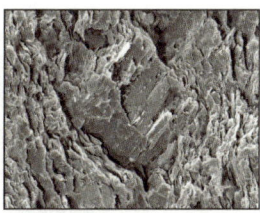 

（a）PA1井，2904.02m，凉上段，发育粒间孔　　（b）PA1井，3001.45m，凉上段，微裂缝　　（c）PA1井，3003.15m，凉上段，长石粒内溶孔及解理缝　　（d）PA1井，3007.08m，凉上段，黄铁矿晶间孔

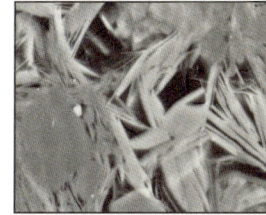  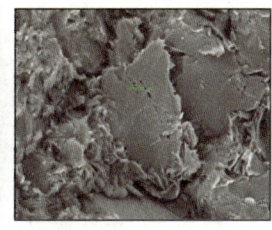 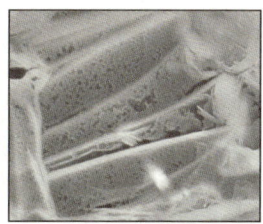

（e）QL1井，1836.1m，凉上段，黏土晶间孔　　（f）PA1井，3003.77m，凉上段，片状黏土晶间缝发育　　（g）PA1井，3015.47m，凉上段，石英颗粒内少量粒内孔隙　　（h）PA1井，3007.5m，凉上段，有机孔

图 5-7　凉高山组储层储集空间类型图版

凉高山组储层发育不规则网状缝和页理缝，可为压裂改造提供优越的条件。通过岩心与薄片观察，网状缝在泥岩、粉砂质泥岩、页岩、粉砂岩中都有发育。泥页岩中网状缝形态呈细而密集的交织网状或砖墙缝状，裂缝线密度大；粉砂岩中裂缝呈稀疏的不规则的网状，裂缝线密度小于泥页岩。网状缝多呈开启状，是良好的储集空间和疏导体系（表 5-5）。

表 5-5　PA1 井凉高山组储层网状缝特征图版

| 层位 | 深度/m | 岩性 | 裂缝形态描述 | 裂缝特征图像 | 裂缝长度/cm | 裂缝宽度/mm | 裂缝线密度/条/m |
|---|---|---|---|---|---|---|---|
| 凉上三亚段 | 2858.85~2859.93 | 页岩 | 网状微裂缝，裂缝细而密集，网格直径1~7cm，裂缝被方解石局部充填，部分呈开启状 | PA1井，2859.6m 页岩 | 1.5~10 | 0.01~0.8 | 700~2000 |

续表

| 层位 | 深度 /m | 岩性 | 裂缝形态描述 | 裂缝特征图像 | 裂缝长度 /cm | 裂缝宽度 /mm | 裂缝线密度 /条 /m |
|---|---|---|---|---|---|---|---|
| 凉上二亚段 | 2906.12~2906.25 | 粉砂质页岩 | 交叉状裂缝，裂缝稀疏，顺层缝与垂直缝交错，裂缝局部呈开启状 | PA1井，2906.25m 粉砂质页岩 | 1~10 | 0.1~0.6 | 50~400 |
| 凉上一亚段 | 3006.2~3006.71 | 含粉砂质页岩 | 裂缝呈砖墙缝状，网格直径1~9cm，顺层缝与斜交缝交织成网状，裂缝局部呈开启状 | PA1井，3006.67m 含粉砂页岩 | 1~10 | 0.3~1 | 250~400 |

通过岩心、薄片观察，页理缝呈连续或断续的平直状或微弱波状平行于层理面分布，在肉眼和显微镜下均可见，镜下显示缝宽为30~300μm，页理缝线密度为500~1000条/m（图5-8），页理缝多未被充填，裂缝面孔率为2.15%~5%。

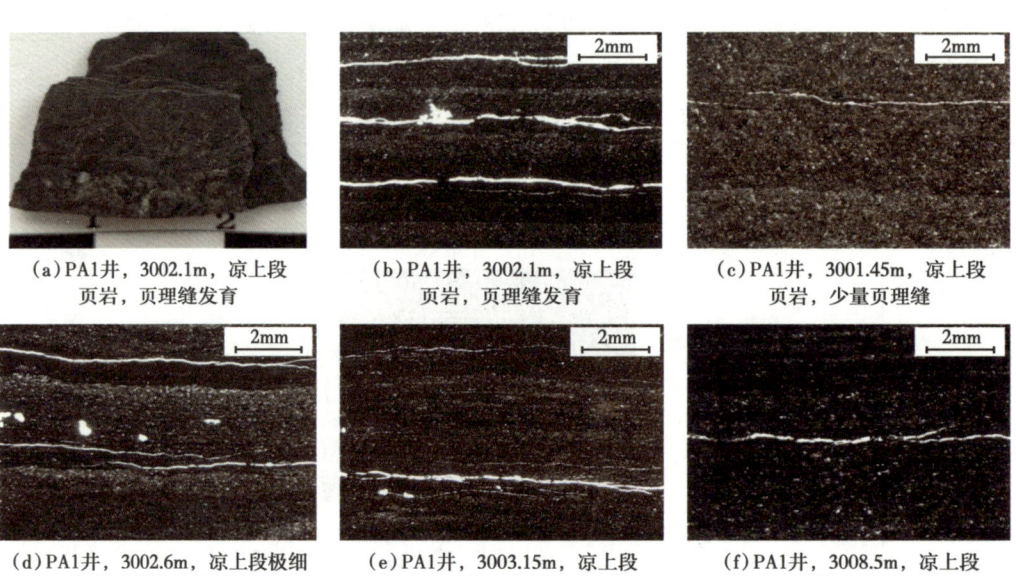

(a) PA1井，3002.1m，凉上段页岩，页理缝发育　(b) PA1井，3002.1m，凉上段页岩，页理缝发育　(c) PA1井，3001.45m，凉上段页岩，少量页理缝

(d) PA1井，3002.6m，凉上段极细砂—粉砂质页岩，页理缝发育　(e) PA1井，3003.15m，凉上段页岩，页理缝　(f) PA1井，3008.5m，凉上段页岩，页理缝

图5-8　凉高山组页岩页理缝特征图版

应用氩离子抛光—场发射电镜（FE-SEM）图像分析技术，开展了凉高山组泥页岩储集空间类型定量分析，结果显示：泥页岩储集空间以粒间孔和黏土矿物晶间孔缝为主，在有机质成熟阶段，随有机碳含量增加，储集空间中有机孔缝的比例有所增加。TOC为0.23%的泥岩孔隙类型以粒间孔为主（62.6%），其次为黏土矿物晶间孔（20.4%）、黏土晶间缝、微裂缝，发育少量粒内孔、有机孔。TOC为0.66%的页岩孔隙类型以粒间孔（52%）和黏土矿物晶间孔（37%）为主，发育部分有机孔和黏土晶间缝。TOC为2.56%的页岩孔隙类型以粒间孔（47.6%）和黏土矿物晶间孔（35.9%）为主，有机孔缝（10.7%）的比例有所增加（图5-9）。

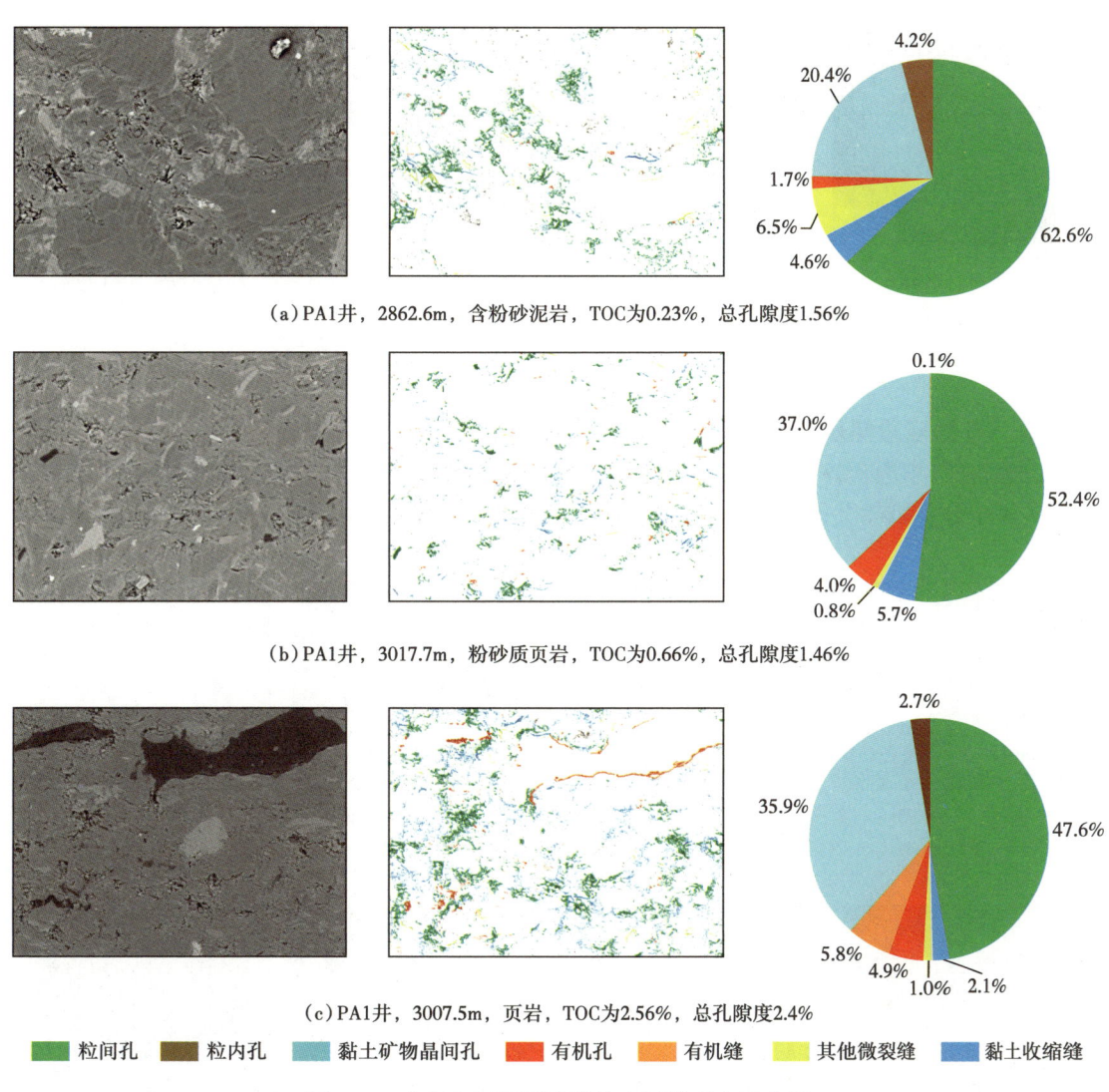

(a) PA1井，2862.6m，含粉砂泥岩，TOC为0.23%，总孔隙度1.56%

(b) PA1井，3017.7m，粉砂质页岩，TOC为0.66%，总孔隙度1.46%

(c) PA1井，3007.5m，页岩，TOC为2.56%，总孔隙度2.4%

■ 粒间孔　■ 粒内孔　■ 黏土矿物晶间孔　■ 有机孔　■ 有机缝　■ 其他微裂缝　■ 黏土收缩缝

图5-9　凉高山组泥页岩储集空间类型定量分析

## （二）大安寨段储层储集空间类型及组合

大安寨段储层储集空间类型以黏土矿物（片状伊利石、绿泥石）晶间孔缝和粒间孔为主（图5-10），粒内溶孔较为发育，有机孔占比相对较少。

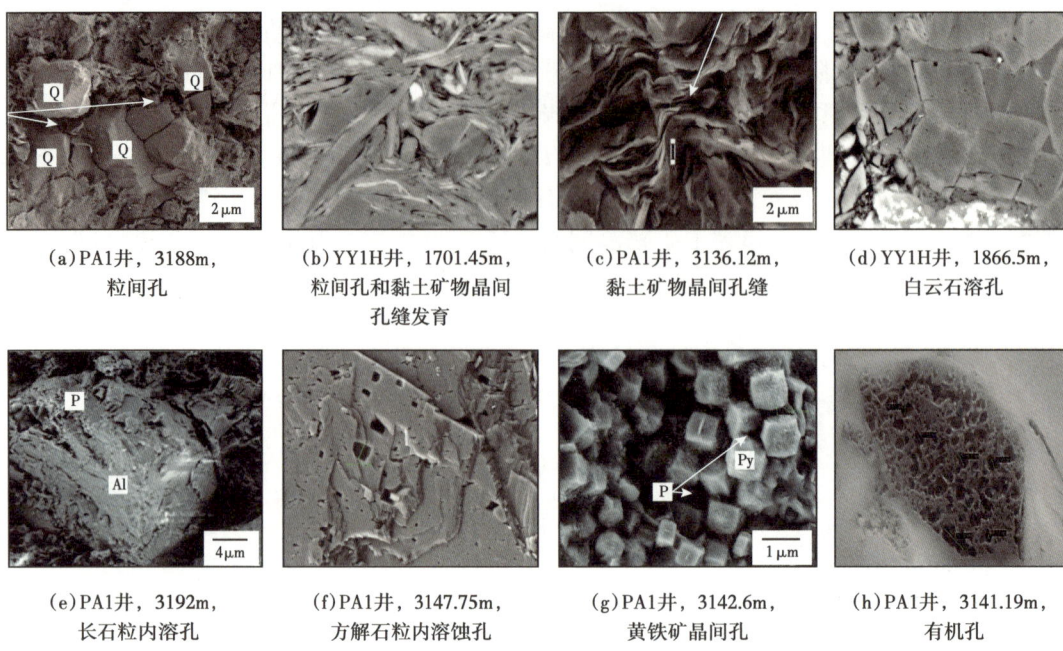

(a) PA1井，3188m，粒间孔
(b) YY1H井，1701.45m，粒间孔和黏土矿物晶间孔缝发育
(c) PA1井，3136.12m，黏土矿物晶间孔缝
(d) YY1H井，1866.5m，白云石溶孔
(e) PA1井，3192m，长石粒内溶孔
(f) PA1井，3147.75m，方解石粒内溶蚀孔
(g) PA1井，3142.6m，黄铁矿晶间孔
(h) PA1井，3141.19m，有机孔

图 5-10 大安寨段储层储集空间类型图版

### （三）东岳庙段储层储集空间类型及组合

东岳庙段储层储集空间类型包括无机孔缝（粒间孔、粒内孔、黏土矿物晶间孔缝、黄铁矿晶间孔等）和有机孔缝（图 5-11），以粒间孔与黏土矿物晶间孔缝为主。

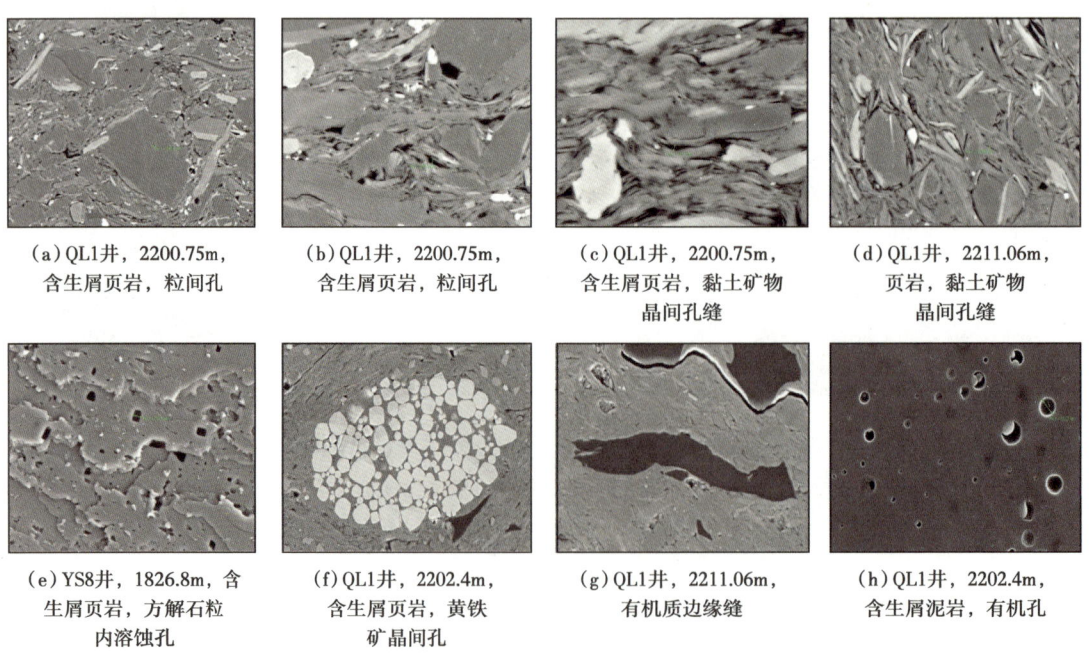

(a) QL1井，2200.75m，含生屑页岩，粒间孔
(b) QL1井，2200.75m，含生屑页岩，粒间孔
(c) QL1井，2200.75m，含生屑页岩，黏土矿物晶间孔缝
(d) QL1井，2211.06m，页岩，黏土矿物晶间孔缝
(e) YS8井，1826.8m，含生屑页岩，方解石粒内溶蚀孔
(f) QL1井，2202.4m，含生屑页岩，黄铁矿晶间孔
(g) QL1井，2211.06m，有机质边缘缝
(h) QL1井，2202.4m，含生屑泥岩，有机孔

图 5-11 东岳庙段储层储集空间类型图版

## 二、储集结构特征

综合利用场发射电镜、核磁共振、高压压汞、低温氮气吸附、FIB 等实验进行分析，建立了纳米级孔缝体系分析方法，实现了纳米尺度的孔缝定量表征。

核磁共振孔隙分析表明，凉上段、大安寨段、东岳庙段页岩孔隙以半径小于 40nm 的孔隙为主（图 5-12 和图 5-13），其对孔隙度的贡献均超过 80%，半径小于 1000nm 的孔隙对孔隙度贡献超过 95%，表明纳米孔对孔隙度的贡献占主导。

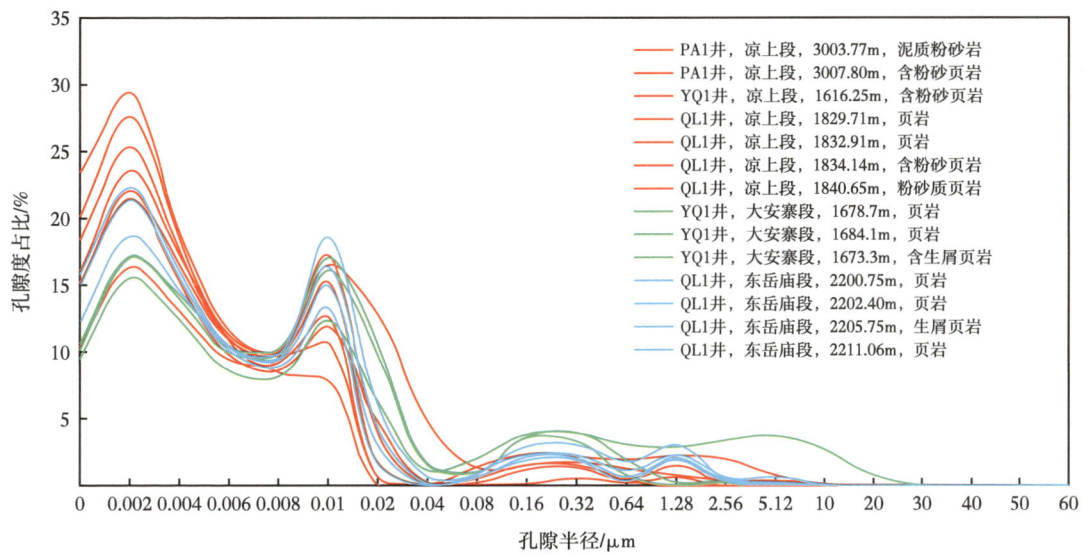

图 5-12　核磁共振孔径分布图

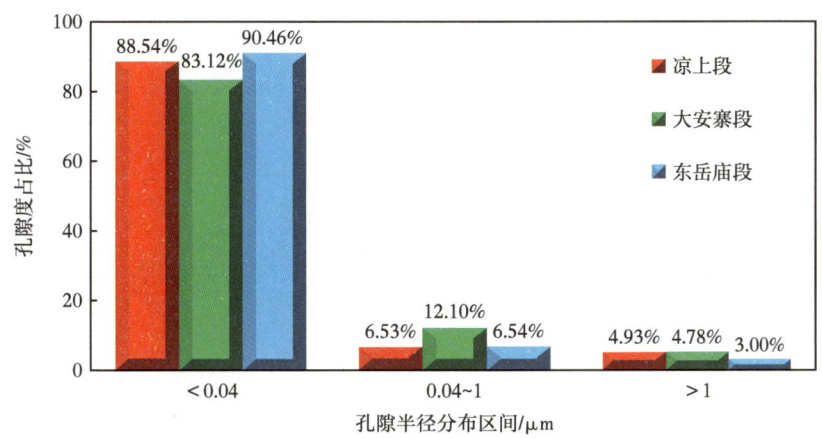

图 5-13　核磁共振孔隙度贡献直方图

凉高山组高压压汞分析表明，页岩、粉砂岩中半径为 4~63nm 孔喉对孔隙度贡献最大，粉砂岩仅存在半径小于 63nm 的孔喉，页岩仅存在半径 400~4000nm 的孔喉，而石灰岩半径为 100~250nm 孔喉对孔隙度贡献最大（图 5-14 和图 5-15）。

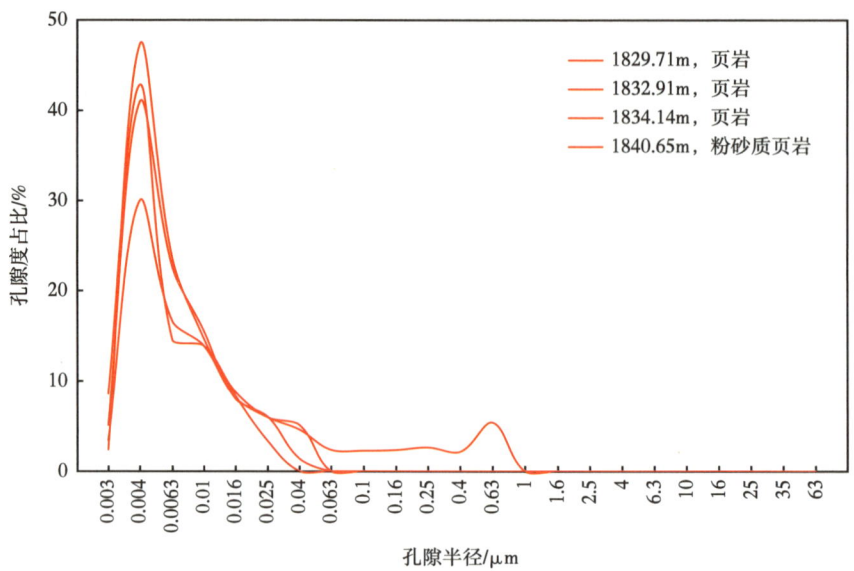

图 5-14　QL1 井凉高山组高压压汞孔喉分布图

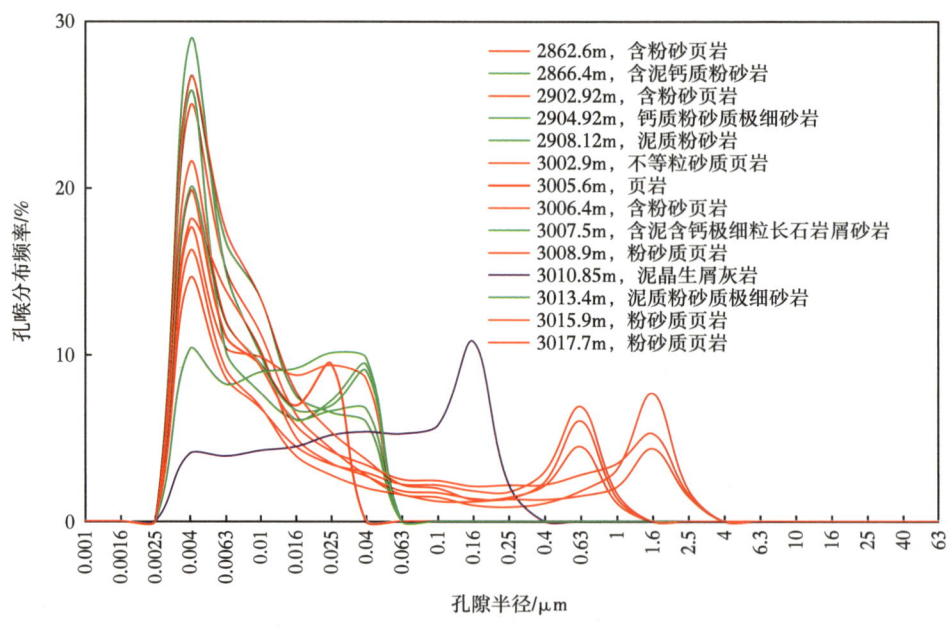

图 5-15　PA1 井凉高山组高压压汞孔喉分布图

PA1 井低温氮气吸附分析表明：孔径分布成双峰特征，介孔（2~50nm）孔容占比最高，达到 61.64%（图 5-16），在氮气吸附测量区间，测得平均孔隙直径为 10.29nm。

聚焦离子束扫描电镜（FIB）初步认识：YS6 井凉上段主要发育直径小于 50nm 孔隙，数量上占比均超过 65%，但孔隙连通性较差，最大配位数为 6，平均配位数小于 1（图 5-17）。

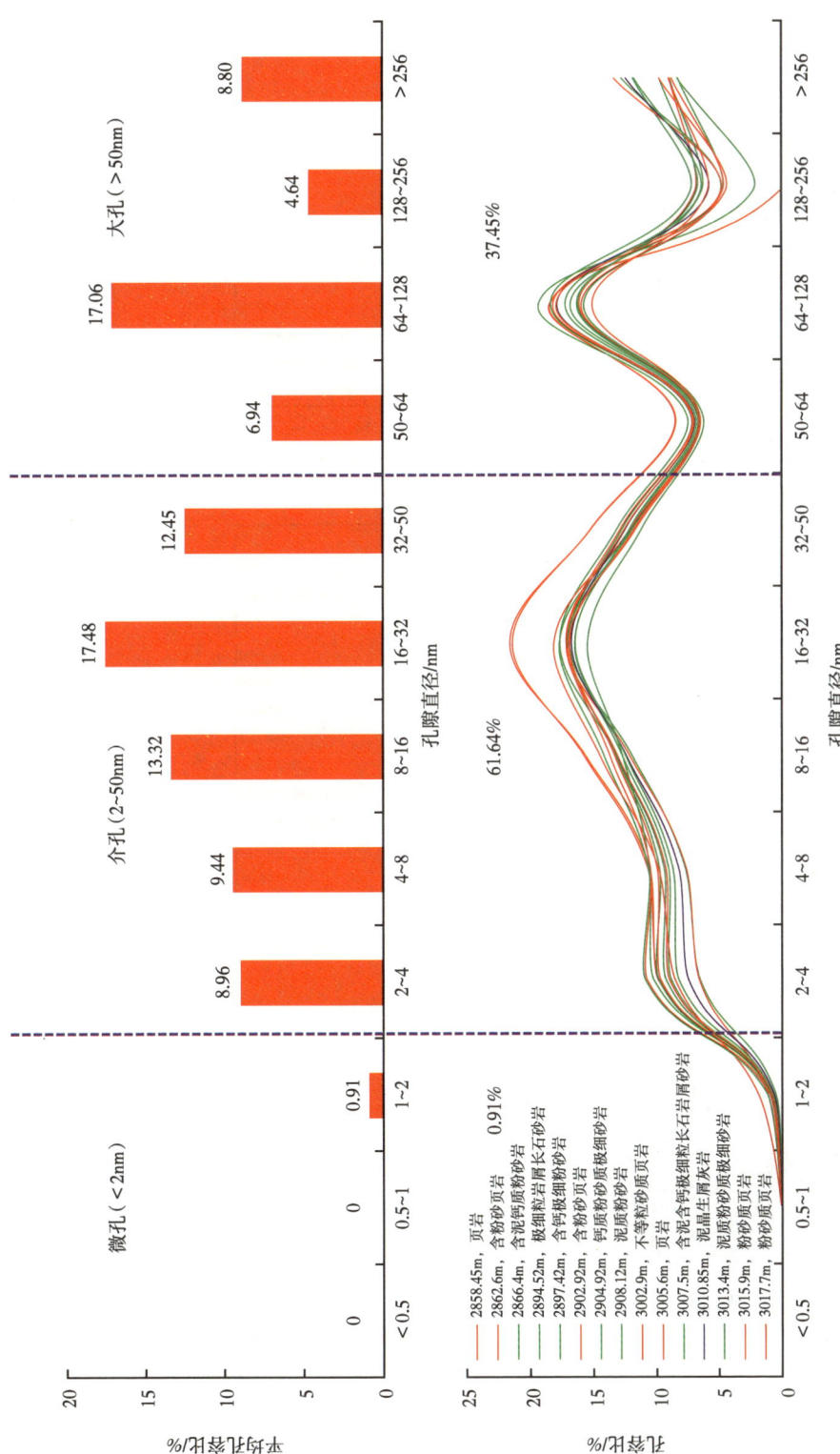

图5-16 PA1井氮气吸附孔径分布图

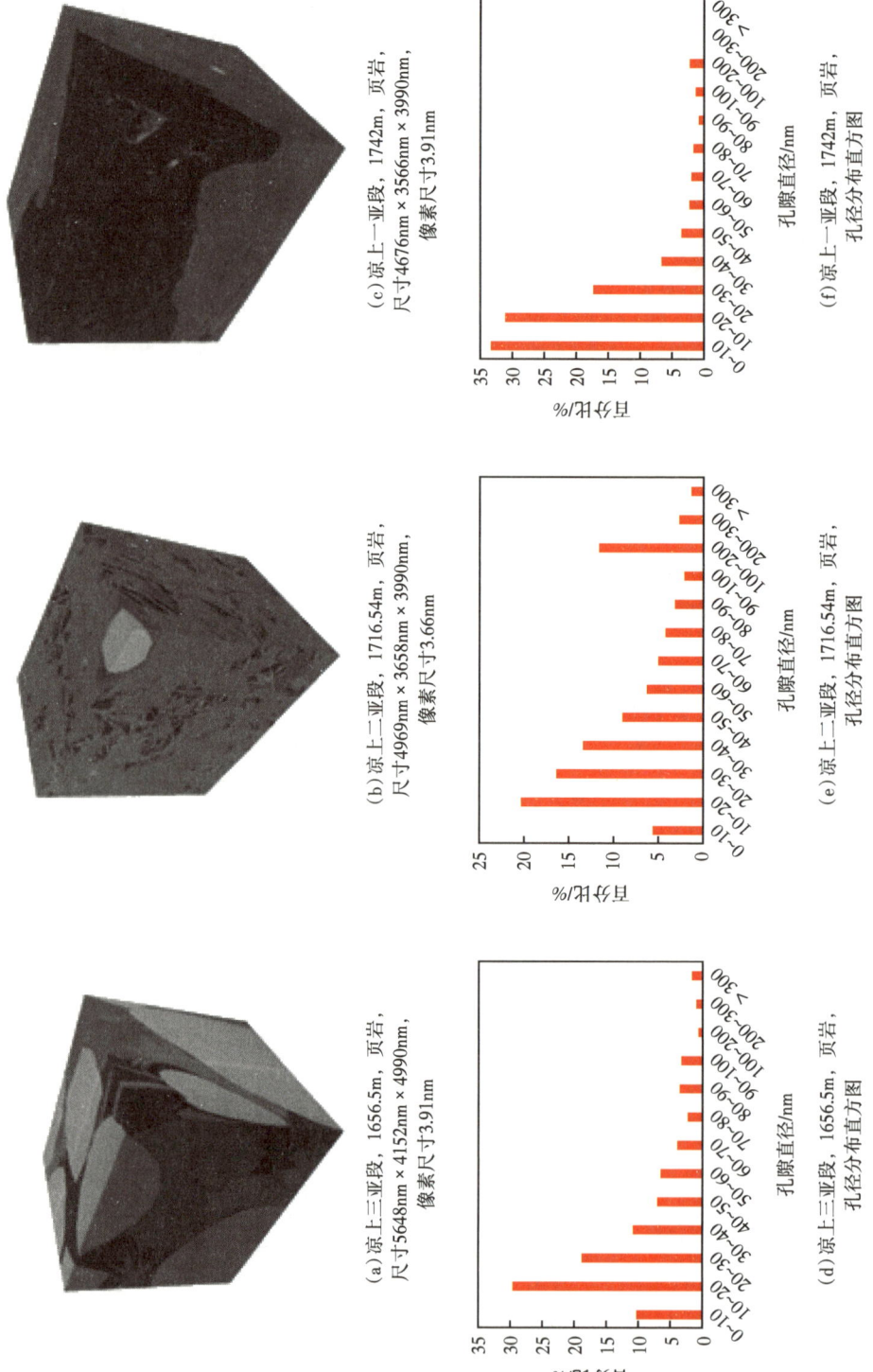

图5-17 YS6井聚焦离子束扫描电镜图像及孔径分布直方图

## 第三节　储层物性特征

### 一、储层孔隙度与渗透率特征

对比侏罗系凉高山组、大安寨段、东岳庙段三套储层的储集物性特征，结果表明大安寨段、东岳庙段储层的岩心实测孔隙度好于凉高山组。

凉高山组总孔隙度主要分布于1.67%~2.63%，平均总孔隙度1.93%。纵向上，凉上段孔隙度高于凉下段，凉上一亚段、凉上二亚段孔隙度高于凉上三亚段（图5-18）。

凉上段砂岩水平渗透率分布于0.009~1.62mD，平均值0.17mD，凉上段页岩水平渗透率分布于0.009~5.64mD，平均值0.52mD，凉上段页岩的水平渗透率高于砂岩。

大安寨段孔隙度主要分布于2.19%~5.28%，平均孔隙度3.89%，其中大一亚段孔隙度主要分布于1%~2%；大二亚段孔隙度主要分布于3%~5%；大三亚段孔隙度主要分布于1%~2%，大二亚段孔隙度高于大一亚段、大三亚段。

东岳庙段孔隙度主要分布于2.1%~4.85%，平均孔隙度3.04%，东一亚段孔隙度主要分布于1%~3%；东二亚段孔隙度主要分布于3%~5%；东三亚段孔隙度主要分布于3%~4%，东二亚段、东三亚段孔隙度高于东一亚段。

### 二、储层物性影响因素

#### （一）岩性与储集性

通过对凉高山组164块样品孔隙度和岩性耦合分析表明，不同岩性之间孔隙度差异较大（图5-19）：页岩孔隙度最高，平均孔隙度值2.3%，其次为泥岩，平均孔隙度2.2%，夹层中的粉砂岩和石灰岩物性较差，粉砂岩平均孔隙度1.39%，石灰岩平均孔隙度1.2%。页岩是储层中最有利的储集岩性。

#### （二）烃源岩特征与储集性

基于YS5井凉上段30块样品孔隙度—有机碳含量关系研究，显示储层孔隙度与TOC含量呈正相关关系（图5-20）。推测有机质生烃具有增孔效应，有利于有机孔缝的形成，此外，生烃过程中产生有机酸对长石、方解石等易溶矿物发生溶解作用增加了孔隙度。

#### （三）矿物成分与储集性

不同的矿物成分决定了泥页岩的孔隙类型及结构。基于YS5井凉上段29块样品矿物组分与孔隙度的相关关系研究表明（图5-21和图5-22），长英质含量、黏土矿物含量与孔隙度有一定相关性，储层孔隙度与长英质含量呈负相关关系，黏土矿物含量、TOC含量与孔隙度呈正相关关系。表明黏土矿物含量对储集空间的形成和保存具有积极作用，这与场发射电镜下观察到泥页岩中黏土矿物晶间孔缝较为发育是一致的。

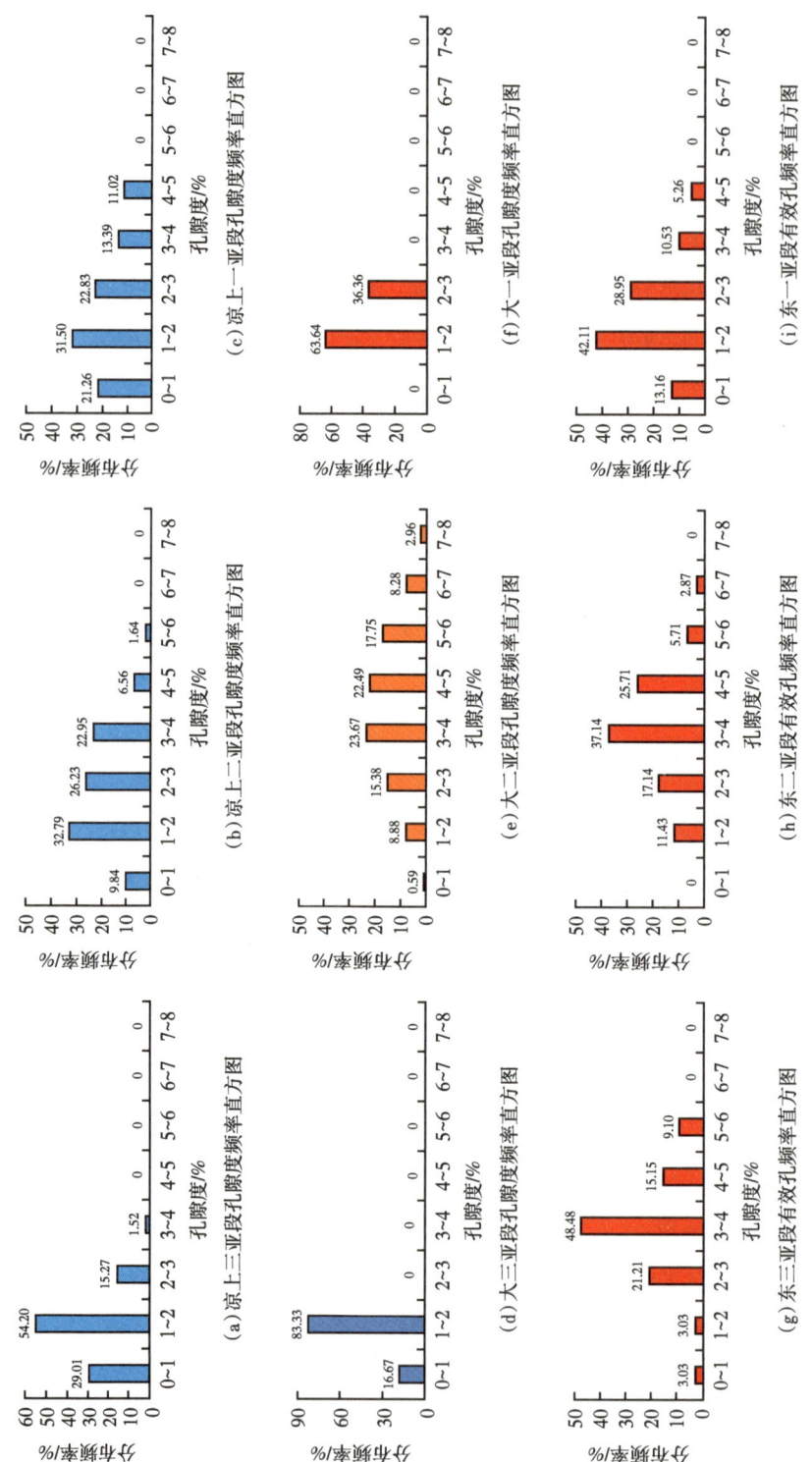

图 5-18 凉高山组、大安寨段、东岳庙段储层物性直方图

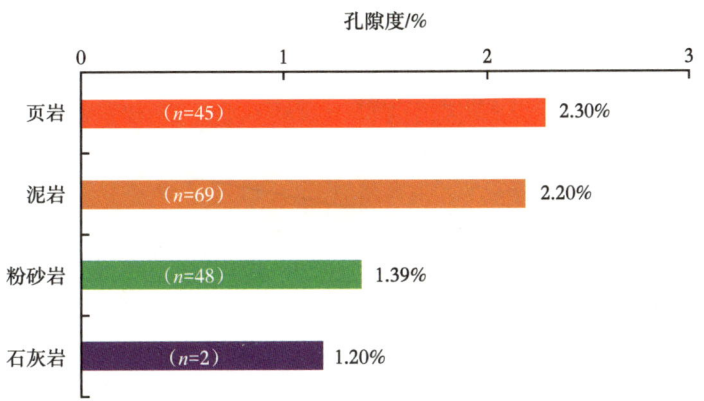

图 5-19　凉高山组不同岩性孔隙度直方图

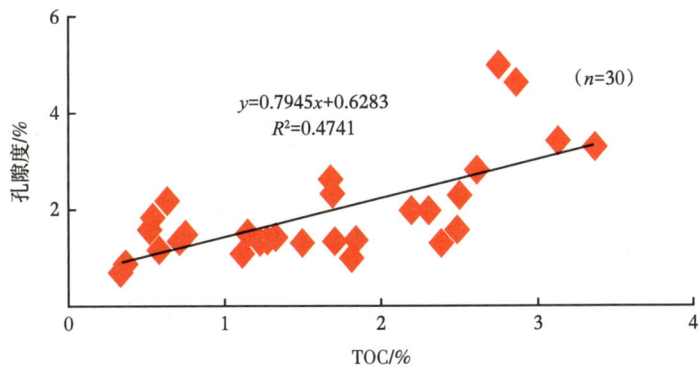

图 5-20　YS5 井凉上段孔隙度—有机碳含量关系散点图

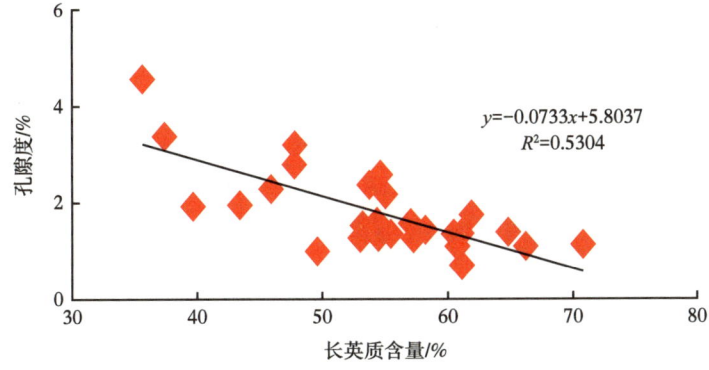

图 5-21　YS5 井凉上段孔隙度—长英质含量关系散点图

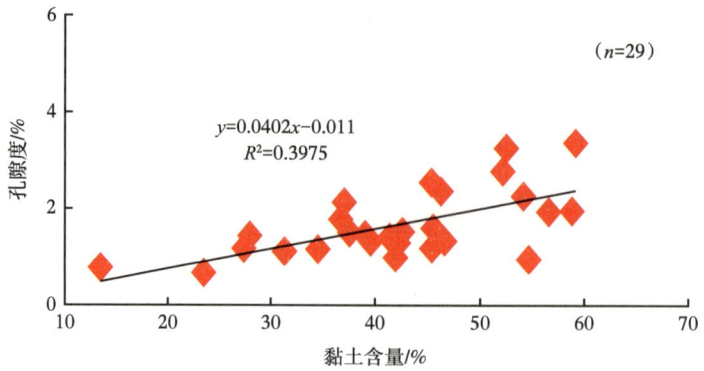

图 5-22　YS5 井凉上段孔隙度—黏土含量关系散点图

# 第六章　侏罗系页岩含油气性特征及赋存控制因素

基于丰富的野外露头、钻井取心和实验分析资料，利用有机地球化学分析、包裹体分析、激光共聚焦实验、二维核磁、场发射环境扫描电镜等多种测试手段，从页岩含油性特征（页岩油气特征、游离油 $S_1$ 特征等）、页岩油微区分布特征两个方面，系统评价了侏罗系三套页岩的含油气性特征及油气赋存特征。结果表明：(1) 侏罗系页岩油密度相对较低，PA1井油质较轻，YQ1井与川中地区侏罗系油相似，原油含蜡量高于PA1井。(2) 从金刚烷成熟度指标来看，PA1井原油主要来源于凉上段烃源岩。凉高山组天然气类型为油型气，大安寨段天然气类型为煤型气。(3) PA1井凉高山组油包裹体主要赋存于石英微裂隙、方解石脉和长石溶蚀孔中，油包裹体丰度整体较低，GOI多小于1%。(4) 激光共聚焦原油微区分布定量分析显示：凉上段页岩网状缝、页理缝见原油富集，以轻质组分为主，大安寨段页岩页理缝与层理缝中以原油轻质组分为主，原油可动性低于凉上段，东岳庙段含油性低于凉上段和大安寨段。(5) 通过密闭保压岩心二维核磁含油性分析显示，凉上段总含油量 0.60~5.06mg/g，其中凉上一亚段总含油量最高，其中游离油占比 74.15%~100%，可动性好。(6) 场发射环境扫描电镜纳米级原油赋存状态分析显示：在粒间孔缝、黏土矿物晶间孔缝、粒内溶孔、黄铁矿晶间孔中均见原油分布，最小见16nm孔隙内含油的现象。

## 第一节　页岩含油气性特征

### 一、页岩油、页岩油气特征

侏罗系页岩油密度相对较低，PA1井原油密度为 0.7698g/cm³（表6-1），YQ1井原油密度为 0.8367g/cm³，PA1井动力黏度 3.79mPa·s（20℃），凝点3℃，饱和烃占比95.5%，芳香烃1.5%，非烃1.2%，沥青质1.8%，含蜡量15.4%，含胶量2.4%。YQ1井动力黏度 9.95mPa·s（50℃），凝点29℃，饱和烃占比86.7%，芳香烃10.8%，非烃2.1%，沥青质0.4%，含蜡量34.2%，含胶量6.2%。从原油全烃色谱上看，PA1井的 $\sum C_{21-}/\sum C_{22+}$ 值为4.06，相对较高，PA1井重烃含量占比相对较低，油质较轻（图6-1）；YQ1井与川中地区侏罗系油相似，其值为1.59，原油物性参数指示 YQ1井原油含蜡量高于PA1井，密度较大（图6-2）。

表 6-1 侏罗系页岩油、气特征表

| 井号 | 密度（20℃）/ g/cm³ | 动力黏度/ mPa·s | 凝点/ ℃ | 饱和烃/ % | 芳香烃/ % | 非烃/ % | 沥青质/ % | 含蜡量/ % | 含胶量/ % |
| --- | --- | --- | --- | --- | --- | --- | --- | --- | --- |
| YQ1 井 | 0.8367 | 9.95（50℃） | 29 | 86.7 | 10.8 | 2.1 | 0.4 | 34.2 | 6.2 |
| PA1 井 | 0.7698 | 3.79（20℃） | 3 | 95.5 | 1.5 | 1.2 | 1.8 | 15.4 | 2.4 |

从高熟烃源岩中有效分离出金刚烷系列分子标志化合物，从金刚烷成熟度指标来看，PA1 井原油与凉上段烃源岩接近，成熟度低于大安寨段烃源岩金刚烷，推断原油可能主要来源于凉上段烃源岩。

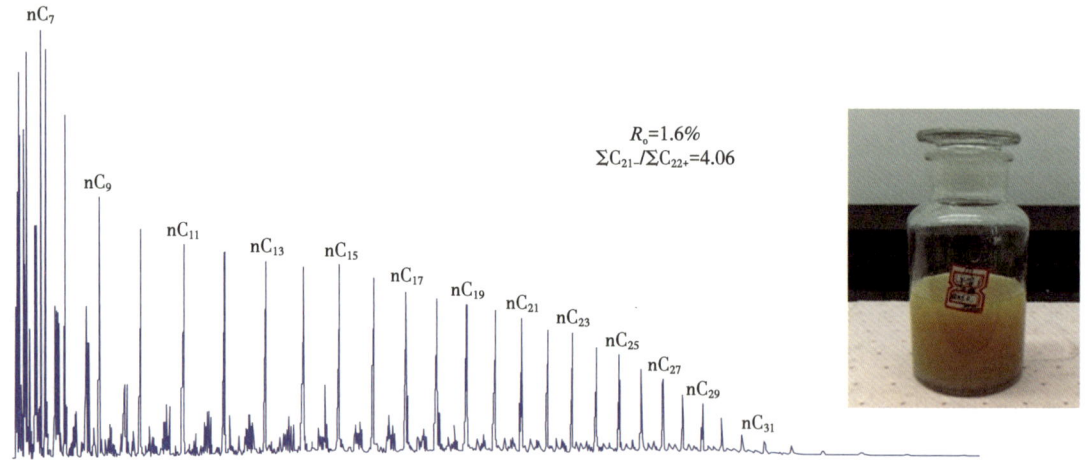

图 6-1　PA1 井凉高山组原油全烃色谱图

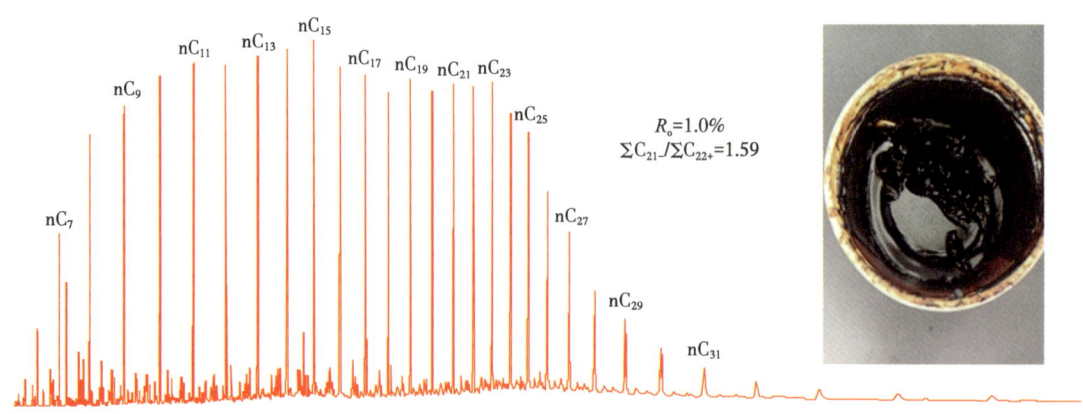

图 6-2　YQ1 井凉高山组原油全烃色谱图

从天然气组分特征上看，凉高山组天然气为典型湿气（图 6-3），$C_{2+}$ 重烃含量达 21.75%。

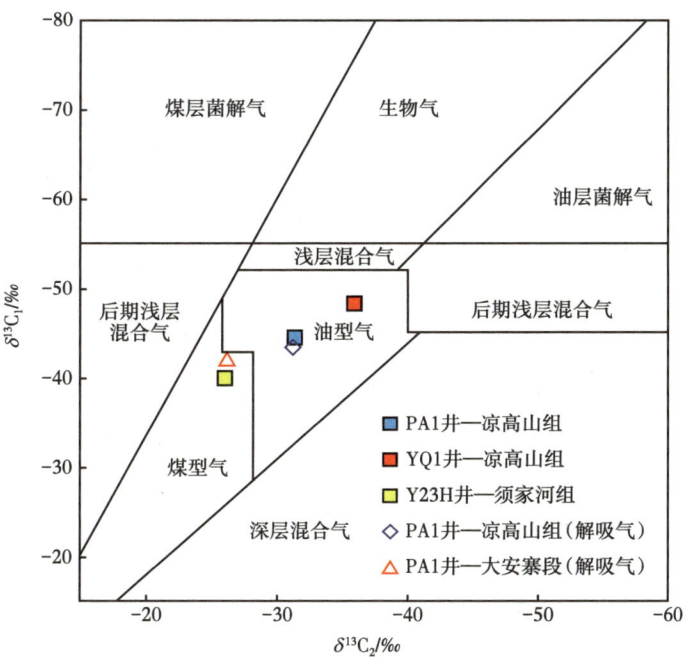

图 6-3　$\delta^{13}C_1$ 与 $\delta^{13}C_2$ 判断天然气成因图

从天然气同位素特征上看，凉高山组天然气类型为油型气，大安寨段天然气类型为煤型气（图 6-4）。

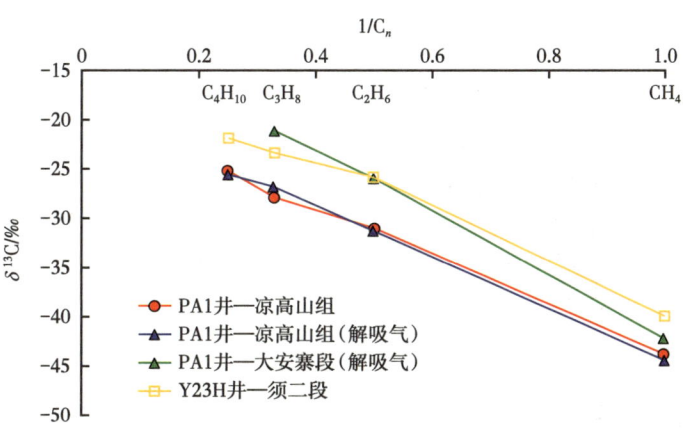

图 6-4　天然气碳同位素分布图

## 二、页岩游离油（$S_1$）特征

由于 PA1 井成熟度较高（高成熟演化阶段），与古龙页岩 GY1 井类似，样品轻质组分损失大，导致 $S_1$ 和含油饱和度指数（OSI）均偏低，从分析结果看凉上一亚段含油性总体较高（图 6-5）；YQ1 井烃源岩含油性相对好于 PA1 井（图 6-6），其凉上段含油性高于大安寨段，岩屑样品较岩心样品 $S_1$ 偏低。

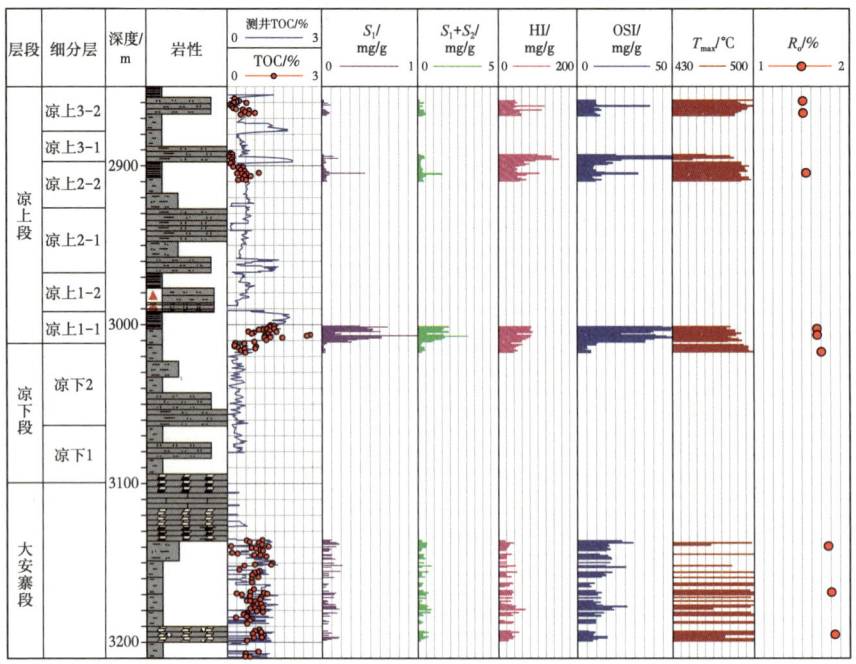

图 6-5　PA1 井含油性分析综合柱状图

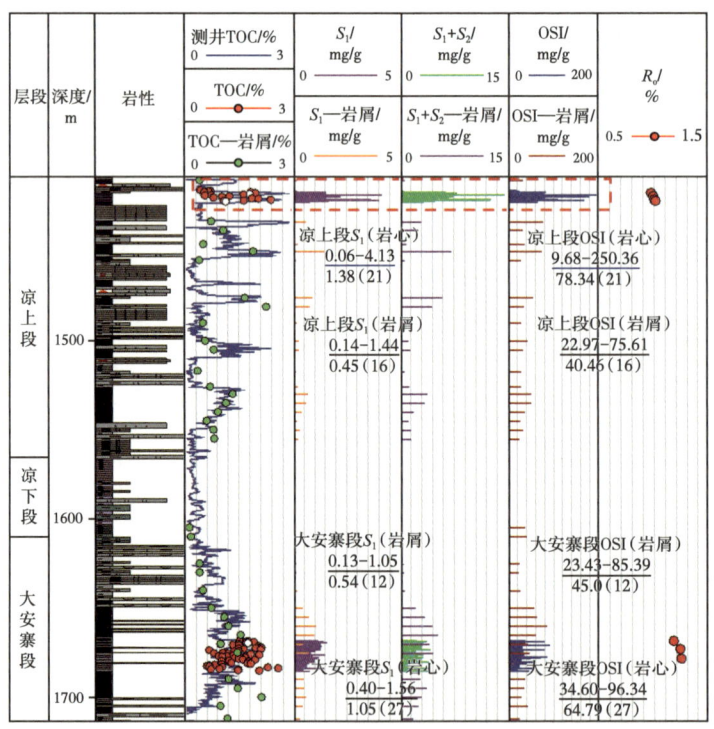

图 6-6　YQ1 井含油性分析综合柱状图

图中数据格式为：$\dfrac{\text{最小值}-\text{最大值}}{\text{平均值(样品数)}}$，下同

从 QL1 井含油性数据看（图 6-7），凉上段 $S_1$ 平均值为 0.77mg/g，东岳庙段 $S_1$ 平均值为 0.68mg/g，OSI 平均值分别为 57.13mg/g C 和 41.95mg/g C，含油性一般。

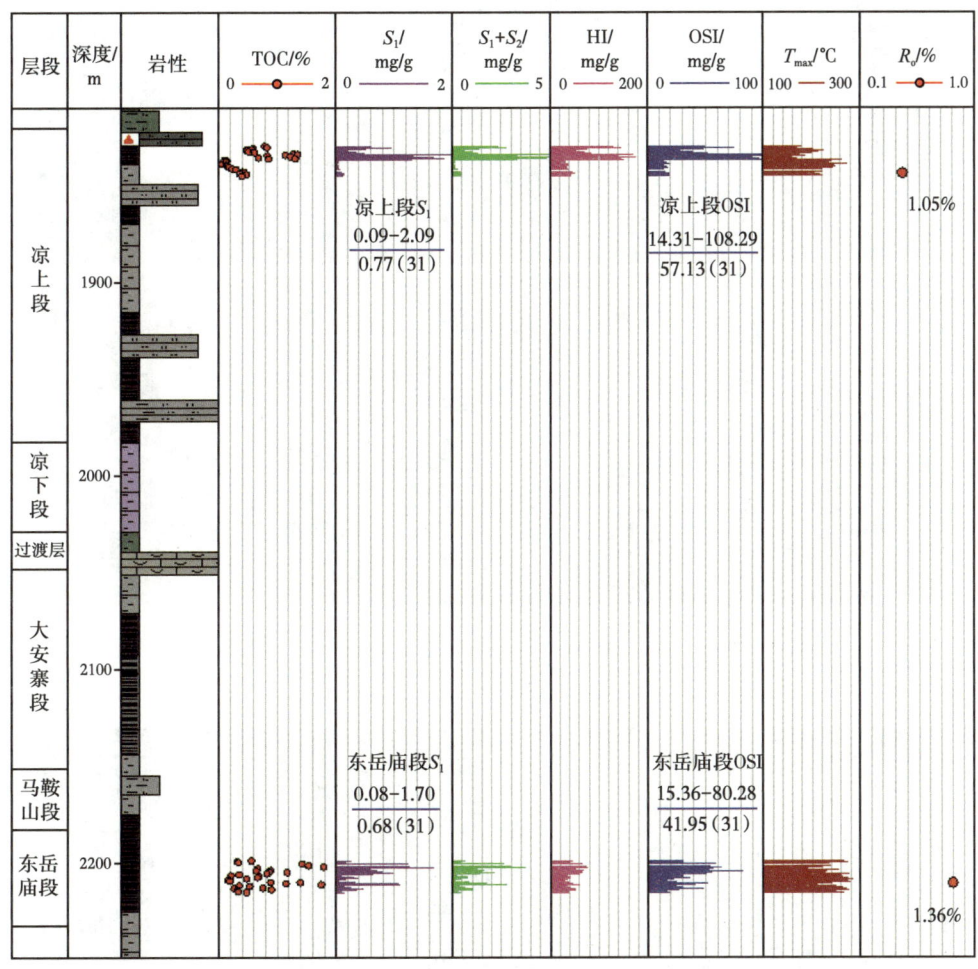

图 6-7　QL1 井含油性分析综合柱状图

## 第二节　页岩油微区分布特征

### 一、页岩油包裹体特征

PA1 井凉高山组油包裹体主要赋存于石英微裂隙、方解石脉和长石溶蚀孔中（图 6-8 和图 6-9），油包裹体丰度（GOI）整体较低，GOI 多小于 1%，仅在 2904m 附近油包裹体较发育，GOI 约 8%。凉上段 2904m 附近样品中发现呈条带状分布油包裹体，其中 2903.72m 样品油包裹体主要发育于石英微裂隙中，包裹体丰度较高，GOI 约 8%；油包裹体呈蓝绿色荧光，指示油包裹体油质较轻、成熟度高，推测与 PA1 井原油成熟度相近。

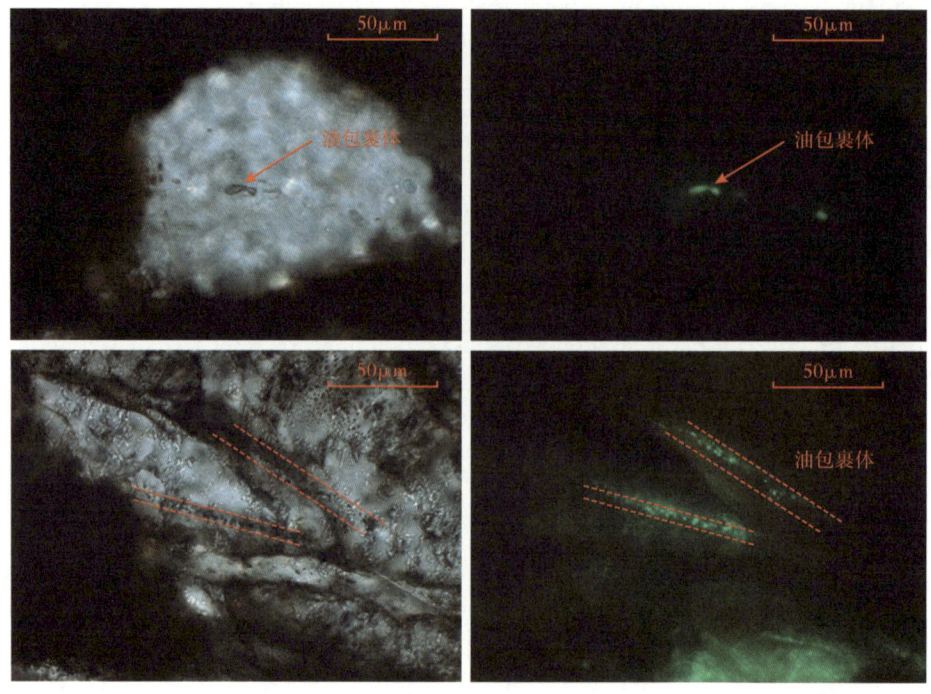

图 6-8　PA1 井凉上段石英微裂隙中的包裹体图版（2903.72m）

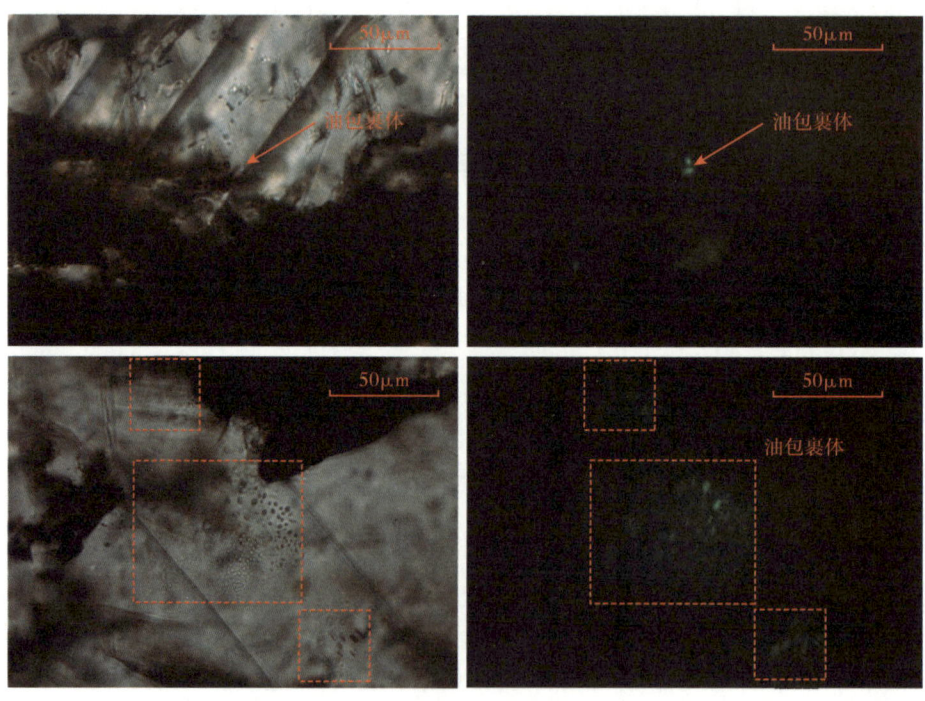

图 6-9　PA1 井凉上段方解石脉中的包裹体图版（2904.52m）

YQ1井大安寨段方解石脉样品中也发育较丰富的油包裹体（图6-10），呈条带状分布；荧光呈蓝绿—淡蓝色，指示油质较轻。

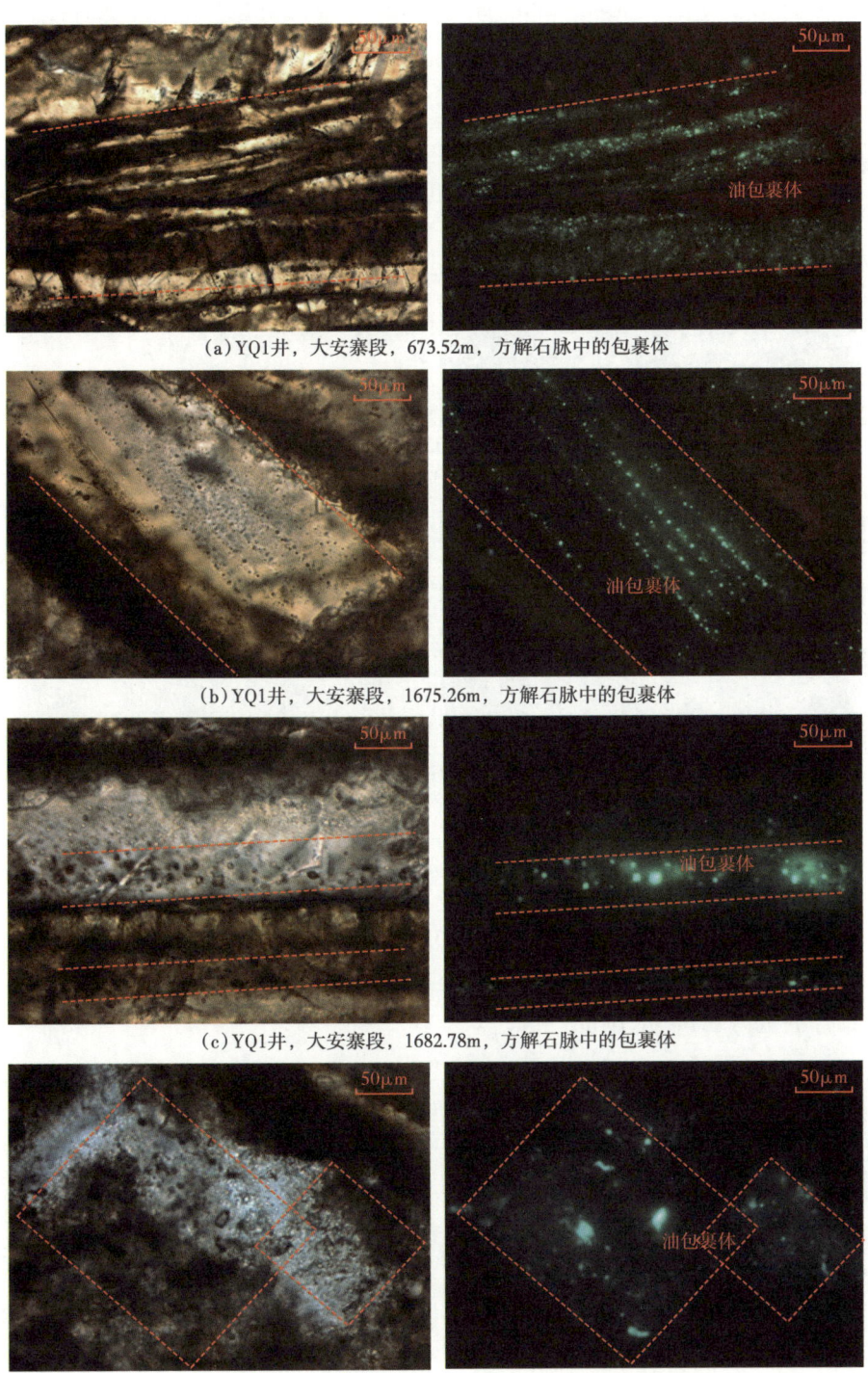

(a) YQ1井，大安寨段，673.52m，方解石脉中的包裹体

(b) YQ1井，大安寨段，1675.26m，方解石脉中的包裹体

(c) YQ1井，大安寨段，1682.78m，方解石脉中的包裹体

(d) YQ1井，大安寨段，1680.4m，方解石脉中的包裹体

图6-10　YQ1井大安寨段方解石脉中的包裹体图版

## 二、页岩油微区分布规律

PA1井凉高山组凉上一亚段（2967~3018.24m）页岩及粉砂岩含有原油轻质组分和重质组分（图6-11），页岩含油性优于粉砂岩，页岩平均含油量2.27%；粉砂岩平均含油量1.33%；原油呈零散状分布于基质或页理缝中，少部分呈团簇状富集。

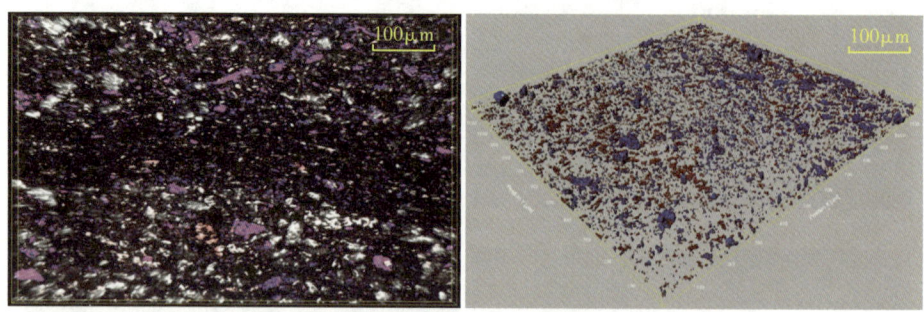

(a) PA1井，3002.9m，粉砂质页岩，总含油量为3.16%，轻质组分主要呈零散状分布于基质中，重质组分呈较明显团簇状富集现象

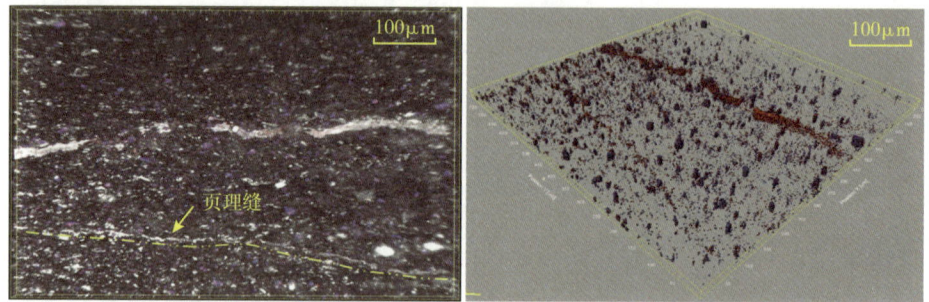

(b) PA1井，3005.6m，粉砂质页岩，总含油量为1.37%，轻质组分在页理缝和基质均有富集，而重质组分分布于基质中

图6-11　PA1井凉上一亚段页岩油微区分布特征图版

PA1井凉上二亚段（2897~2967m）页岩及粉砂岩含有少量原油轻质组分和重质组分（图6-12），原油呈零散状分布于基质中，少部分呈团簇状富集，轻质组分与重质组分含量相当，总含油量为0.1%~1.16%。

图6-12　PA1井凉上二亚段页岩油微区分布特征图版

PA1井，2902.93m，粉砂质页岩，总含油量为0.49%，原油呈零散状富集分布于基质中

PA1井凉上三亚段（2852.95~2897m）页岩及粉砂岩仅含有少量原油轻质组分和重质组分（图6-13），原油呈零散状分布于基质或微缝处，少部分呈团簇状富集，轻质组分与重质组分含量相当，网状缝发育处见明显原油富集分布现象，以轻质组分为主，基质部分也见原油呈零散状分布（含油量0.73%~2.13%）。

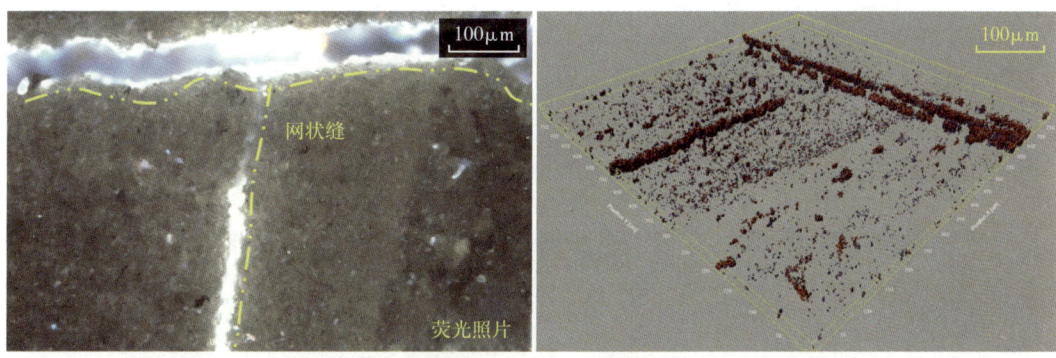

（a）PA1井，2858.1m，页岩，轻质组分1.36%，重质组分0.77%，总含油量为2.13%

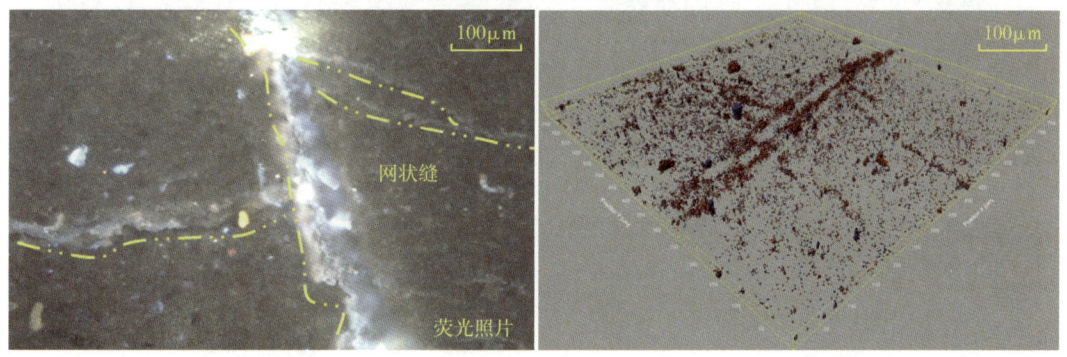

（b）PA1井，2861.3m，页岩，轻质组分0.51%，重质组分0.22%，总含油量为0.73%

图6-13　PA1井凉上三亚段页岩油微区分布特征图版

YQ1井凉上段网状缝和页理缝同时发育，其中轻质组分和重质组分均有富集，重质组分主要在基质中呈零散状或团簇状富集分布（图6-14），轻质组分和重质组分呈明显分离现象，总含油量2.68%~3.78%。

### 三、二维核磁含油性评价

密闭保压岩心二维核磁含油性分析显示，凉上段总含油量0.60~5.06mg/g，其中凉上1-1小层总含油量最高（图6-15），平均3.99mg/g。凉上段吸附油量0~1.22mg/g，游离油量0.61~3.98mg/g，游离油占比74.15%~100%，可动性好。

### 四、场发射环境扫描电镜页岩油赋存状态分析

场发射电镜纳米级原油赋存状态分析显示：在粒间孔（缝）、黏土矿物晶间孔（缝）、粒内溶孔、黄铁矿晶间孔中均见原油富集分布（图6-16），最小见16nm孔隙内含油的现象。

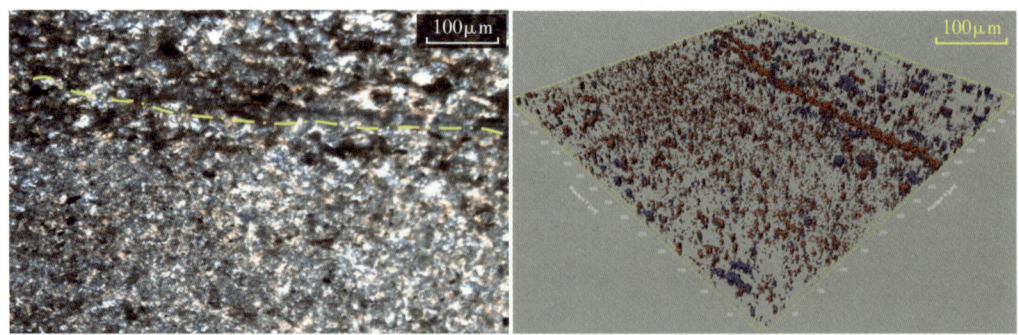
(a) YQ1 井，1417.45m，页岩，轻质组分1.70%，重质组分1.54%，总含油量为3.24%

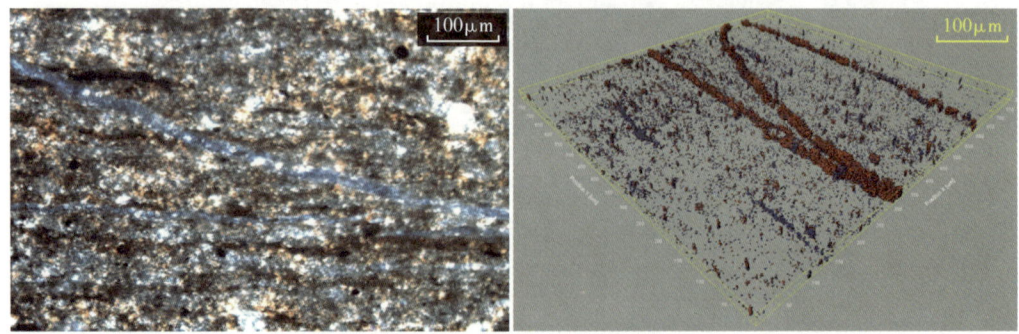
(b) YQ1 井，1418.95m，页岩，轻质组分1.75%，重质组分0.93%，总含油量为2.68%

(c) YQ1 井，1421.35m，页岩，轻质组分1.47%，重质组分1.41%，总含油量为2.88%

(d) YQ1 井，1421.65m，页岩，轻质组分2.09%，重质组分1.69%，总含油量为3.78%

图 6-14　YQ1 井凉上段页岩油微区分布特征图版

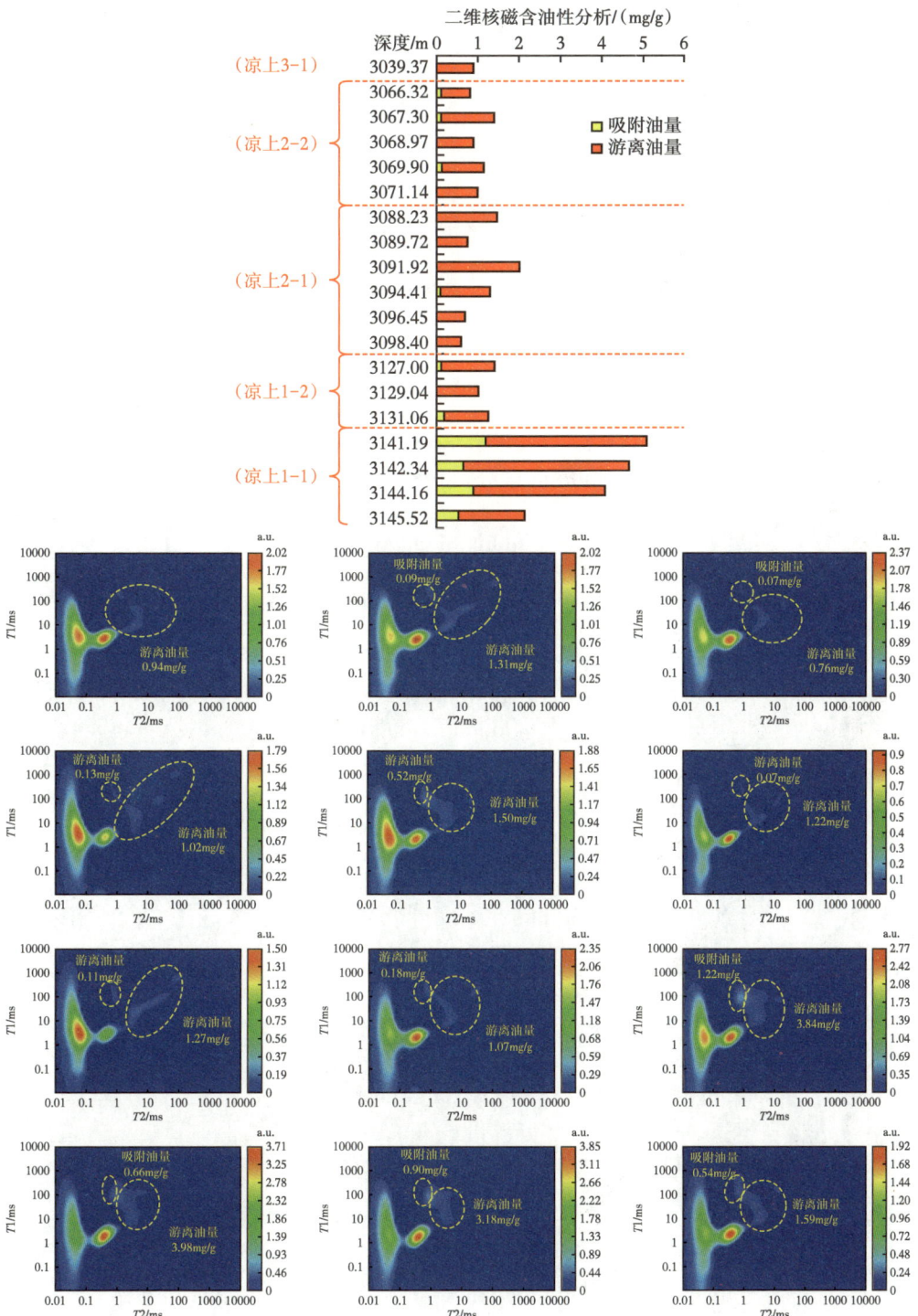

图 6-15　PY1 井凉上段密闭保压取心二维核磁分析图版

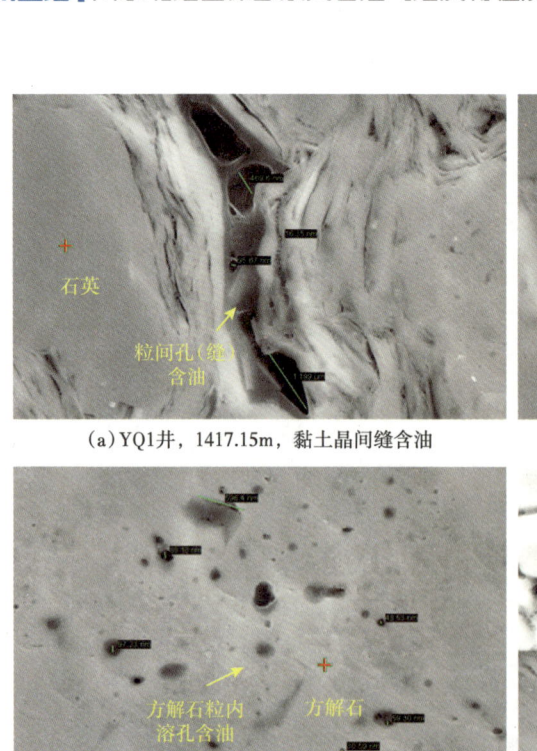

(a) YQ1井，1417.15m，黏土晶间缝含油　　(b) YQ1井，1417.15m，黏土晶间孔缝含油

(c) YQ1井，1417.15m，方解石粒内溶孔含油　　(d) YQ1井，1417.15m，黄铁矿晶间孔含油

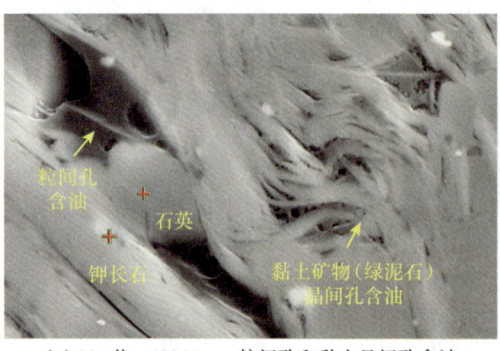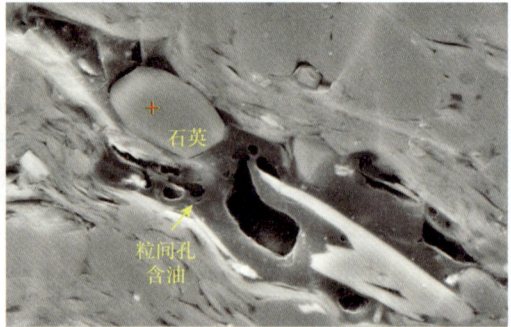

(e) QL1井，1836.1m，粒间孔和黏土晶间孔含油　　(f) QL1井，1836.1m，粒间孔含油

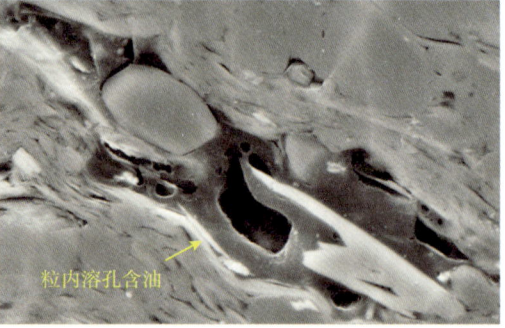

(g) YY1H井，1865.35m，白云石晶间孔含油　　(h) YY1H井，1981.6m，粒内孔含油

图 6-16　场发射环境扫描电镜下页岩油赋存特征图版

# 第七章　侏罗系页岩可压性特征和评价方法

可压性是表征页岩储层被有效改造的难易程度。页岩储层可压性的实际意义，即在相同压裂工艺技术条件下，页岩储层中形成复杂裂缝网络并获得足够大的储层改造体积的概率，以及获取高经济效益的能力。

## 第一节　页岩储层脆性矿物分布特征

### 一、页岩储层黏土含量及脆性矿物含量分布特征

PA1井等4口井全岩分析资料表明，四川盆地川东北地区凉高山组黏土含量为15.8%~57.9%，平均44.0%。黏土以伊利石、绿泥石及伊/蒙混层为主，其中伊利石含量为27.0%~83.0%，平均56.0%；绿泥石含量为7.0%~54.0%，平均21.0%；伊/蒙混层含量在4.0%~33.0%，平均15.0%，以伊利石为主，蒙皂石含量为5%。

PA1井等4口井全岩分析资料表明，四川盆地川东北地区凉高山组石英含量为15.4%~60.4%，平均40.6%；长石含量为2.0%~26.0%，平均11.0%；碳酸盐岩含量在0.2%~23.2%，平均2.9%。

### 二、页岩储层黏土含量及脆性矿物含量评价方法

黏土含量及脆性矿物含量评价方法包括实验分析及测井评价两种方法。岩心实验分析具有精度高的特点，但取心及分析化验的成本高，不能进行大规模连续取心。测井评价方法具有成本低、连续性好的特点[34-35]。

测井评价黏土及脆性矿物含量的方法主要包括常规测井法及元素测井法。

**（一）元素测井法**

元素测井（LithoScanner、ECS等）可以直接测量得到地层中的氧、硅、铝、钙、钠、钾、铁等元素，应用氧闭合得矿物含量，进而准确计算地层中的黏土、石英、碳酸盐岩等矿物的含量。准确计算矿物含量的关键是确定元素干重与矿物之间的转换系数，本次研究采用最小二乘法确定了凉高山组氧、硅、铝等元素与石英、黏土、碳酸盐岩等矿物含量的转换系数，实现了矿物含量的准确计算。

$$\begin{cases} \sum_{j=1}^{n} A_{ij} x_j = B_i, \quad i=1,2,\cdots,m \\ R: \sum_{j=1}^{n} x_j = 1 \\ 0 \leqslant x_j \leqslant x_{\max j}, \quad j=1,2,\cdots,n \end{cases} \quad (7\text{-}1)$$

式中　　$A_{ij}$——转化系数；

　　　　$x_j$——地层矿物含量；

　　　　$B_i$——地层元素干重；

　　　　$m$——地层矿物类型数量；

　　　　$n$——地层元素种类。

应用元素测井法对川东北地区凉高山组的矿物含量进行解释，平均绝对误差4.2%，图7-1为元素测井计算与全岩分析矿物含量对比图，从图7-1上看出二者符合较好。

**（二）常规测井法**

对于复杂岩性地层，岩石骨架含有两种或两种以上的矿物组分，必须用两种或两种以上的测井参数才能求准矿物组分含量。最常用的

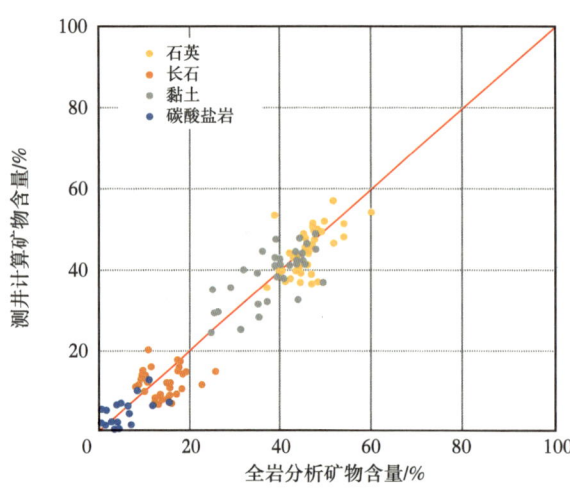

图7-1　元素测井计算与全岩分析矿物含量对比图

方法是通过基于多矿物模型的最优化算法求解联立方程组得到矿物组分含量。

多矿物模型分析基于组分分析原理，把一个岩性复杂的地层看作是由局部均匀的几部分组成，并采用最优化解释方法处理复杂岩性地层的测井资料，能分辨出单井剖面中地层矿物类别及体积含量。与传统测井解释方法相比，它能将所有的测井信息、误差及某些地区地质经验综合成一个多维信息复合体，运用最优化的数学方法，进行多维寻优处理来求取地层参数。

地层对测井仪器的响应方程可由岩石体积物理模型表示。例如，对于含有$n$种矿物的地层，密度测井$\rho_b$可用响应方程表示为

$$\rho_b = V_\phi \rho_\phi + V_{sh} \rho_{sh} + \sum_{i=1}^{n} V_{ma\,i} \rho_{ma\,i} \quad (7\text{-}2)$$

式中　　$V_\phi$，$V_{sh}$，$V_{ma\,i}$——分别为孔隙体积、泥岩体积和地层中第$i$种矿物的体积，$cm^3$；

　　　　$\rho_\phi$，$\rho_{sh}$，$\rho_{ma\,i}$——分别为孔隙密度、泥岩密度和地层中第$i$种矿物的密度，$g/cm^3$。

同理，声波时差、补偿中子等测井曲线也可表示为与式（7-2）相同的测井响应方程。假定有$L$条曲线满足这种测井响应方程，并且有平衡方程：

$$\phi + \sum_{i=1}^{n} V_{ma\,i} = 1 \quad (7\text{-}3)$$

式中 $\phi$——孔隙度。

于是，连同平衡方程可组成有 $L+1$ 个方程的线性超定方程组。然后采用最优化算法，根据广义地球物理反演理论，应用非线性加权最小二乘原理，将密度、中子、声波等输入曲线的测井值、理论测井响应、误差及区域地质经验等综合成一个多维信息复合体，并采用最优化数学原理，通过计算理论测井值向实际测井值的充分逼近，可求解出最能反映实际地层原貌的最优解，就可得到泥质含量、骨架矿物含量及孔隙度等地层组分。

应用 Techlog 软件的 ELAN 模块，根据凉高山组常规测井资料情况，选取自然伽马、无铀自然伽马、声波、中子、密度及深浅双侧向电阻率作为优化计算的曲线，求解黏土、石英及碳酸盐岩含量。

图 7-2 为 A 井凉高山组上段矿物含量测井计算成果图，第 8 道为应用常规测井采用最优化算法计算得到的矿物组分含量，第 9 道为应用元素测井计算得到的矿物组分含量，二者计算的黏土含量、石英含量及碳酸盐岩含量基本相当。

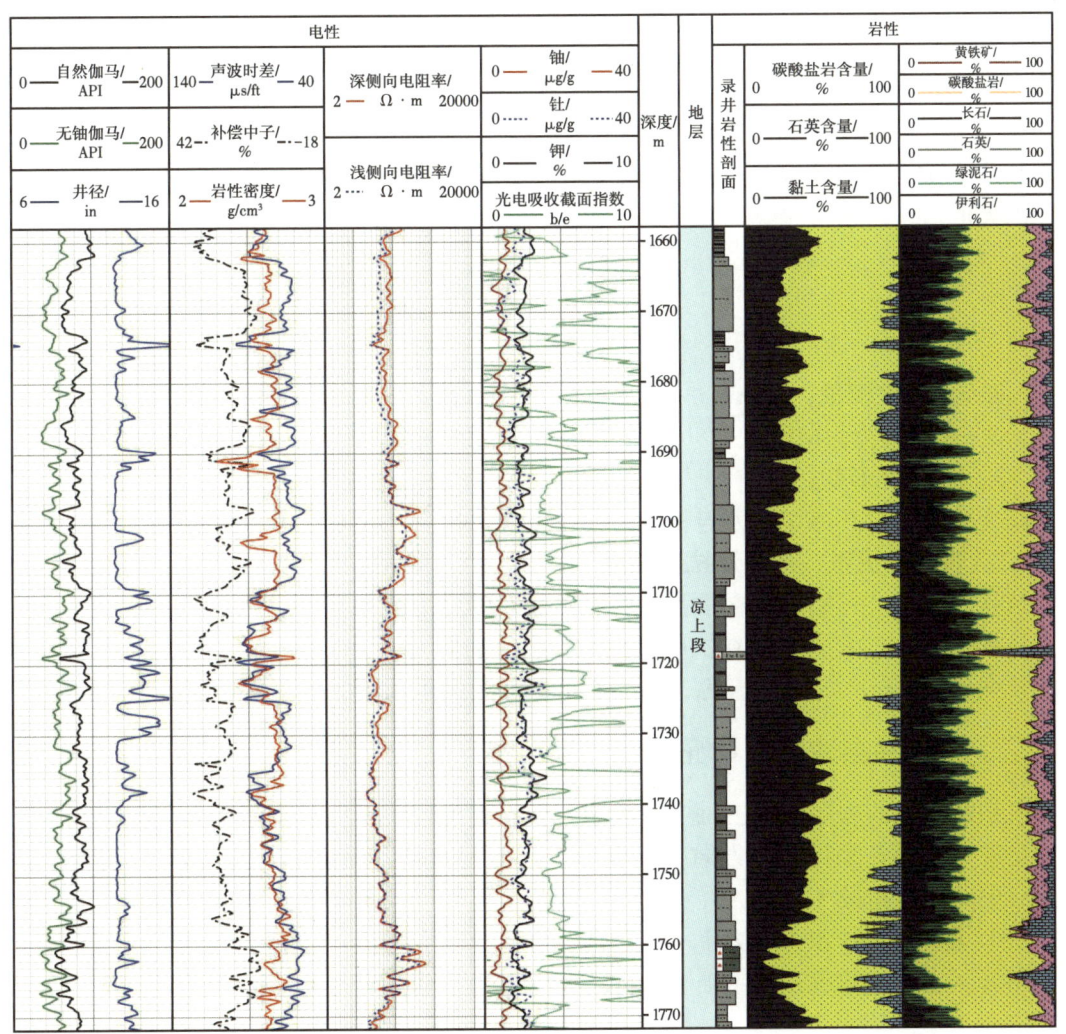

图 7-2　A 井凉高山组上段矿物含量测井计算成果图

## 第二节 页岩储层岩石力学性质及地应力特征分析

### 一、页岩储层岩石力学参数特征

岩石的力学参数是其本身所固有的，与外部作用力无关，它反映了岩石在各种外力作用下，从变形到破碎过程中所表现出来的物理力学性质，如岩石的硬度、塑性系数、抗压强度、抗剪强度等。岩石力学参数一般包括岩石的弹性参数（泊松比、杨氏模量等）和强度参数（内聚力、内摩擦角、抗压强度、抗拉强度等）[36]。

#### （一）泊松比、杨氏（弹性）模量、切变模量

泊松比：岩石在单向应力作用下横向应变与纵向应变之比的绝对值。

$$v = \left| \frac{\varepsilon_c}{\varepsilon_a} \right| \quad (7-4)$$

式中　$v$——泊松比；
　　　$\varepsilon_c, \varepsilon_a$——横、纵向上的应变值。

杨氏模量（弹性模量）：卸荷后应变的恢复部分与压应力的比值，即正应力与弹性变形量的比值。

$$E = \frac{S}{\varepsilon_t} \quad (7-5)$$

式中　$E$——弹性模量，MPa；
　　　$S$——压应力，MPa；
　　　$\varepsilon_t$——弹性形变。

切变模量：岩石剪切应力与相应的剪切应变之比。

#### （二）岩石的抗张、抗压及抗剪强度

抗张强度（$\sigma_t$）：指岩石在抗张试验中破裂时的应力值。
抗压强度（$\sigma_c$）：指岩石在抗压试验中破裂时的应力值。
抗强剪度（$\tau_p$）：又称内聚力，指岩石剪断面上的被剪断时的最大剪应力值。

### 二、页岩储层地应力特征

沉积盆地中的岩层处于三轴应力状态，包括上覆岩层压力、围限压力、孔隙流体压力及构造应力。通常采用 3 个方向应力表示岩石单元的应力环境，$\sigma_1$、$\sigma_2$、$\sigma_3$ 分别表示最大应力、中间应力和最小应力。

#### （一）垂直应力（重力应力）

指岩体上覆物的重力作用于下伏物之上的应力。垂直应力为：

$$S_v = 10^{-3} \rho g h \quad (7-6)$$

式中 $S_v$——垂直应力，MPa；
   $\rho$——上覆岩层平均密度，g/cm³；
   $h$——埋深，m；
   $g$——重力加速度，m/s²，取 9.80m/s²。

在构造停滞时期（即无构造应力条件下），在横向均质的岩石内。由垂直应力引起的水平应力分量在任何方向上都是相同的，其任意两个正交的水平应力值为：

$$S_h = S_v \left( \frac{\nu}{1-\nu} \right)^{\frac{1}{n}} \tag{7-7}$$

式中 $S_h$——水平应力，MPa；
   $\nu$——岩石泊松比；
   $n$——经验系数。

实际上由于地层并非各向均质的，加上变形褶皱后地层处于构造活动期后还存在构造残余应力，所有地层中的水平应力比上述值大，而且不同方向上也有区别。

垂直应力的纵向分布，据 H.K 布林对全世界许多矿山和盆地的实测值的总结后认为，在 25~2700m 范围内垂直应力随深度呈线性增加，其增加率与一个地区岩石的平均密度相当。

### （二）水平地应力特征

许多学者对沉积岩内的水平应力做过测量和总结。G.Herget（1951 年）的统计结果表明，岩石的水平应力分布大体上可以分为两种情况：一种为水平应力大于垂直应力分量；另外一种为水平应力小于垂直应力分量。

H.K 布林（1951 年）按地质构造单元的统计结果表明，在地台去盖岩层内水平应力一般小于垂直应力，而周边地区盆地基岩中得到的水平应力则多数大于垂直应力。据国内外一些盆地的实测资料，地层中最大水平应力分量多大于垂直应力分量，其中水平应力与垂直应力的比值大部分为 0.8~12，反映出地层有构造残余应力的存在。

沉积盆地中水平地应力分布有如下特征：水平应力随着埋深的增加而增加；水平应力一般存在两个方向上的应力分量，如果无残余构造应力，则两个水平应力分量大小相同；构造活动区一般来讲，其水平应力与垂直应力的比大于 1，即水平应力大于垂直应力，而构造稳定区，则多数情况下水平应力小于垂直应力；水平应力方向受控于一个地区的地质历史中对其影响最大的一次构造运动。

## 三、页岩储层岩石力学参数及地应力评价方法

求取岩石力学参数的方法主要有两种：一是利用钻井取得的岩心，在实验室内模拟岩石在地下所处的环境（温度、围压、孔隙压力）进行实测；二是利用测井资料进行计算。后一种方法由于测井资料具有易获取、数据连续性高、价格低的优势，是常用的一种岩石力学参数评价方法[37-38]。

### （一）岩石弹性力学参数的计算

利用声波测井资料可确定岩石的弹性参数。当已知密度（$\rho$）、纵波时差（$\Delta t_p$）、横波

时差（$\Delta t_s$）时，可根据表 7-1 所列的公式计算岩石的动态弹性模量和泊松比，而地层岩石的其他弹性力学参数，如剪切模量、体积模量等可通过杨氏模量、泊松比计算得到。

表 7-1 岩石动态弹性力学参数测井计算公式

| 参数名称 | 定义 | 计算公式 |
| --- | --- | --- |
| 泊松比（$\mu$） | 纵向应变与横向应变之比 | $\mu = \dfrac{\Delta t_s^2 - 2\Delta t_p^2}{2(\Delta t_s^2 - \Delta t_p^2)}$ |
| 杨氏模量（$E$） | 施加的单向应力与法向应变之比 | $E = \dfrac{\rho_b}{\Delta t_s^2} \dfrac{(3\Delta t_s^2 - 4\Delta t_c^2)}{(\Delta t_s^2 - \Delta t_c^2)} \times 9.299 \times 10^7$ |
| 剪切模量（$G$） | 施加的应力与切向应变之比 | $G = \dfrac{\rho_b}{\Delta t_s^2} \times 9.299 \times 10^7$ |
| 体积模量（$K$） | 流体静压力与体积应变之比 | $K = \rho_b \dfrac{3\Delta t_s^2 - 4\Delta t_p^2}{3\Delta t_s^2 \Delta t_p^2} \times 9.299 \times 10^7$ |
| 地层压缩系数（$C_b$） | 体积形变与流体静压力之比 | $C_b = \dfrac{1}{\rho_b} \dfrac{3\Delta t_s^2 \Delta t_p^2}{3\Delta t_s^2 - 4\Delta t_p^2} \times 1.075 \times 10^{-8}$ |
| 骨架压缩系数（$C_{ma}$） | 骨架体积变化与流体静压力之比 | $C_{ma} = \dfrac{1}{\rho_{ma}} \dfrac{3\Delta t_{mas}^2 \Delta t_{map}^2}{3\Delta t_{mas}^2 - 4\Delta t_{map}^2} \times 1.075 \times 10^{-8}$ |

### （二）岩石强度参数的测井计算

**1. 抗压强度（$\sigma_c$）**

表征岩体在单向受压条件下整体破坏时的应力为单轴抗压强度。其大小在一定程度上间接地反映地层破裂强度。Miller 和 Deere 对 200 多块沉积岩进行实验后，做出了岩石单轴抗压强度与岩石弹性模量、黏土含量的统计关系式：

$$\sigma_c = 0.0045 E_d (1-V_{sh}) + 0.008 E_d V_{sh} \qquad (7-8)$$

式中　$\sigma_c$——单轴抗压强度，MPa；

　　　$V_{sh}$——砂岩的泥质含量；

　　　$E_d$——砂岩的动态杨氏模量，MPa。

此外，对于砂岩地层，McNally 选用澳大利亚煤矿井的几百个岩心样品通过实验分析建立了单轴抗压强度与声波时差（AC）的经验公式：

$$\sigma_c = 185165 \exp(0.037 AC) \qquad (7-9)$$

实际应用表明，这个经验公式在亚太地区也是适用的，曾在南中国海项目中得到了验证。另外，对于泥岩的岩石强度剖面，Horsrud 建立了单轴抗压强度与声波时差（AC）的幂函数关系：

$$\sigma_c = 2.12 \times 109 (AC)^{-2.93} \qquad (7-10)$$

**2. 抗张强度（$\sigma_t$）**

岩体在受拉伸达到破坏时的极限应力称为抗张强度。抗张强度的大小直接影响储层的压裂参数,具体表现在:(1)影响地层破裂压力;(2)储层不同方向抗张强度直接影响裂缝产状;(3)储层与上下围岩抗张强度的差异,直接影响压裂造缝的高度。抗张强度是岩体的固有属性,是判别岩体强度大小的直接参数,在松软地层或裂缝发育层段,岩体抗张强度明显降低。

对于岩石的抗张强度,可由式(7-11)近似求取:

$$\sigma_t = 3.75 \times 10^{-4} E_d (1 - 0.78 V_{sh}) \tag{7-11}$$

另外,抗张强度也可取为:

$$\sigma_t = \sigma_c / k \tag{7-12}$$

其中 $k$ 的取值范围为 8~20,应根据不同区块与岩性而定。

3. 内聚力($\tau_p$)

利用测井资料计算内聚力的常用经验公式为:

$$\tau_p = 4.69433 \times 10^7 \rho_b^2 \left( \frac{1+\mu}{1-\mu} \right)(1-2\mu)\frac{1+0.78V_{sh}}{\Delta t_p^4} \tag{7-13}$$

## 第三节 页岩储层可压性综合评价

### 一、页岩储层可压性主控因素分析

**(一)杨氏模量和泊松比**

杨氏模量和泊松比是表征页岩脆性的主要岩石力学参数,杨氏模量表征材料纵向弹性模量,标志了材料的刚性,泊松比表征材料受力下横向形变与纵向形变的比值绝对值。页岩杨氏模量越高,泊松比越低,脆性越强。页岩杨氏模量一般为 10~80GPa,泊松比一般为 0.2~0.4。针对不同的区块,杨氏模量与泊松比存在一定的变化。对这两个参数进行归一化,取二者平均值,评价页岩脆性[39]。

**(二)脆性矿物含量**

石英、长石、碳酸盐岩等矿物统称为脆性矿物,有时也以脆性矿物含量作为评价页岩脆性的指标。目前,加拿大较好的含气页岩硅质等脆性含量达到了 40%,作为商业开采的下限一般也要达到 25%。中国的页岩脆性矿物含量很高,一般分布在 40%~80%。

**(三)天然裂缝发育情况**

天然裂缝就是力学上所有的薄弱环节,可以显著增强压裂效果,甚至可以使岩石的破裂压力降低 50%。对于渗透率及孔隙度较低的页岩,大量存在的张开的微裂缝,可以提高局部的渗透率。在压裂过程中,天然裂缝和诱导裂缝也会相互影响,压裂液产生的诱导裂缝可以张开天然裂缝使其沟通,天然裂缝也可以改变诱导裂缝的延伸方向,产生下一级诱导裂缝,最终形成缝网。天然裂缝与诱导裂缝一起构成页岩气产出的高速通道。

**(四)断裂韧性**

断裂韧性反映的是岩石本身的性质,它的大小关系到裂缝延伸的难易,随着断裂韧性值的变小，裂缝越容易延伸，可压裂性越好。在页岩气体积压裂中形成的裂缝最常见的是Ⅰ型与Ⅱ型，在地应力场或岩性剧变的地层有可能出现混合裂缝，所以评价断裂韧性的影响可以采用Ⅰ型与Ⅱ型断裂韧性乘积的方式。

### （五）地应力差异

地应力差异定义为最大水平主应力与最小水平主应力之差。人工裂缝在井筒周围的起裂与扩展受到远地应力场的影响。当地应力差异较小时，人工裂缝沿着天然裂缝方向延伸，将原有天然裂缝沟通并形成裂缝网络。当地应力差异较大时，天然裂缝发生膨胀，水力裂缝在交汇点处直接穿过天然裂缝，继续沿着原来的最大水平主应力方向扩展，形成两条主裂缝。根据目前经验来说，当地应力差异小于 0.1 时，易产生网状裂缝；当地应力差异大于 0.25 时，难形成网状裂缝。另外压裂液黏度、排量等对局部地应力状态变化产生影响，进而影响缝网形态。

## 二、页岩储层可压性评价方法

通过压裂改造最大规模形成复杂连通缝网是实现页岩油等非常规油气工业化开采的关键。其中，压裂缝的起裂、扩展行为特征是影响压裂缝网规模及其复杂度最为重要的因素。

针对页岩的已有大量研究表明，页岩压裂缝的起裂与扩展涉及张性破坏、剪切滑移、错断等复杂的综合力学行为，除了受压裂液黏度、射孔参数、压裂施工排量等工程因素显著影响外，还受控于地应力、岩石的力学性质、天然弱结构面（微裂缝、层理等）发育程度及脆性特征等地质力学因素。目前研究认为脆性矿物含量高、岩石脆性强、水平最大主应力与水平最小主应力差小、天然结构面（裂缝、层理等）适度发育的地层，更易实施体积压裂，并可充分形成复杂缝网，即具有较高可压裂性[40-43]。这也是现有研究主要通过地层脆性指数、断裂韧性、地应力等进行页岩地层缝网可压裂性评价的主要原因。

# 第八章 侏罗系页岩油气富集区综合评价

综合运用地质、地球物理、实验分析等多学科理论和技术，对页岩油富集区的地质特征、成藏条件、资源潜力等方面进行研究。结合四川盆地侏罗系页岩油勘探开发的实际情况，优选页岩油气评价参数、建立评价标准，通过地震—地质—测井多专业融合的一体化评价方式对四川盆地侏罗系页岩油气开展综合地质评价，形成适用于侏罗系页岩油气富集区的预测方法，落实页岩油气"甜点区"分布和资源潜力，明确四川盆地侏罗系的勘探前景。

## 第一节 页岩油气地质评价技术

### 一、页岩油地质评价技术现状

以地震技术为主体的油气藏描述技术是页岩油气储层识别与评价的核心。国内外技术实践在勘探和开发不同阶段的应用形式如下。在勘探阶段，应用页岩油气地震技术主要解决资源评价和选区问题。首先从井震联合入手，准确标定和刻度页岩油气层的顶底界面及有效页岩的位置，进而在地震剖面上识别和追踪页岩储层；其次通过常规资料解释，确定页岩层的深度与厚度，圈出页岩的区域展布特征；最后在岩石物理测试分析和测井识别与评价的基础上，寻找页岩储层的敏感地球物理参数，建立储层特征曲线与地震响应的关系，选用合适的反演技术预测页岩油气储层的有利发育区域，综合评价页岩油气的资源状况，优选有利开发区域。在开发阶段，应用页岩油气地震技术主要解决储层是否具有工业开发价值问题，直接为钻井和压裂工程技术服务。主要运用高精度的叠后不连续检测技术，特别是叠前弹性反演、方位角信息，以及多波地震信息，全面研究页岩油气储层的各向异性特征，进行页岩段裂缝预测，预测宏观的裂缝发育区带、应力场分布，以及岩石的脆性或可压性特征，为水平井的部署、井身设计，以及压裂改造提供重要的基础数据。但从目前非常规油气勘探开发一体化的趋势而言，上述的界限越来越模糊，地震技术已直接贯穿于整体实施链条中，开发阶段运用的技术在区带评价和"甜点"目标优选中已经开始运用。

常用"甜点"综合分析评价方法是基于预测的页岩油地质参数及工程参数，利用叠合法进行平面上"甜点"识别和有利目标区划分。除此之外，目前发展的有基于加权评价的"甜点"融合和基于神经网络的"甜点"融合，这两种方式既可实现平面上"甜点"融合，也可以实现数据体融合，前者加权值难以合理确定，人为因素较大，后者将三维地震属性与实际产量数据建立关系，多属性融合划分"甜点"相。

### 二、四川盆地侏罗系页岩油实验检验

页岩的储层孔隙微观特征及页岩油的赋存与可动性对于评价页岩油的资源潜力及有利区预测具有重要意义，页岩油实验测试分析在页岩油地质评价中发挥着重要作用，目前页

岩油储层矿物组成、有机质类型、丰度、物性，以及岩石脆性等诸多方面的评价参数均需要通过实验测试来获取。通过 XRD、TOC 及岩石热解、氦气法、高压压汞、氮气吸附、核磁共振、扫描电镜及原子力显微镜等实验，可以认清页岩孔隙度、孔隙形态、孔喉分布、孔径分布、不同类型孔隙比例及孔隙表面粗糙度等储层孔隙微观特征和不同赋存状态页岩油含量及页岩油可动系数。

页岩油实验分析的重点是页岩储层孔隙微观特征和油气赋存特征研究，实验室测试页岩微纳米孔隙的方法较多，主要为流体注入法和射线探测法。流体注入法包括高压压汞、恒速压汞、氮气吸附法、二氧化碳吸附法及氦气孔隙度法，射线探测法包括光学显微镜、电子显微镜、离子束显微镜、X 射线、CT、核磁共振技术。常规储层油气勘探中普遍应用流体注入法和光学显微镜，页岩储层的储集空间主要为微纳米级孔隙，常规分析的分辨率无法满足对孔隙的精准分析，需要应用电子显微镜、离子束显微镜等更精密的仪器进行分析。

透射电镜，是把加速和聚集后的电子束投射到薄片样品上，电子束与矿物中的原子发生碰撞后方向发生改变，在成像元件上显现出不同明暗程度的影像。电子显微镜的精度非常高，分辨率最高可达 0.1nm。但是其观测范围较小，很难观察到样品全貌，那么如何做到既保证较高的分辨率，又能观察到样品全貌就变得尤其重要。扫描电镜是介于透射电镜和光学显微镜之间的一种微观形貌观察手段，可直接利用样品表面材料的物质性能进行微观成像。扫描电镜的优点是：（1）有较高的放大倍数，20~20 万倍之间连续可调；（2）有很大的景深，视野大，成像富有立体感，可直接观察各种试样凹凸不平表面的细微结构；（3）试样制备简单。通过电子束显微镜、环境扫描电镜连续采集成千上万张图像，利用软件进行大面积拼接，可以在保证分辨率的基础上观察到样品全貌。

利用电子束显微镜和环境扫描电镜等手段只能观察到样品的某一个表面形态，若想了解储集空间的三维特征和连通性，就需要用到聚焦粒子束扫描电镜（FIB），聚焦离子束扫描电镜是将液态金属离子源产生的离子束经过离子枪加速，对表面原子进行剥离，以完成微、纳米级表面形貌加工，然后聚焦后照射于样品表面产生二次电子信号取得电子图像。聚焦离子束扫描电镜将扫描电子显微镜与用于纳米级材料加工和样品制备的聚焦离子束结合在一起，使其集三维分析和样品制备于一身。聚焦离子束扫描电镜可以实现孔隙的三维重构，定量分析孔隙结构参数及形象展示孔隙间的连通性。

无论哪种电镜，其观察的尺度都是非常小的，受样品的非均质性影响极大，且对设备的要求较高，而核磁共振和 CT 技术具有分辨率相对高、样品制备容易、观察尺度较大且相对廉价的特点，在页岩油储层研究中得以广泛应用。核磁共振技术是指在低场核磁实验中，采用较低的磁场强度对储层孔隙内流体中的核磁信号进行检测，获取孔隙中流体的横向弛豫时间谱即 $T_2$ 谱，用于分析储层的物性和渗流特征。在页岩油可动性评价中，主要应用核磁共振实验，通过对样品进行离心前后的核磁共振扫描，根据其 $T_2$ 谱的变化计算出可动油量。

## 三、四川盆地侏罗系页岩油测井评价

### （一）岩性识别方法

1. 不同岩性地质和测井响应特征

通过岩电关系分析，总体上凉高山组页岩电性主要受岩性控制，夹层岩性电阻率相对页岩高。不同岩性的常规测井曲线、元素全谱测井和电成像测井具有不同的测井响应特征（图 8-1）。

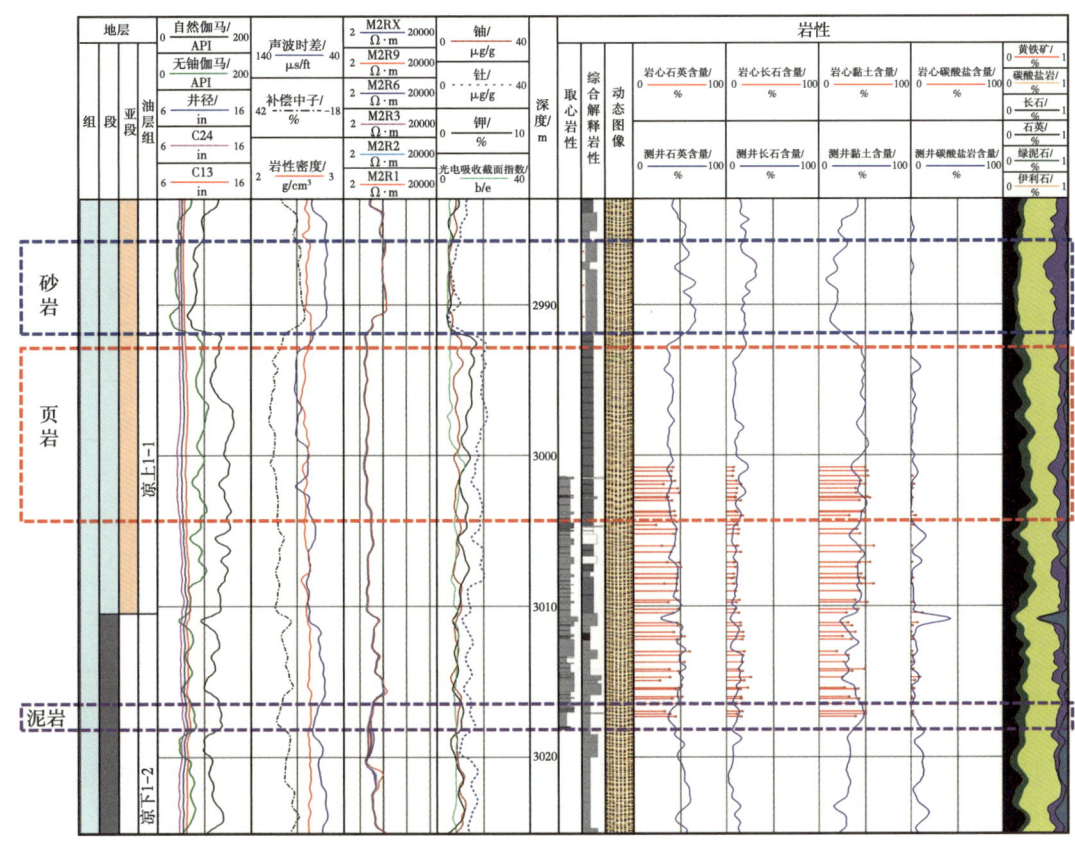

图 8-1 凉高山组不同岩性测井响应特征图

（1）页岩：页岩从电性特征上看，总体具有"三高一低"的电性特征，即高自然伽马、高声波时差和高中子及较低密度。页岩的电阻率随有机质含量的增大而增高，但总体上页岩电阻率一般小于夹层岩性的电阻率。电成像静态图像上显示整体颜色较暗，动态图像显示黑黄色块状或层状，间或可见亮色条带状砂岩或含砂岩纹层。

（2）粉砂岩：具有元素相对低铝高硅的特点，常规曲线具有较高的深侧向电阻率和密度值、低声波、低中子、中等到低伽马等特征，电成像图像呈亮色条带状或层状显示，部分可见层理构造。

（3）粉砂质泥岩：具有相对高电阻、中低自然伽马、中低声波、中低中子、中高密度的特征，电成像图像呈相对亮色条带状或层状显示，部分可见层理构造。

从不同亚段岩性和电性响应特征看，凉上三亚段发育以页岩、粉砂岩互层为主，整体电阻率值相对较大，声波时差值相对较小，平面上具有一定的连续性。凉上二亚段以页岩夹粉砂岩为主，平面上也有一定的连续性，薄夹层岩性其电性特征上表现为低声波时差、低自然伽马和较高的深侧向电阻率。凉上一亚段以页岩发育为主，局部发育粉砂岩，有机质含量较高，电性上整体表现为高中子、高声波、高伽马和相对较低电阻率值。

## 2. 岩石矿物组分精细计算

地壳中的岩石是由矿物组成的，虽然组成岩石的矿物众多，但是常见的矿物只有十几种，组成矿物的元素数量也是有限的。当矿物的化学组成比较稳定时，组成矿物的各种元素干重基本保持不变，这是利用元素干重转换成矿物干重的前提条件，因此只要精确测量出这些元素干重，就可以鉴别岩石中矿物类型及计算出矿物的干重。这样，利用同一深度的 X 荧光常量元素与 XRD 全岩分析实验数据，依据 HERRON 模型原理，采用最优化方法求解方程，就可以得到本地区的矿物含量与元素含量之间的转换系数（表 8-1）。元素测井可以准确地计算出地层的元素干重，因此利用元素测井，应用刻度好的矿物含量与元素含量转化系数矩阵，对平昌地区凉高山组矿物组分进行精细处理解释。

表 8-1　PA1 井区凉高山组元素含量和矿物含量转换系数表　　单位：%

| 矿物名称 | Si | Al | Fe | Ca | Na | K | Mg |
|---|---|---|---|---|---|---|---|
| 伊利石 | 10.00 | 19.00 | 4.80 | 0.50 | 0.40 | 4.50 | 1.20 |
| 绿泥石 | 14.00 | 9.60 | 22.80 | 0.70 | 0.30 | 0.40 | 4.80 |
| 石英 | 46.75 | | | | | | |
| 钾长石 | 30.00 | 0.10 | 0.10 | 0.10 | | 80.20 | 0.10 |
| 斜长石 | 30.00 | 2.30 | 0.10 | 2.30 | 10.70 | 0.50 | 0.10 |
| 方解石 | | | | 39.40 | | | 0.20 |

应用刻度好的矿物含量与元素含量转化系数矩阵，对平昌地区凉高山组矿物组分进行精细处理解释，测井计算矿物含量平均绝对误差均小于 5%，平均为 4.0%（图 8-2），提高了矿物含量计算精度（图 8-3）。

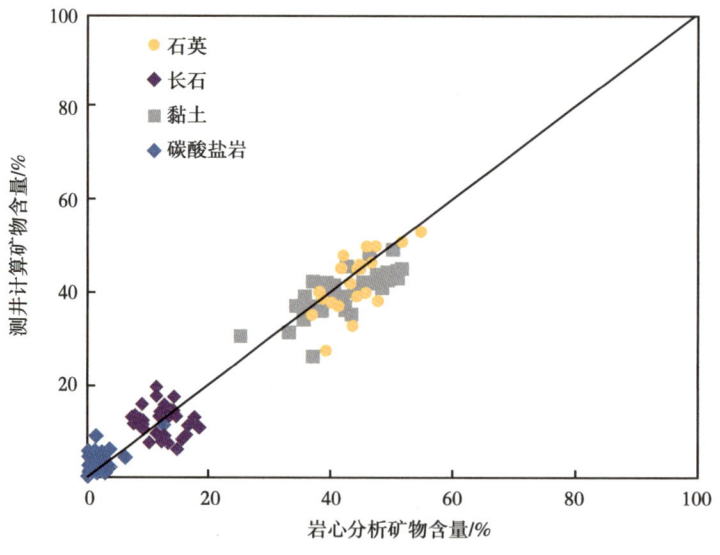

图 8-2　凉高山组岩心分析与测井计算矿物含量关系图

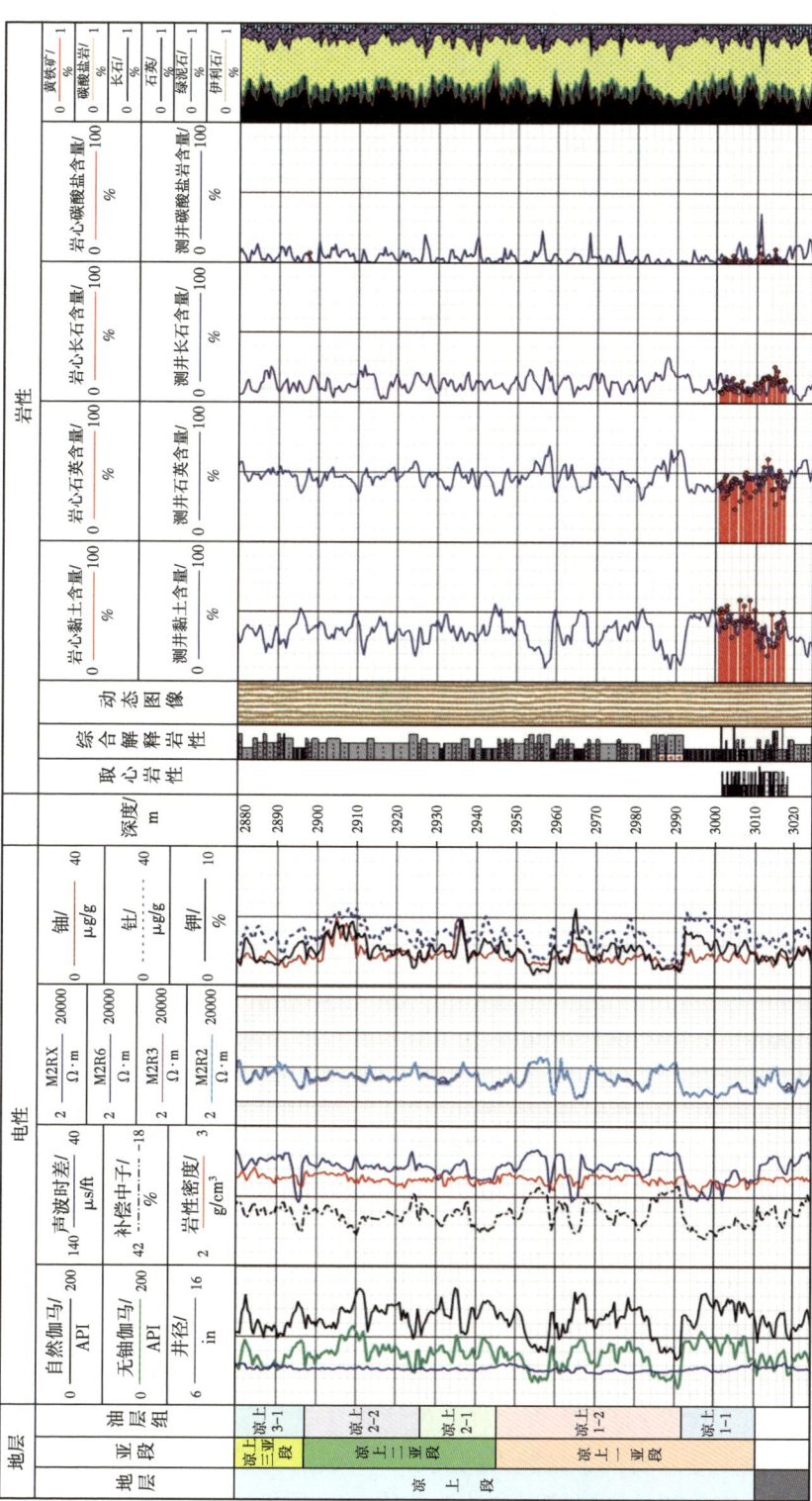

图 8-3　PA1井矿物组分含量测井计算成果图

3. 岩性识别

在分析不同岩性测井响应特征基础上，优选 $\Delta lgR$、黏土含量、自然伽马及电阻率，分步识别砂岩、泥质粉砂岩、粉砂质泥岩、泥岩、页岩（图 8-4 和图 8-5）。

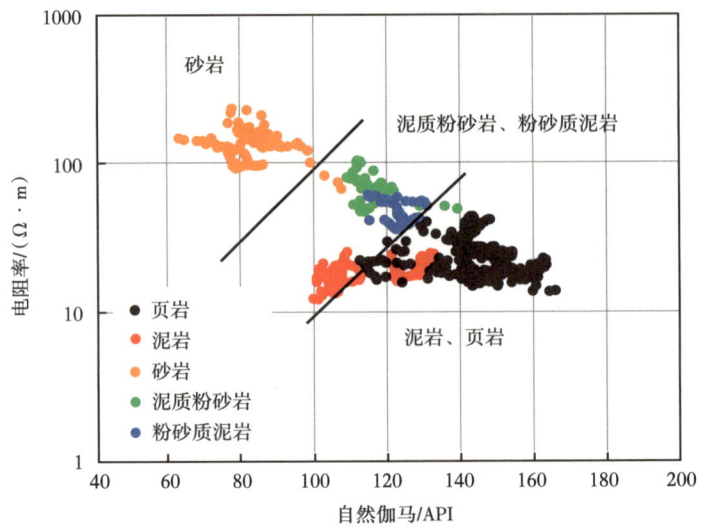

图 8-4　凉高山组岩性识别图版（Ⅰ）

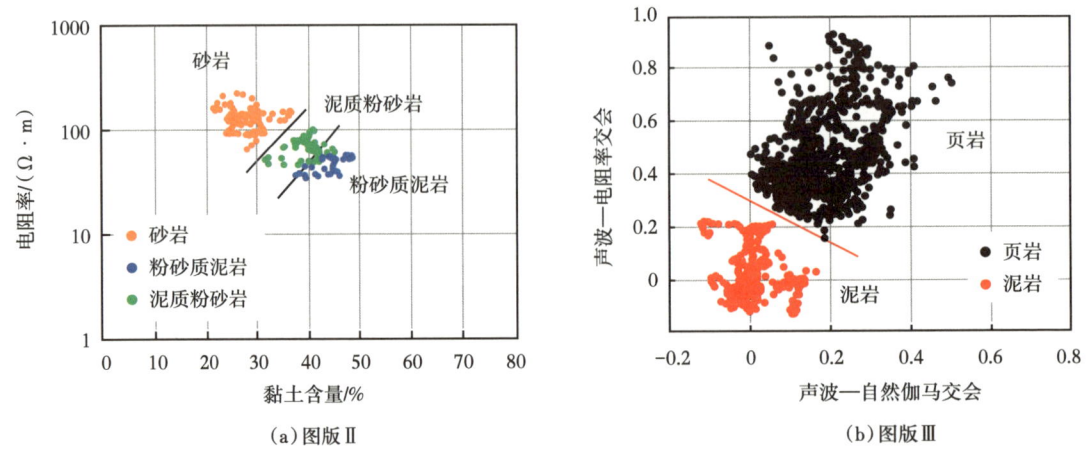

图 8-5　凉高山组岩性识别图版（Ⅱ、Ⅲ）

## （二）有机碳含量及游离烃含量计算方法

1. 有机碳含量计算方法

页岩有机质丰度（TOC）是页岩含油气性的物质基础。有机质丰度是指单位质量岩石中有机质的数量，决定着岩石的生烃能力的大小，一般情况下岩石中有机质丰度越高，岩石的生烃能力越好，它是评价页岩储层含油性的重要指标之一。

页岩中有机质和黏土矿物的类型、丰度、压实程度、富集状态、成熟演化，以及充填在孔隙中的流体组分不同而产生的岩石物理、电化学性质的差异,是利用测井曲线识别和评价烃源岩的理论基础。赋存于沉积岩石中的有机质,主要由两部分组成,即可溶有机质和不溶有机质(干酪根),它们一起构成一个有机联系的整体。有机质的丰度及赋存状态对测井的岩石物理响应有一定的影响,这为运用测井信息识别与评价烃源岩品质提供了依据。因此,利用测井资料建立精确的有机碳含量计算模型,进而得到纵向连续的有机碳含量,具有重要应用价值。

在富含有机质页岩层段,由于低密度和低速度(高声波时差)的干酪根响应和烃类存在使得地层电阻率增加,造成电阻率和孔隙度曲线的分离。两曲线分离的程度主要与固体有机质的数量有关。图8-6示意性地表示利用孔隙度曲线与电阻率曲线的分离间距识别富含有机质岩石的推理过程。

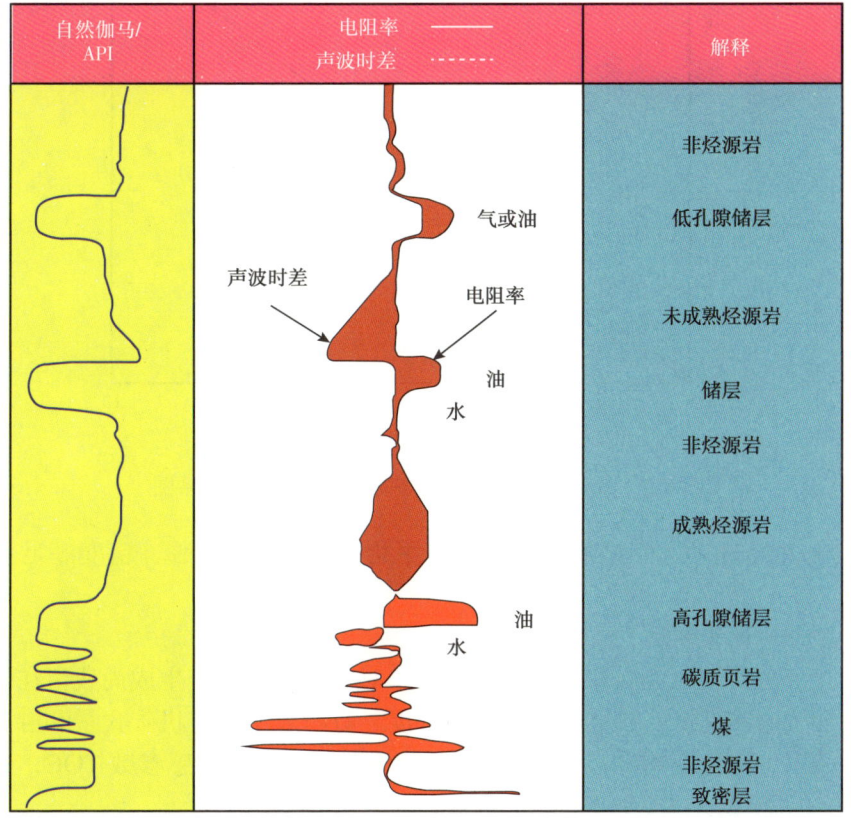

图 8-6　$\Delta \lg R$ 法理论模型示意图

在交会图上声波时差向左偏移(即声波时差值大),电阻率也向左偏移(即电阻率值小),主要与固体有机质有关,反映了有机质丰度高,残留有机质较多,电阻率偏小,反映生烃较少,是较好的成熟烃源岩。当声波时差向左偏移(即声波时差值偏大),而电阻率向右偏移,说明残留固体有机质多,电阻率偏大,说明生烃较多,是好的成熟烃源岩。当声波时差向右偏移,而电阻率向左偏移,反映固体有机质较少,电阻率偏小,反映生烃较少,是差的烃源岩或非烃源岩。

根据烃源岩测井响应特征，优选声波时差和深侧向电阻率曲线，应用 3 口井 31 层岩心分析资料，建立了有机碳含量（TOC）测井评价模型［公式（8-1）］，平均绝对误差 0.29%（图 8-7）。

$$TOC = 0.076DT + 1.3064 \times \lg(RT) - 6.91 \qquad (8-1)$$

式中　TOC——有机碳含量；
　　　DT——声波时差，μs/ft；
　　　RT——深侧向电阻率，Ω·m。

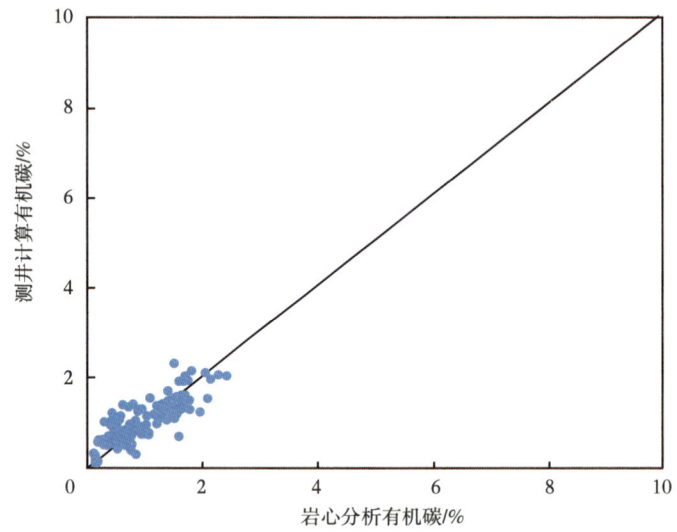

图 8-7　凉高山组岩心分析与测井计算有机碳关系图

本区 PY1 井经过以上模型处理解释后，平均绝对误差 0.29%，精度满足烃源岩评价需求。

2. 游离烃含量计算方法

游离烃含量是页岩油资源评价的关键参数，对于岩石中已经生成尚残留在岩石中的烃类，游离烃含量能够直接反映页岩油的富集程度。分析表明，有机碳含量和游离烃含量有很好的线性关系，因此应用 2 口井 80 层岩心分析资料，优选敏感参数 TOC，建立了不同 $R_o$ 的 $S_1$ 测井计算模型［式（8-2）和式（8-3）］。

$$S_1 = 3.423TOC - 0.79 \qquad (8-2)$$

$$S_1 = 2.342TOC - 1.33 \qquad (8-3)$$

式中　$S_1$——游离烃含量，mg/g；
　　　TOC——有机碳含量。

应用建立的游离烃含量测井定量计算模型对取心井进行处理。计算结果与实验分析结果平均绝对误差 0.33mg/g（图 8-8），精度满足烃源岩评价需求。

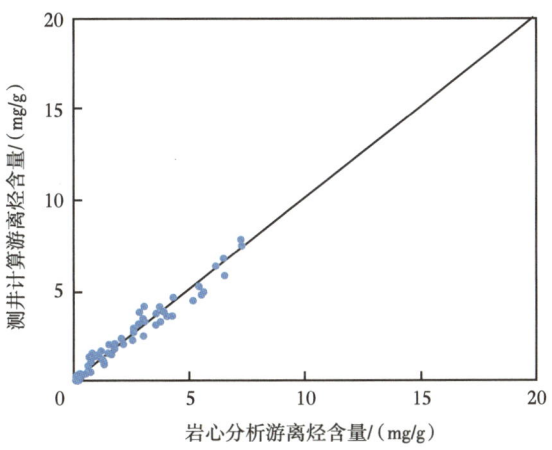

图 8-8 凉高山组岩心分析与测井计算游离烃关系图

**（三）纹层及微裂缝测井表征方法**

通过分析地质描述纹层发育段与测井响应关系，发现具有电成像具纹层状，核磁显示大孔发育等特征；不发育段电成像具块状特征，核磁测井显示小孔隙发育。

1. 基于电成像的页岩宏观结构表征方法

借鉴古龙电成像识别纹层方法，对 FMI 微电阻率曲线（192 条）进行逐窗统计，获得纹层条数。纹层发育的层段纹层指数高，纹层欠发育层段纹层指数低（图 8-9 至图 8-11）。

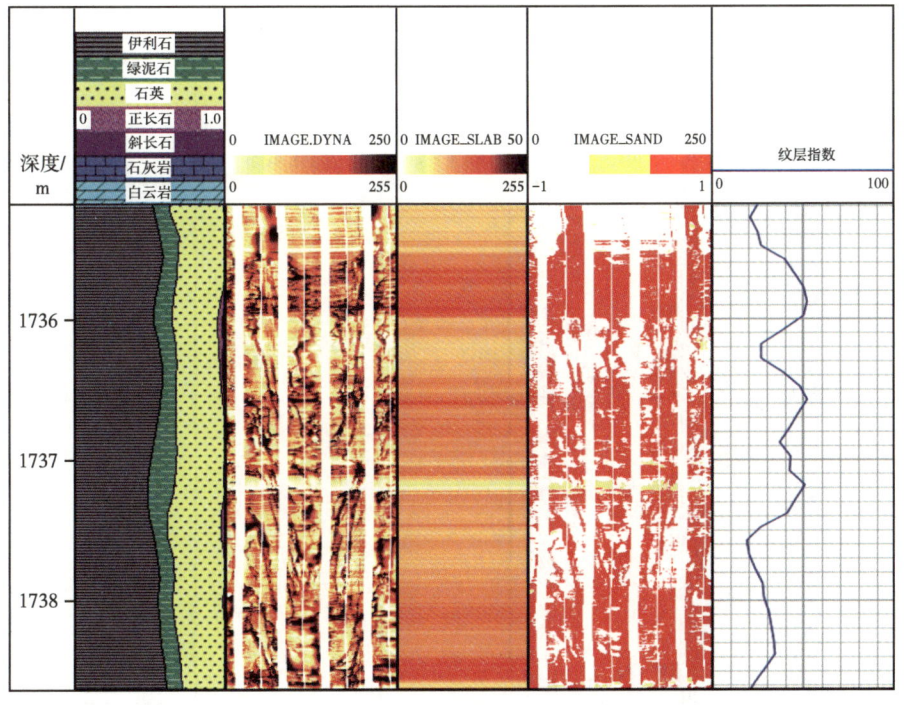

图 8-9 纹层发育段页岩纹层指数解释成果图

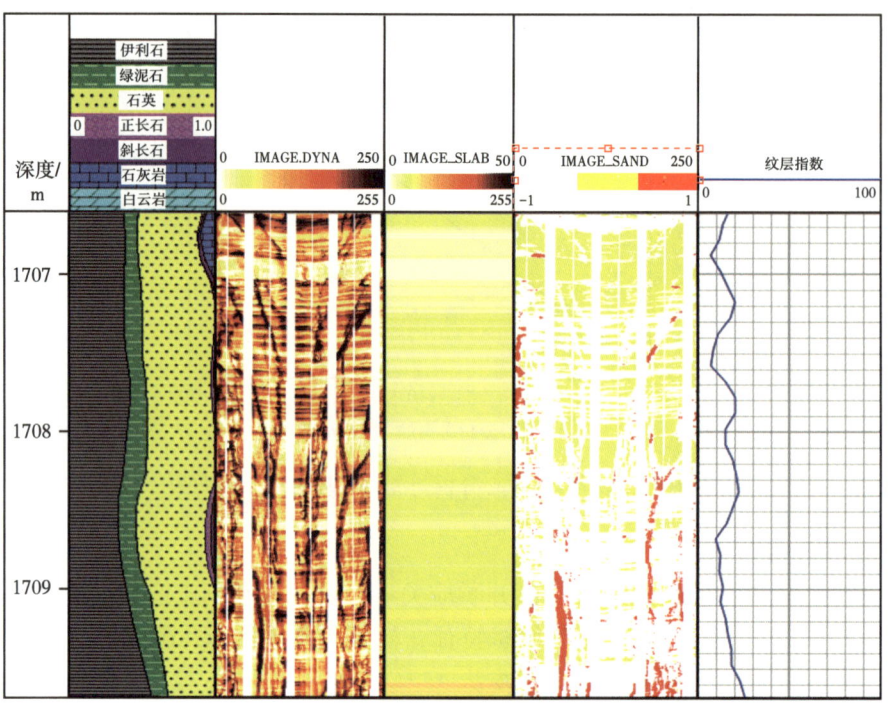

图 8-10 纹层欠发育段页岩纹层指数解释成果图

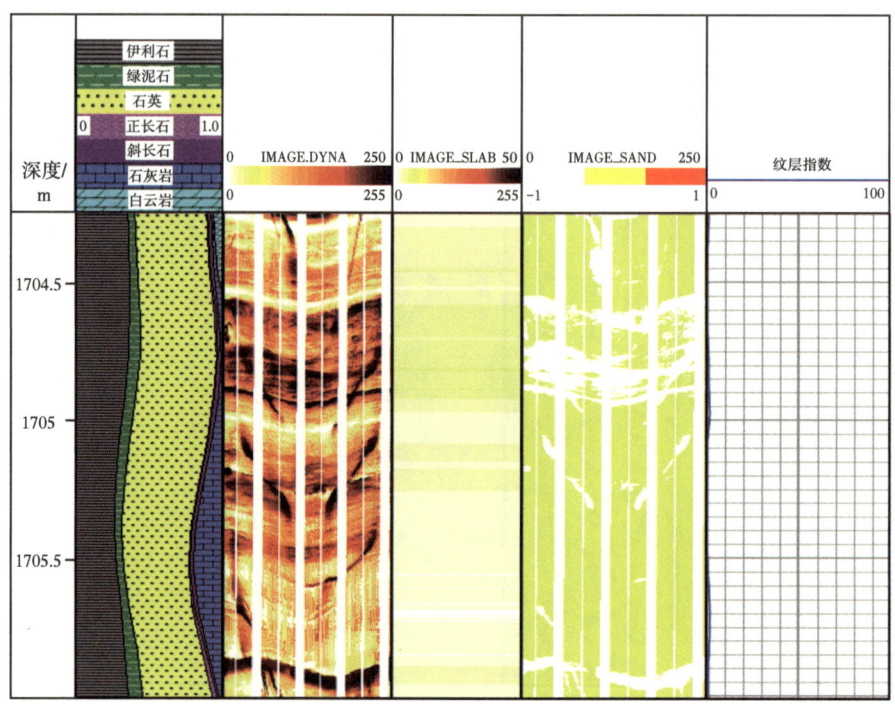

图 8-11 纹层不发育段页岩纹层指数解释成果图

## 2. 基于横波衰减的页岩宏观结构表征方法

研究表明，横波不能在流体中传播，横波的幅度衰减对倾角小于 33° 的低角度微裂缝反应敏感。横波幅度随裂缝宽度的增加逐渐减小（图 8-12），且裂缝宽度约小于 250μm 时横波幅度变化快（图 8-13），页岩储层由于沉积环境水动力较弱，主要以低角度的微裂缝为主。微裂缝越发育横波衰减幅度越大，微裂缝不发育的层段横波衰减较小（图 8-14）。对 XMAC Ⅱ 8 个接收器的幅度衰减以微裂缝不发育的致密砂岩段为基值进行归一化后，确定偶极横波衰减幅度，构建页理缝发育指数，评价页理缝发育情况。

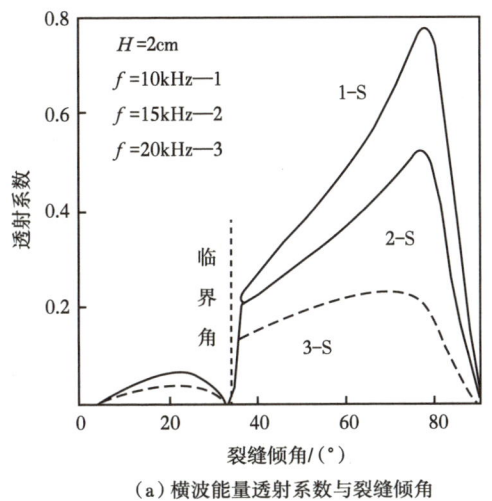 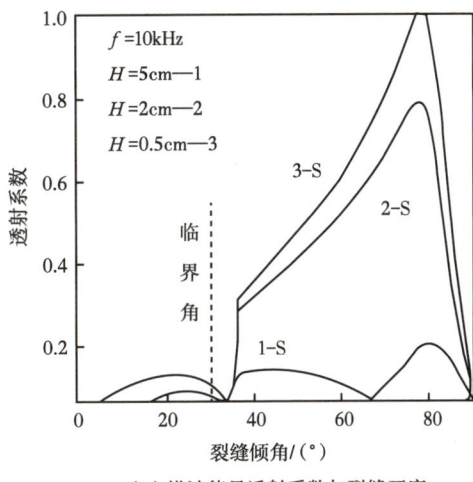

（a）横波能量透射系数与裂缝倾角　　　　　（b）横波能量透射系数与裂缝开度

图 8-12　横波能量透射系数与裂缝倾角、开度的关系图

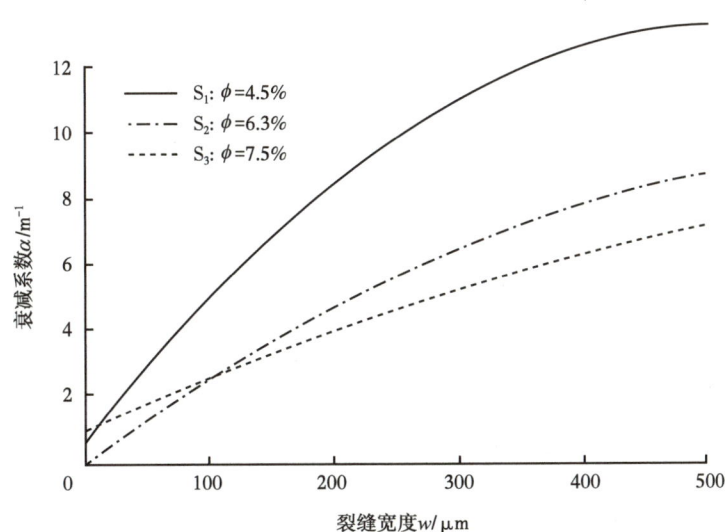

图 8-13　横波衰减系数随裂缝宽度变化关系图

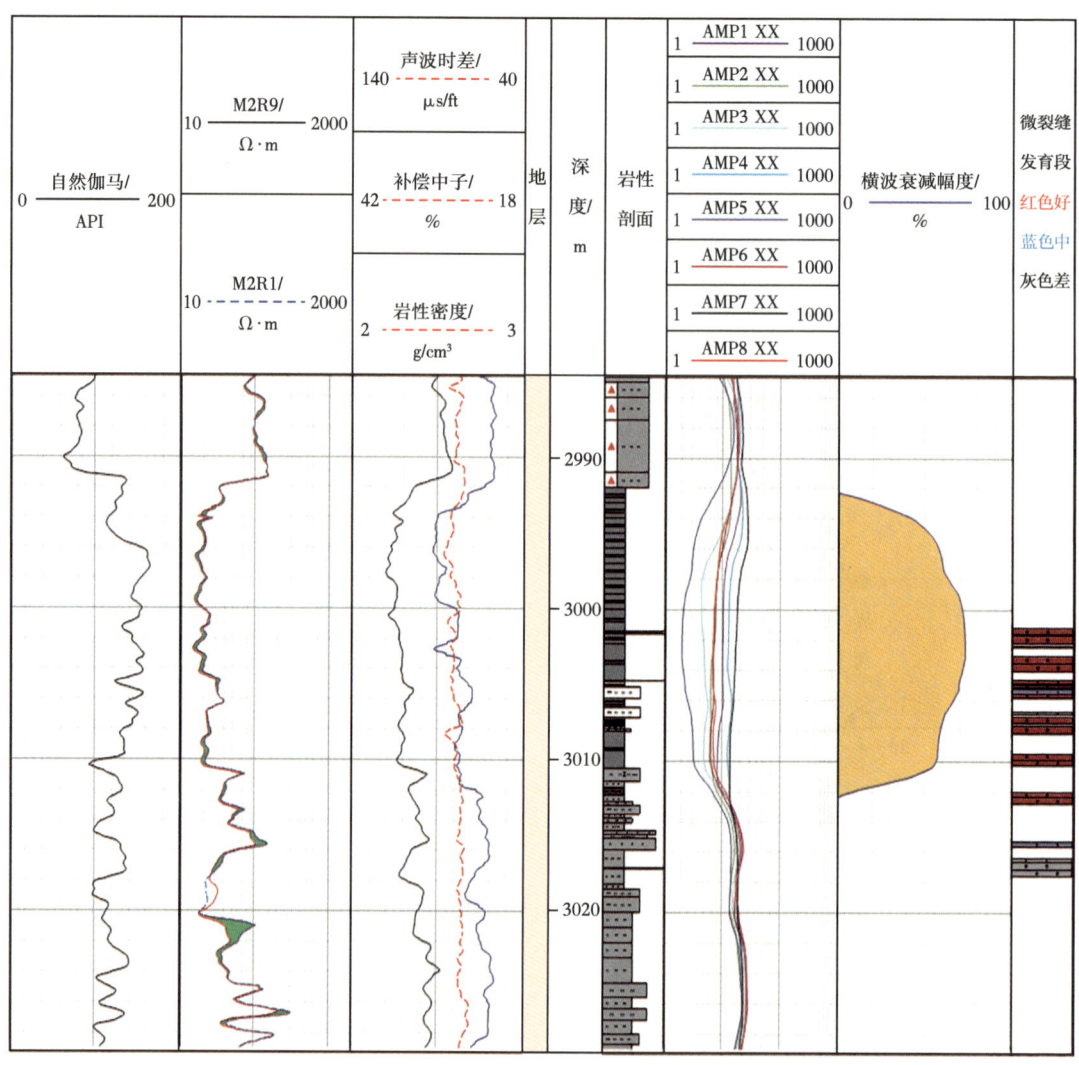

图 8-14 横波衰减幅度识别纹层发育程度解释成果图

**（四）孔隙度解释模型**

实验室主要采用氦气法测定有效孔隙度，该方法采用波义耳定律（氦气注入法）和阿基米德浮力原理（液体浸没法）测量孔隙度样品，称为氦气法或气—液联测法孔隙度。具体步骤包括：除油干燥后的样品先称量干样质量，利用氦孔隙仪测量骨架体积，再将样品浸泡液体，称量在液体中和空气中的湿样质量，得到样品的总体积，即可计算出样品的有效孔隙度。

在实验室准确分析有效孔隙度基础上，应用岩心刻度测井，形成了三种有效孔隙度测井计算方法。对于取心井取心层段，应用岩心分析有效孔隙度；对于未取心井或未取心层段，应用测井计算有效孔隙度。

**1.基于常规测井的多元回归法**

考虑到测井曲线的分辨率，以及岩样是否具有代表性等因素，选用取样密度一般不小于

2块/m，相邻样品间隔小于等于0.5m的取心层段，应用三孔隙度曲线和泥质含量作为参数，采用数理统计回归的方法确定有效孔隙度测井计算模型。应用研究区凉高山组2口井52层岩心分析有效孔隙度资料，优选声波、中子和泥质含量为参数，采用数理统计回归的方法确定凉高山组页岩有效孔隙度常规测井计算模型。

$$\phi_{有效} = 0.42\text{DT} + 0.01\text{CNL} + 0.017V_{\text{sh}} - 1.704 \quad (8-4)$$

式中　$\phi_{有效}$——目的层有效孔隙度；
　　　DT——目的层声波时差，μs/ft；
　　　CNL——目的层补偿中子；
　　　$V_{\text{sh}}$——目的层泥质含量。

2. 基于核磁测井的$T_2$截止值法

选用有CMR核磁测井且有取心的PA1井，应用8块柱塞样岩心分析有效孔隙度刻度对应深度的核磁测井资料，采用核磁$T_2$谱曲线孔隙度分量反向累积法（图8-15）确定了每块样品有效孔隙度核磁$T_2$截止值，分布范围1.15~1.95ms，平均为1.5ms。应用一维核磁$T_2$截止值确定有效孔隙度。

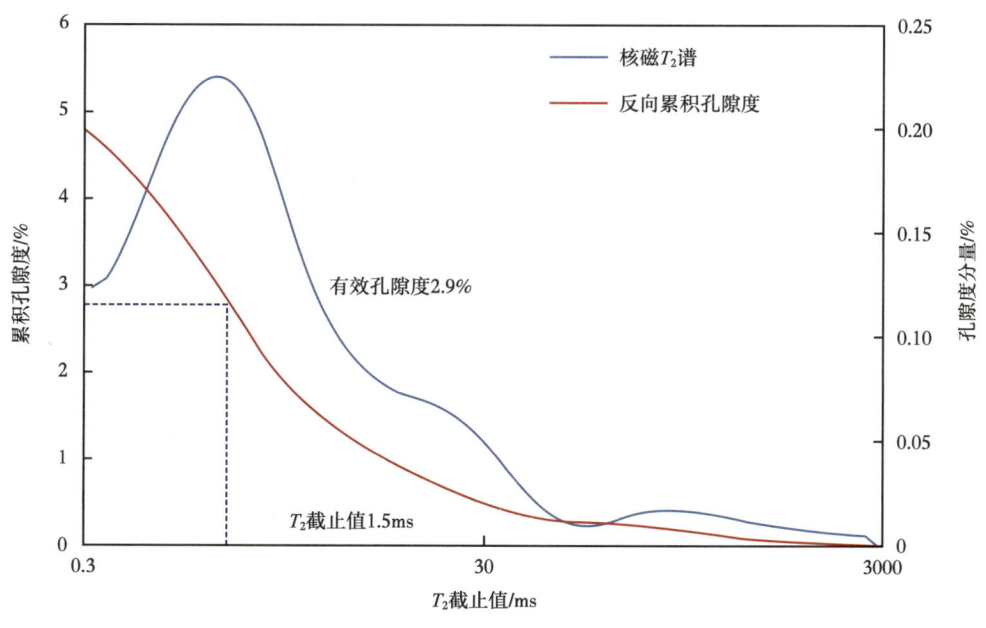

图8-15　凉高山组反向累积法确定有效孔隙度$T_2$截止值图

3. 测井计算有效孔隙度精度评价

1）常规测井计算有效孔隙度精度评价

经单层测井计算有效孔隙度与岩心分析有效孔隙度对比，平均绝对误差0.46%，相对误差为23%。统计有效孔隙度不小于2%样品，平均绝对误差0.44%，平均相对误差16.8%（图8-16），二者具有较好的一致性，说明常规测井计算有效孔隙度可以应用于储量计算。

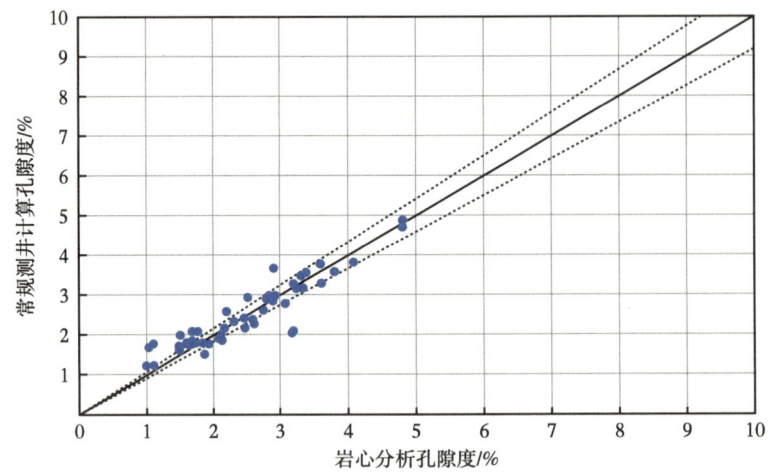

图 8-16　凉高山组岩心分析与常规测井解释有效孔隙度精度对比图

2）核磁共振测井计算有效孔隙度精度评价

实践表明，在储层取心收获率较低的情况下，运用核磁共振测井处理解释的孔隙度与常规测井方法孔隙度进行对比，相互验证，能够较好地保证测井孔隙度的计算精度。

应用 PY1 井岩心实验结果验证，核磁 $T_2$ 截止值方法计算有效孔隙度平均绝对误差 0.25%，平均相对误差 11.8%，统计有效孔隙度不小于 2% 样品，平均绝对误差 0.25%，平均相对误差 8.0%（图 8-17），满足储量规范要求。

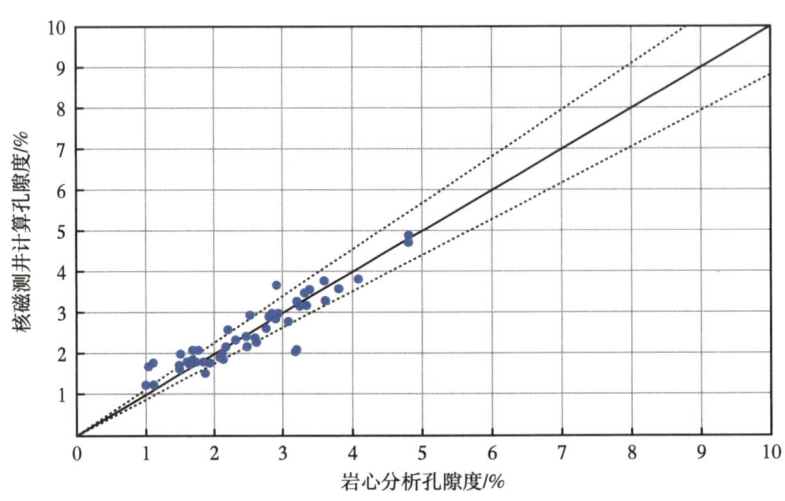

图 8-17　凉高山组岩心分析与核磁测井解释有效孔隙度精度对比图

因此，有核磁测井资料时，有效孔隙度取值采用核磁解释有效孔隙度。

**（五）建立基于可动流体孔隙度的"甜点"分类评价方法**

对于大面积分布、非均质性强的陆相页岩油，筛选出相对优质的"甜点"层并预测其分布规律是页岩油效益勘探的关键。页岩油地质评价的指标较多，2020 年颁布的国家标准

GB/T 38718—2020《页岩油地质评价方法》涉及生烃品质、储层品质、工程力学品质及含油性等 4 大方面 25 个评价要素。

通过国内外广泛调研后认为，页岩油"甜点"主要受物性、含油性、流动性、可压性控制。其中岩相、裂缝控制储层物性，TOC 控制储层的含油性，应力、黏度、原油密度控制页岩油流动性，岩石脆性、延展性控制储层的可压性。影响页岩油产能高低的因素有页岩厚度、矿物组分、物性、力学性质、含油性、有机质成熟度、TOC 和页岩埋深，其中关键指标是物性、含油性和岩石力学参数，而埋深和矿物成分对页岩力学性质具有重要影响（图 8-18 和图 8-19）。

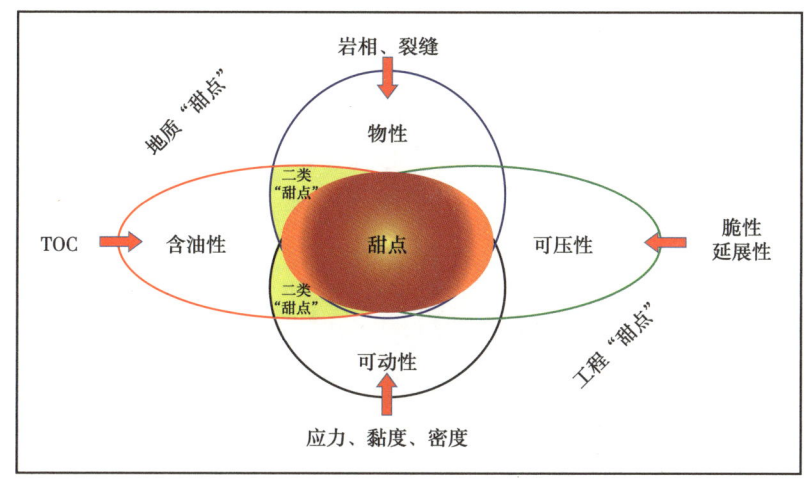

图 8-18 页岩油"甜点"主控因素

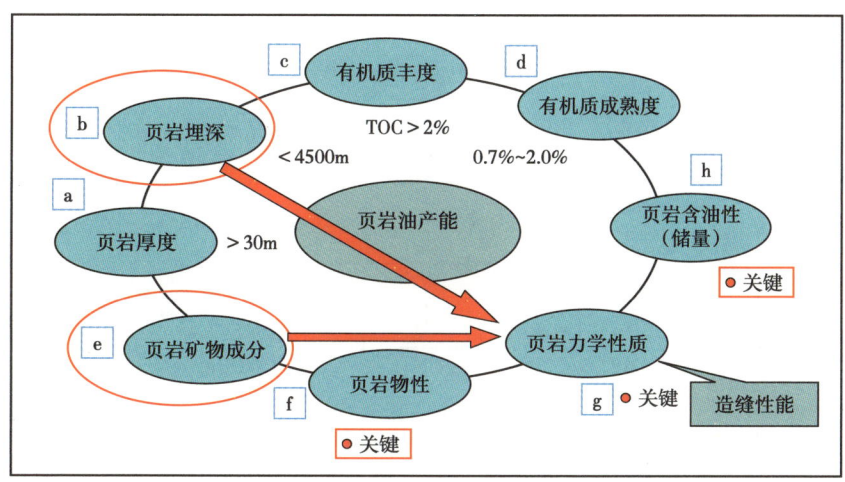

图 8-19 页岩油产能关键指标

剖析储层二维核磁测井响应特征，优选含油体积与可动孔隙度建立分类标准（图 8-20），将凉高山组页岩油分为三类（图 8-21）。

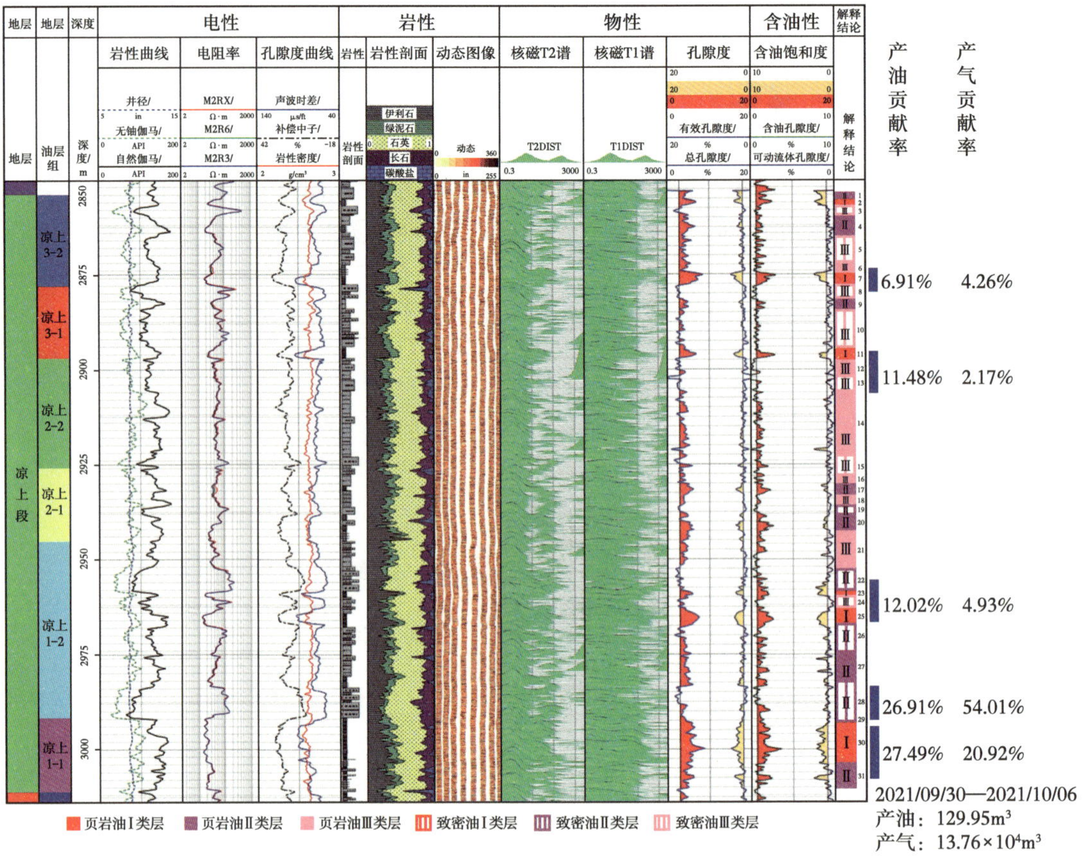

图 8-20 PA1 井不同参数与示踪剂产能关系图

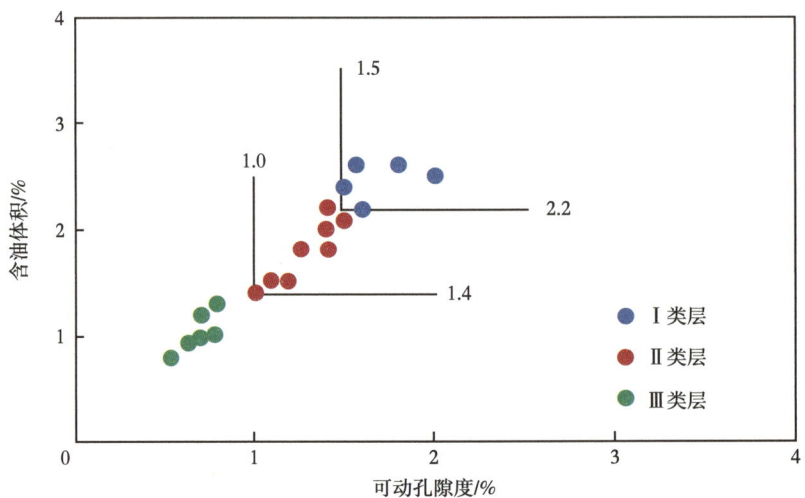

图 8-21 凉高山组页岩油分类图版

## 四、四川盆地侏罗系"甜点"地震预测

### （一）地震反射特征分析

通过对研究区的关键井开展井震精细标定，明确了侏罗系凉高山组凉上段厚层页岩顶界面对应强波谷反射特征，为上部高阻抗砂泥岩与下部低阻抗页岩形成的地震反射界面，底界面对应强波峰反射特征，为上部低阻抗页岩与下部高阻抗砂泥岩形成的地震反射界面；侏罗系大安寨段页岩顶界面对应强波谷反射特征，为上部高阻抗石灰岩与下部低阻抗页岩形成的地震反射界面，底界面为强波峰反射界面，为上部低阻抗页岩与下部高阻抗石灰岩和砂泥岩形成的地震反射界面；侏罗系东岳庙段由于整体地层厚度较薄，且受石灰岩夹层影响，页岩顶界面大致标定在弱波峰的位置，底界面对应强波峰反射特征，为上部低阻抗页岩与下部高阻抗石灰岩形成的地震反射界面。

### （二）岩石物理建模与分析

考虑页岩储层的不同孔隙类型，首先分别计算脆性矿物混合物与黏土、干酪根混合物的等效模量，并利用微分等效介质模型（DEM）计算岩石基质的等效弹性模量；其次利用DEM模型将不同孔隙混入岩石基质中得到干岩模型的等效弹性模量；再次利用Brie方程将流体进行混合得到混合流体的等效模量；最后利用Gassmann流体置换模型得到最终的饱和流体岩石的等效弹性模量。具体建模流程如图8-22所示。

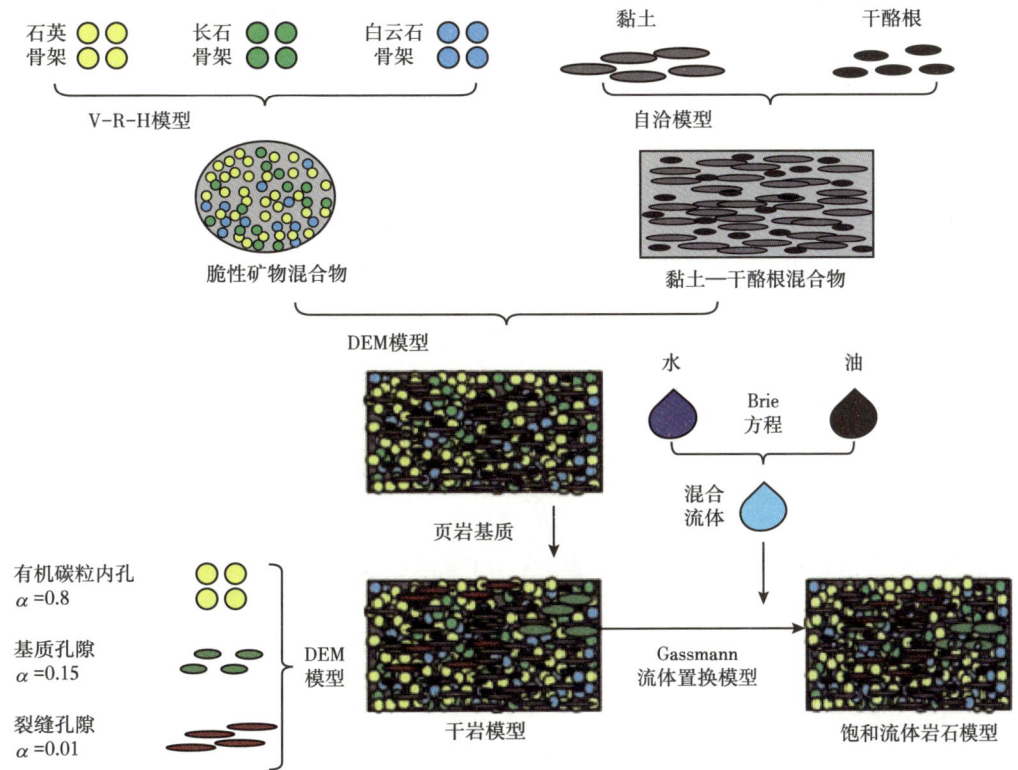

图8-22 富有机质泥页岩岩石物理建模流程

通过建立的岩石物理模型得到凉高山组页岩油的岩石物理量版，如图8-23所示。

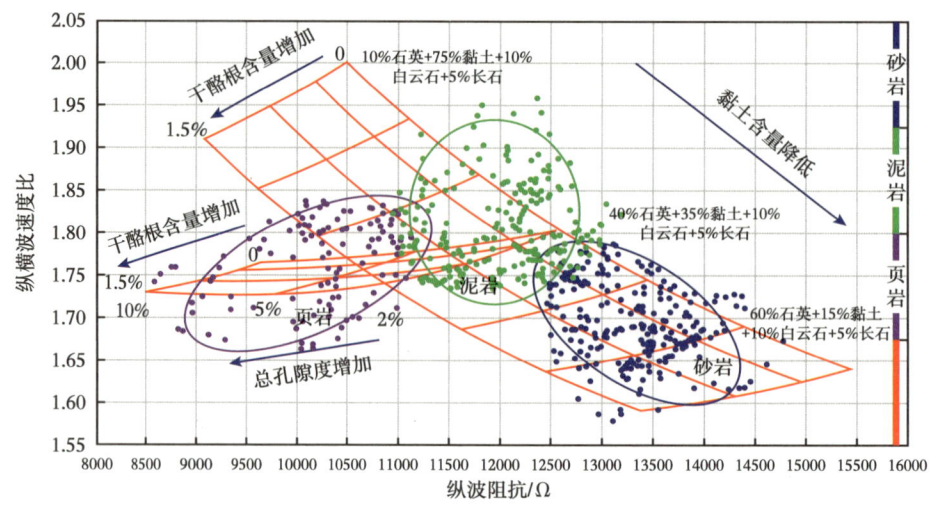

图8-23 凉高山组页岩油岩石物理量版

量版表明，页岩纵波阻抗低于砂、泥岩，随着干酪根含量和孔隙度的增加，页岩纵波阻抗和纵横波速度比减小，纵波阻抗是识别岩性的敏感参数，页岩的纵横波速度比与砂、泥岩存在严重叠置。

**（三）地震反演**

ThinMan谱反演技术可以解决在小于调谐厚度时的薄层预测问题，通过匹配追踪分频方法来获取局部频谱信息，最终输出的为反射系数序列，其视分辨率要远高于输入的地震数据，可以用来对薄储层进行精细描述和刻画，可分辨小于调谐厚度的薄层。ThinMan谱反演基于地震数据，无须井控，反演结果忠实于地震数据。

地震波形指示反演是一种新的高精度反演方法，它利用地震波形的横向变化信息表征储层的空间变化，其横向变化反映了储层空间的相变特征，与沉积环境相关，更符合沉积规律。利用地震波形空间变化信息约束井模拟，建立了地震反演和井协同模拟之外一种新的高分辨率储层预测方法——井震联合模拟，实现"相控"储层预测。与常规叠后反演方法相比，地震波形指示反演中的地震波形包含了储层的空间特征，垂向上岩性组合的调谐样式、横向上储层空间的相变特征，均与沉积环境密切相关，其发生变化时都会在地震波形上有所指示。

针对凉高山组岩性横向变化快、单层薄、常规反演难以有效识别的问题，以岩石物理分析为基础攻关形成三维岩相趋势约束叠前地质统计学反演，兼顾纵向分辨率和横向预测性，弹性参数反演结果与井曲线吻合好。图8-24分别为研究区目的层段利用常规叠前同时反演技术，以及基于三维岩相趋势约束的叠前地质统计学反演的纵波阻抗剖面，色标暖色代表低阻页岩，中间色代表泥岩，冷色代表高阻砂岩。基于三维岩相趋势约束的叠前地质统计学反演结果相对于常规叠前确定性反演结果纵向分辨率明显提高，通过与井上阻抗曲线对比，与井纵波阻抗曲线吻合较好，薄层分辨能力由常规叠前确定性反演所分辨储层的8m提高至3m。

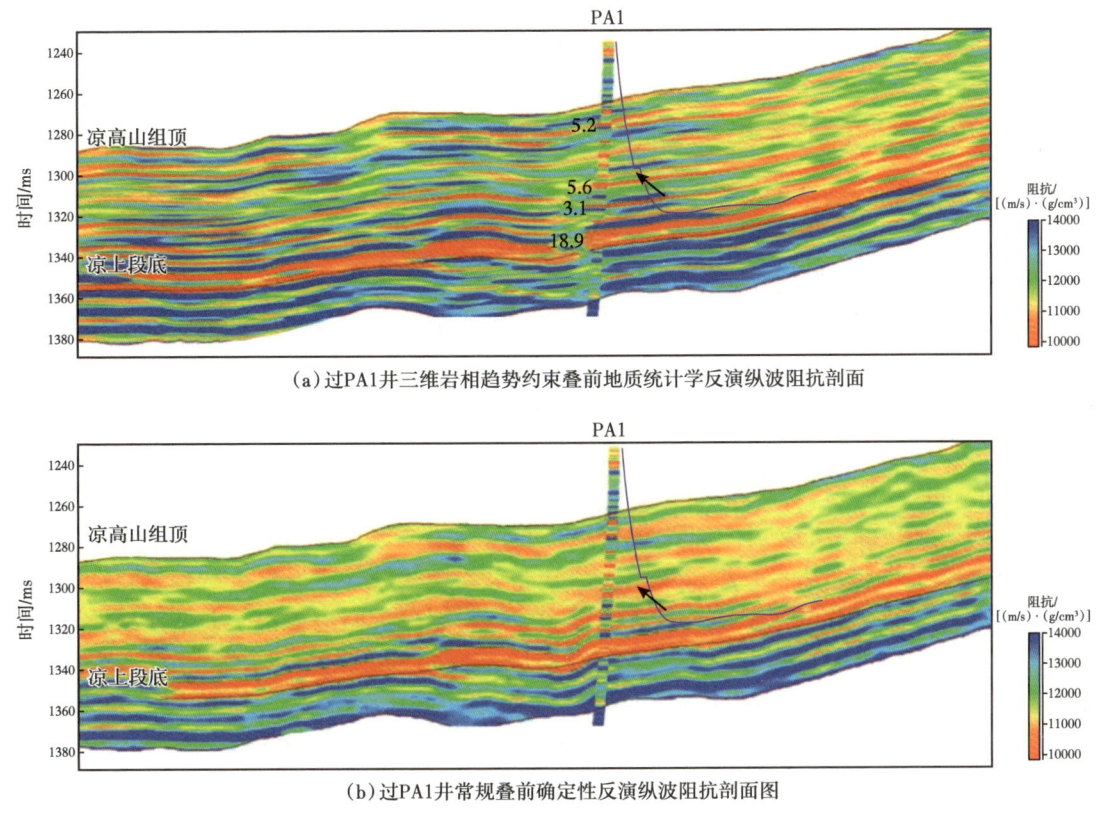

图 8-24 纵波阻抗反演剖面

### （四）页岩油"甜点"预测

基于岩石物理分析结果，利用地震反演得到的地震阻抗数据体，按照阻抗的岩性门槛值开展侏罗系页岩油的岩性预测，预测结果表明侏罗系凉高山组、大安寨段和东岳庙段三套页岩横向分布连续稳定。

基于孔隙度、TOC与阻抗较好的线性回归关系，利用地震反演得到的地震阻抗数据体，按照回归关系式开展侏罗系页岩油的孔隙度和TOC的预测，实现了井震结合的孔隙度与TOC的预测。

烃源岩的脆性指数是评价页岩油"甜点"的重要工程参数。高脆性指数反映页岩易于破裂。大量研究表明，脆性指数高的页岩表现为高杨氏模量、低泊松比的弹性特征。因此，基于高精度叠前弹性参数反演得到的杨氏模量与泊松比数据体，采用弹性参数法计算侏罗系页岩油的脆性，实现了井震约束条件下的脆性指数地震预测。

利用地震相干体、曲率体，以及蚂蚁体等叠后地震属性开展裂缝预测。地震相干体主要是应用地震道间的波形差异性来进行裂缝预测；曲率代表了地层的构造变形程度，曲率值越大，岩石地层变形程度越厉害，产生裂缝的概率也就越大；蚂蚁追踪技术是通过人工蚂蚁智能群体间的信息传递达到全局寻优目的，发现满足预设断裂条件时对其进行追踪，直到完成该断裂的识别；综合应用这些方法，结合地质认识，开展侏罗系页岩油的小断裂及大尺度裂缝的预测。

## 第二节 页岩油气资源评价技术

### 一、四川盆地侏罗系页岩油评价参数

以精细岩相划分为基础，系统开展页岩油储层四性评价研究，初步明确高有机质纹层状长英质具有"三高一好、两缝发育"的特征，即有机质丰度高、核磁大孔占比高、含油量高、脆性好，生烃超压孔缝发育、页理缝发育，缝网体系为油气提供储集空间。

受沉积环境影响，侏罗系三套页岩油层在矿物组分、沉积构造、有机质富集程度表现出不同的特征，为精细评价不同井段的"甜点"品质，需要开展精细的岩相划分。

泥页岩成分复杂，岩相划分方案已有较多文献发表，但尚未统一。考虑到泥页岩既是烃源岩也是储层，有机质含量往往具有重要比例，在对泥页岩岩相划分时，需要重视有机质含量的特征。泥页岩的命名也一直存在争议，比如黏土岩、泥岩、页岩、泥质岩等概念并不明确，存在混淆的现象。如果能根据岩石矿物组成进行命名，也许能减少不同概念间的混用现象。此外，从岩心观察发现，部分泥页岩中纹理异常发育。这种岩石构造的特征对于泥页岩含油性及可压裂性具有重要影响，在岩相分类时应该给予关注。因此，本研究主要从岩石构造、有机质含量、无机矿物组成三方面考虑，采用"四组分三端元"分类方法，对泥页岩层系进行岩相划分。四组分指黏土矿物组分、硅质（或长英质）矿物组分（石英+长石）、钙质矿物组分（碳酸盐岩）和混合质组分；三端元指黏土质、硅质、钙质。值得注意的是该岩相划分方案仅限用于页岩（图8-25）。

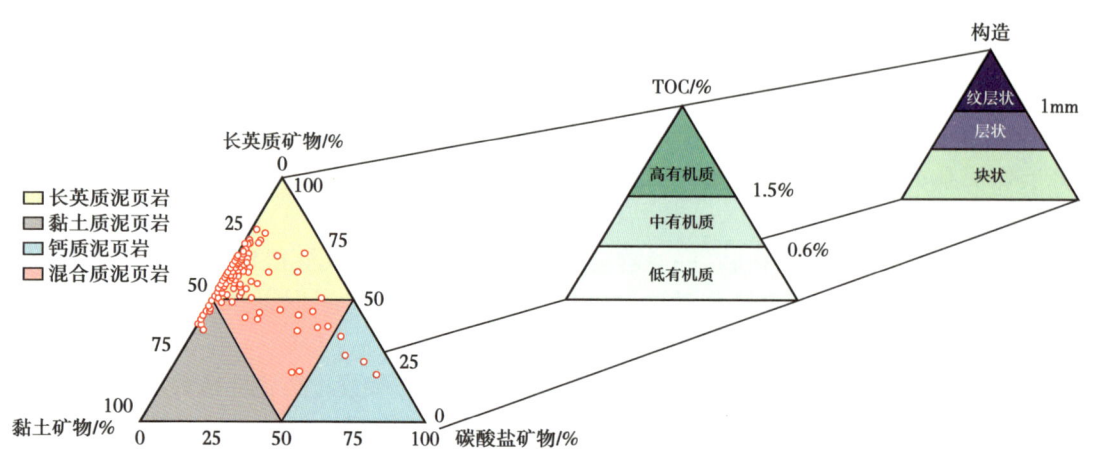

图8-25　四川盆地侏罗系页岩岩相分类方案

有机质丰度：岩石中有机质是油气生成的物质基础，其含量高低对烃源岩评价有着直接影响。只有当岩石中的有机质含量达到一定界限时，才可能生成具有工业价值的油气，成为有效烃源岩。而有机质丰度是评价烃源岩生烃潜力的重要参数。目前常用的有机质丰度指标主要有有机碳含量（TOC）、岩石热解参数 $P_g$（$S_1+S_2$）、氯仿沥青"A"等。而直接反应油气的富集性的参数是 $S_1$ 与氯仿沥青"A"。考虑到 C 元素一般占有机质的绝大部分，且含量相对稳定，故残余有机碳（TOC）一直被认为是反映有机质丰度的最好的指标，而

$S_1$、氯仿沥青"A"与TOC有良好的相关关系。

卢双舫等基于$S_1$、氯仿沥青"A"与TOC的相关性中表现出的"三分性",提出了页岩油气资源可分为富集资源(饱和资源)、分散资源(无效资源)、欠饱和资源(低效资源)的分类方法。从含油性与有机质丰度关系图还能确定沙三段页岩油资源分级评价相应的$S_1$和氯仿沥青"A"界限标准。本次以研究区侏罗系凉高山组泥页岩为研究对象,建立$S_1$与TOC间关系,发现$S_1$随TOC的增大表现出明显的三段性特征(图8-26):当TOC较高(≥1.5%)时,$S_1$为相对稳定的高值;当TOC较低(<0.6%)时,$S_1$保持稳定低值;当TOC为0.6%~1.5%时,$S_1$则呈现明显的上升趋势。由此可推测:(1)稳定高值段表示当有机质的丰度达到一定的临界值(这里为1.5%)时,所生成的油量总体上已能够满足页岩各种形式的残留需要,丰度更高时页岩含油量达到饱和,多余的油被排出。显然,这类页岩的含油量最为丰富,是近期页岩油评价和勘探的最现实的对象,称之为富集资源或饱和资源。(2)在稳定低值段,由于有机质丰度低,生成的油量还难以满足页岩自身残留的需要,因此含油量还很低。这类页岩近期不宜开采,由于其油量少且分散,以游离态分布于烃源岩孔隙中或吸附于有机质表面,也许永远也难以被经济有效地开发,故称之为分散资源,或者无效资源。(3)介于其间的上升段的页岩含油量居中,待未来技术进一步发展后才有望成为开发对象,称之为低效资源(或欠饱和资源、潜在资源)。然而,研究区凉高山组泥页岩的TOC相较于我国松辽盆地古龙凹陷青一段、东营凹陷沙河街组、鄂尔多斯盆地延长组长7段泥页岩层系的TOC偏低,整体范围分布较窄,考虑到对有机质丰度划分太细可能对后续岩相类型划分对比差异性效果较差等问题。本次研究根据TOC含量将营山—仪陇—平昌地区侏罗系凉高山组泥页岩划分为富有机质(TOC≥1.5%)和含有机质泥页岩(TOC<1.5%)。

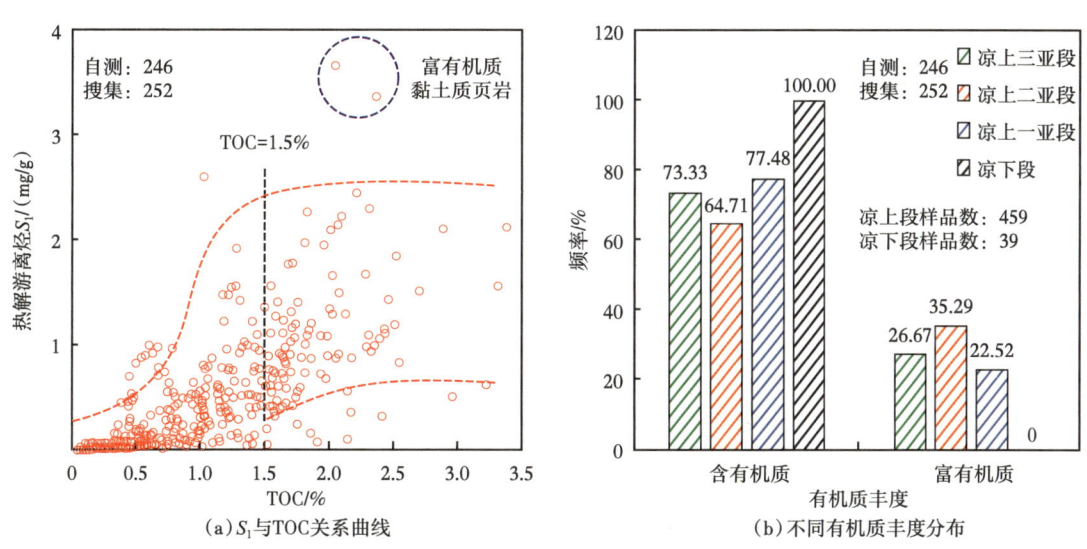

图8-26 研究区岩石热解$S_1$与TOC关系与不同有机质丰度占比

岩石构造:通过岩心观察和显微镜鉴定,确定层理厚度并划分泥页岩的宏观构造类型。

根据单层发育厚度,将泥页岩分为纹层状、层状和块状,其中块状构造层理不发育,单层厚度 1~10mm 为层状,单层厚度小于 1mm 为纹层状。纹层状、层状构造的岩石命名为页岩,而块状构造的岩石命名为泥岩,不同岩石构造类型在光学显微镜下特征如图 8-27 所示。

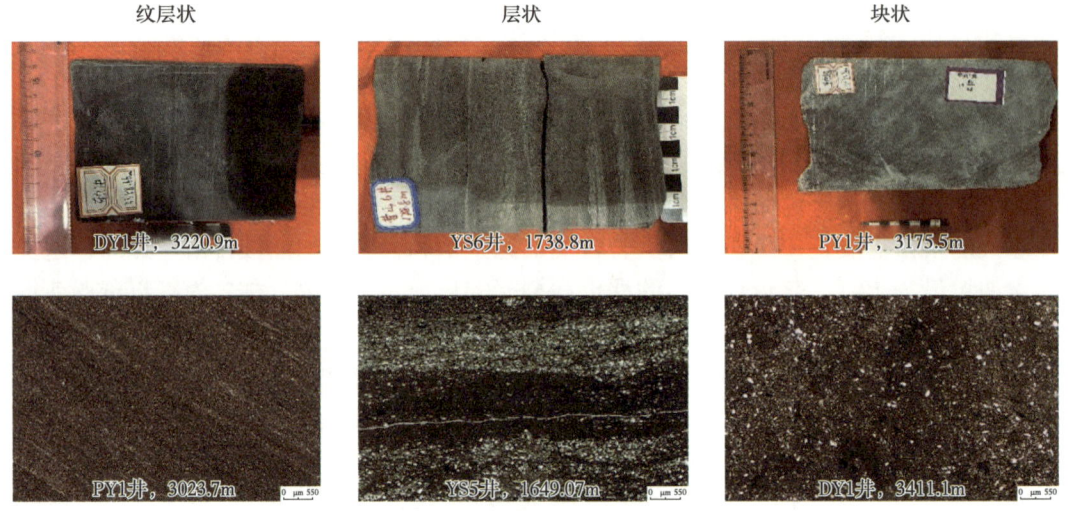

图 8-27 页岩构造划分示意图

在明确研究区侏罗系凉高山组泥页岩普遍发育纹层状、层状、块状构造基础上,通过对研究区 8 口井岩石构造进行统计,明确侏罗系凉高山组泥页岩构造以纹层状发育为主,占所有岩石类型的 47.46%,块状构造类型发育次之,其含量约 32.77%,而层状发育为 14.69%。其他岩性,包括砂岩、石灰岩的岩石构造均为块状类型,占所有岩石类型的比例分别为 2.82% 和 2.26%(图 8-28)。

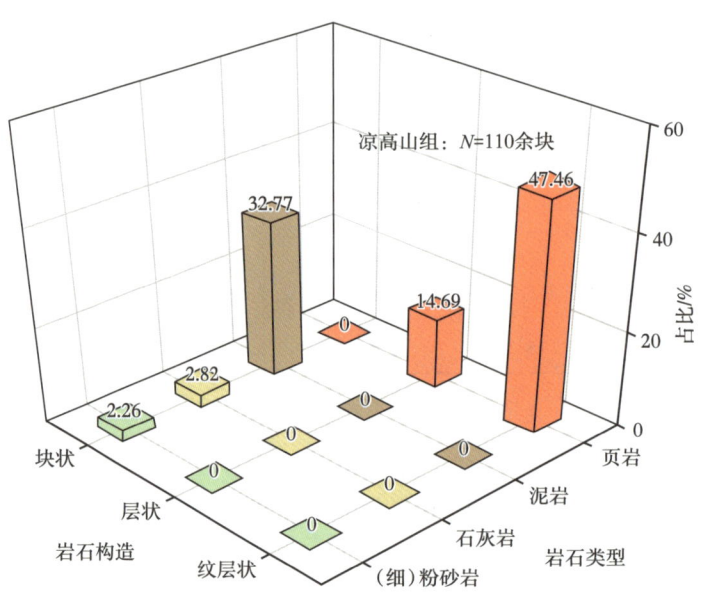

图 8-28 侏罗系凉高山组岩石构造类型发育占比

无机矿物组成：从岩心和薄片观察，发现侏罗系凉高山组页岩存在明显的颜色（常见黑色、灰黑色、褐色、灰色等）、沉积构造、矿物组分的变化，发育"硅质—黏土质"二元纹层结构组合特征。通过镜下薄片鉴定和全岩矿物 XRD 分析结果，得到泥页岩的全岩矿物组成。根据黏土矿物、硅质矿物（石英＋长石）和钙质矿物（方解石＋白云石）的相对含量对泥页岩划分岩石类型。对于细粒混合沉积岩岩相划分方案现已成熟，其中矿物组成划分过程中充分考虑混合特征，将泥页岩中每一种组分含量均不超过 50% 的部分考虑在"四组分三端元"分类方法中，进而划分 4 种页岩的岩石类型：黏土质泥页岩、混合质泥页岩、长英质泥页岩、石灰岩。然而，进一步考虑其他岩石类型，根据矿物组分及页理是否发育建立了凉高山组岩石类型划分方案，一共可划分出 12 小类岩石类型，通过将泥质粉砂岩和（细）粉砂岩合并为（细）粉砂岩，将泥质灰岩和石灰岩合并为石灰岩，共 10 大类岩石类型，其中泥岩与页岩以页理是否发育进行区分，具体的岩石类型划分方案可详见表 8-2 和图 8-29。

表 8-2 凉高山组岩石类型划分方案

| 矿物组分质量分数 /% | | 构造 | 岩石类型（小类） | 岩石类型（大类） |
|---|---|---|---|---|
| 黏土矿物 ≥ 50 | | 块状 | 黏土质泥岩 | 黏土质泥岩 |
| | | 页理 | 黏土质页岩 | 黏土质页岩 |
| 黏土矿物 < 50，长英质矿物 <50，碳酸盐矿物 < 50 | | 块状 | 混合质泥岩 | 混合质泥岩 |
| | | 页理 | 混合质页岩 | 混合质页岩 |
| 75 > 长英质矿物 ≥ 50 | 黏土矿物 ≥ 25 | 块状 | 粉砂质泥岩 | 粉砂质泥岩 |
| | | 页理 | 长英质页岩 | 长英质页岩 |
| | 黏土矿物 < 25 | — | 泥质粉砂岩 | （细）粉砂岩 |
| 长英质矿物 ≥ 75 | | — | （细）粉砂岩 | |
| 75 > 碳酸盐矿物 ≥ 50 | 黏土矿物 ≥ 25 | 块状 | 灰质泥岩 | 灰质泥岩 |
| | | 页理 | 灰质页岩 | 灰质页岩 |
| | 黏土矿物 < 25 | — | 泥质灰岩 | 石灰岩 |
| 碳酸盐矿物 ≥ 75 | | — | 石灰岩 | |

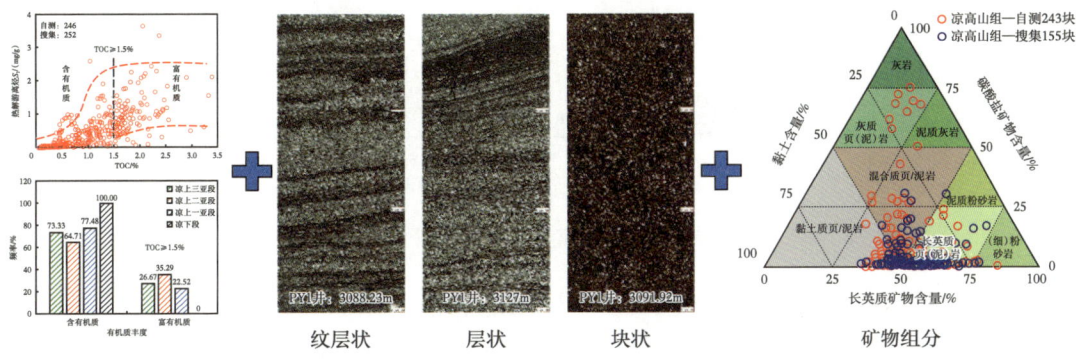

图 8-29 凉高山组岩相划分方法

根据"有机质丰度+岩石构造+无机矿物组分"相结合的方法划分及命名泥页岩的岩相类型。首先根据TOC含量定名为富有机质、含有机质，写在岩相命名的最前面，其次根据岩石构造类型分为纹层状、层状和块状，命名时将岩石构造类型放置于有机质含量后面。根据岩石矿物组成，将岩石类型分为4个主要类别，排列至岩石构造类型之后。最后根据岩石构造分类，若宏观构造为纹层状和层状，则定名为页岩，若宏观构造为块状，则定名为泥岩，命名在岩相名字的最后面。侏罗系发育八种岩相类型，分别为高有机质纹层状黏土质页岩、高有机质纹层状长英质页岩、中有机质层状长英质页岩、低有机质块状泥质粉砂岩、高有机质纹层状钙质页岩、中有机质层状钙质页岩、高有机质纹层状混合质页岩、块状粉细砂岩。其中凉高山组主要发育四种岩相类型，分别为高有机质纹层状长英质页岩、中有机质层状长英质页岩、低有机质块状泥质粉砂岩和块状粉细砂岩，自流井组主要发育4种岩相类型，分别为高有机质纹层状黏土质页岩、高有机质纹层状钙质页岩、中有机质层状钙质页岩和高有机质纹层状混合质页岩。开展PY1井、YY1井和PA1井岩相划分，根据岩相划分结果，建立岩相划分参数测井解释模型（图8-30和图8-31）。

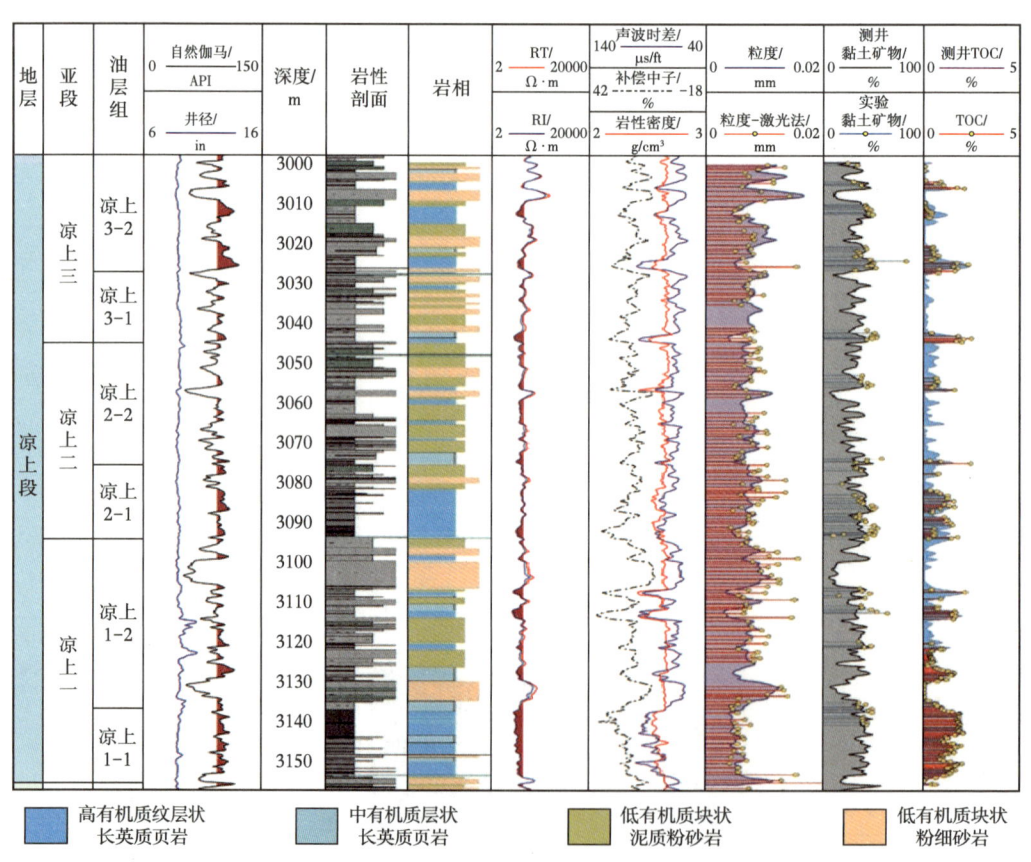

图8-30　PY1井凉上段岩相划分柱状图

在单井划分岩相类型的基础上，进一步探讨研究区有利岩相平面分布。通过统计营山—仪陇—平昌地区侏罗系凉高山组单井有利岩相类型发育厚度，绘制有利岩相等值线图，进而确定有利岩相平面分布特征（图8-32）。

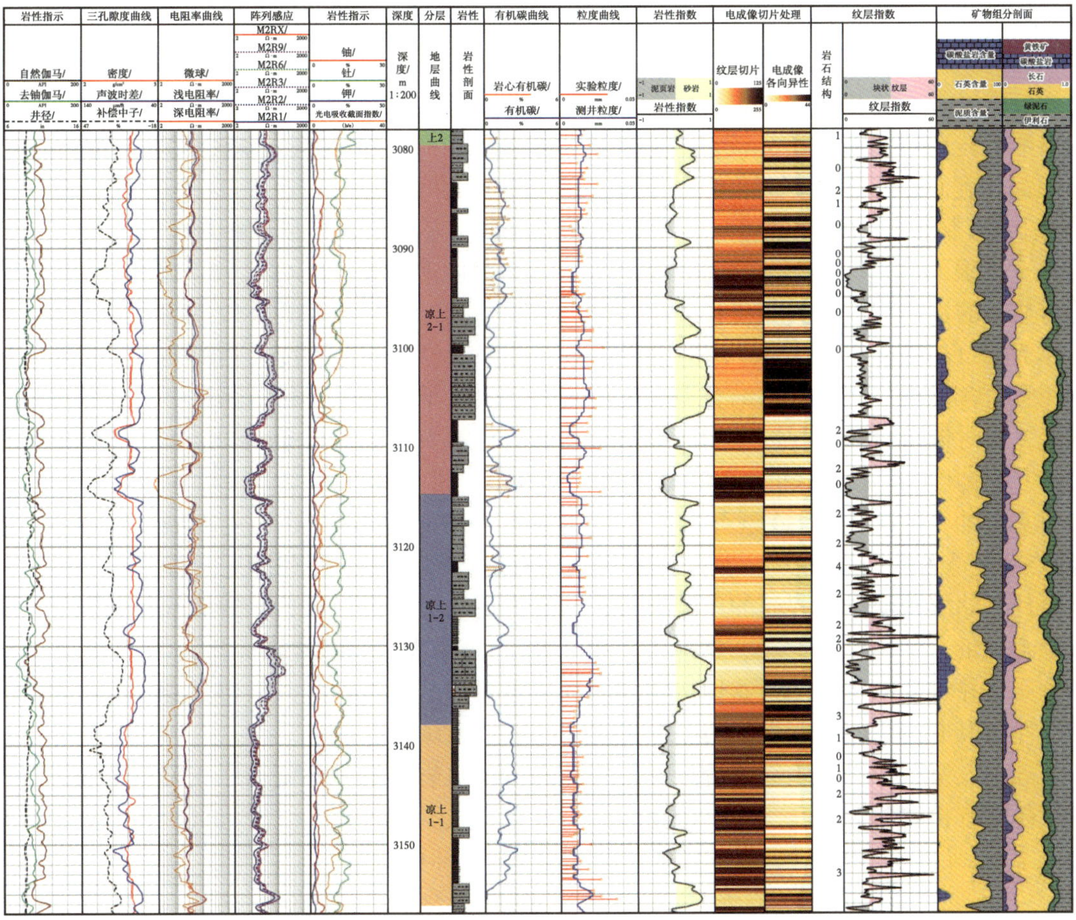

图 8-31 PY1 井凉上段岩相参数测井解释成果图

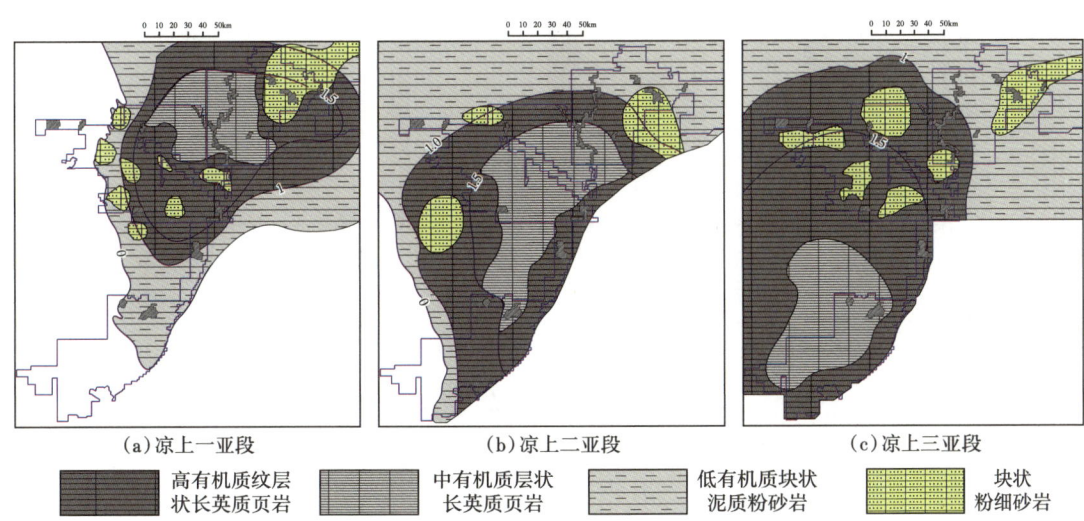

(a) 凉上一亚段　　(b) 凉上二亚段　　(c) 凉上三亚段

高有机质纹层状长英质页岩　　中有机质层状长英质页岩　　低有机质块状泥质粉砂岩　　块状粉细砂岩

图 8-32 凉高山组细分亚段岩相分布平面图

持续攻关页岩油有利区分布研究，构建岩相、页岩厚度、有机质成熟度、压力系数"四要素"叠加的页岩油评价方法，落实平昌地区为勘探首选目标和储量提交区。

目前，应用于页岩油"甜点"预测的方法主要有多参数平面叠合法，模糊优化法以及因子分析法等。这些方法主要是分析泥页岩储层的地质背景、地球化学特征、组成及其物性参数等，采用的评价指标较多，包括镜质组反射率（$R_o$）、有机碳（TOC）、孔隙度（$\phi$）、含油饱和度（$S_o$）、游离烃量（$S_1$）、泥页岩厚度（$H$）、含油性指数（$S_1$/TOC×100）、渗透率（$K$）、岩石脆性及力学参数等。其中，镜质组反射率是反映成熟度的指标，其决定了特定类型干酪根的转化率及其生成油的组成、密度/黏度等特征；TOC反映了泥页岩/烃源岩的有机质的富集程度，其除了作为生烃潜力的评价指标外，因其具有较高的吸附烃的能力亦作为泥页岩吸附/滞留烃评价的重要参数；孔隙度、含油饱和度、热解烃量一般用于评价泥页岩含油量的高低，并结合泥页岩厚度进行页岩油资源量评估；因泥页岩储层渗透率极低，需对储层进行大规模水力压裂造缝增渗，而泥页岩的可压裂性与岩石的脆性矿物含量和断裂韧性（代表裂缝扩展能力）有关。

页岩油"甜点"区应该是页岩油可动量高且泥页岩储层易于压裂的区域，即既是可动"甜点"又是可压裂"甜点"。其中，页岩油可动量受页岩含油性和储层物性影响，即与地质条件下储层内流体与井筒的压差有关，其最大可动量可近似认为是游离油量。因此，本节综合评价含油性、弹性能、物性、工程"甜点"，综合多个因素指标预测"甜点"的有利区分布，并将其应用于四川盆地侏罗系凉高山组页岩油重点井位并指出其潜在的页岩油有利层段，以期为研究区页岩油的勘探提供新的思路和认识。

通过大量的分析化验结果统计，发现凉高山组页岩有机质丰度与岩相关系密切，纹层密度越高有机碳含量越高，黏土矿物含量越高有机质含量越高，纹层状页岩具有更高的有机质丰度，层状页岩次之，块状泥质粉砂岩最差（图8-33）。

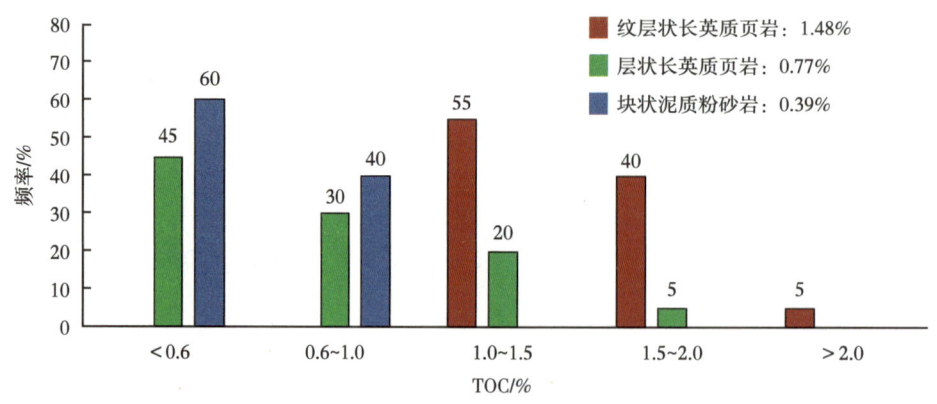

图 8-33　凉高山组不同岩相页岩 TOC 频率分布直方图

储集性能亦受控于岩相，高有机质纹层状长英质页岩相对于富有机质纹层状黏土质、含有机质纹层状黏土质页岩颜色较浅，长英质矿物含量较高，矿物颗粒更大，粒间孔更发育，孔隙度高，且页理缝密度大。中有机质层状长英质页岩的颜色以灰黑色与灰白色交替显示，长英质矿物含量高，单层厚度较高有机质纹层状长英质页岩大，孔隙度略高于高有机质纹层状长英质页岩，但页理缝发育频率低，总体来看物性较高有机质纹层状长英质页岩差。低有机质泥质粉砂岩和粉砂质泥岩相较于其他页岩岩相差异更为显著，整体更加致密。颗粒结构杂乱，呈块状构造，刚性颗粒之间多为线接触。长英质颗粒之间被黏土矿物充填，有机质多为"死碳"，有机孔不发育，物性最差（图8-34）。

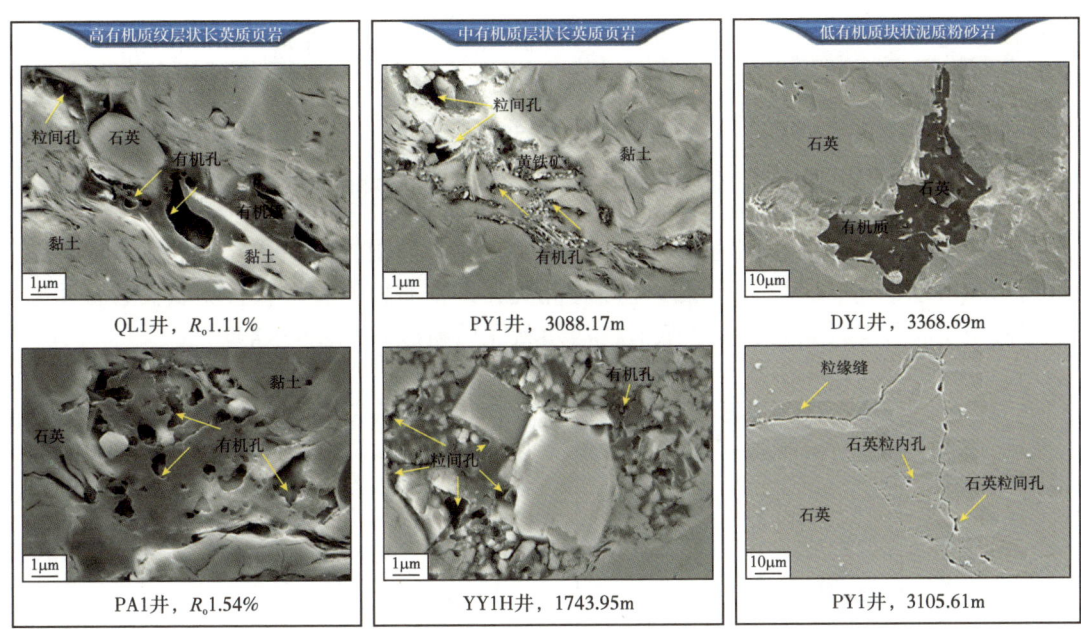

图8-34　凉高山组不同岩相扫面电镜储集空间结构图

通过低温氮气吸附法所测得的泥页岩不同粒径对应的DFT孔径分布可见（图8-35）。不同岩相的氮气吸附孔体积分布曲线差异明显，不难看出，富有机质纹层状黏土质页岩相的孔体积最大，中等有机质纹层状长英质页岩相的孔体积次之，块状泥质粉砂岩相孔体积最小，主要因块状混杂沉积影响，岩性颗粒间致密化严重。

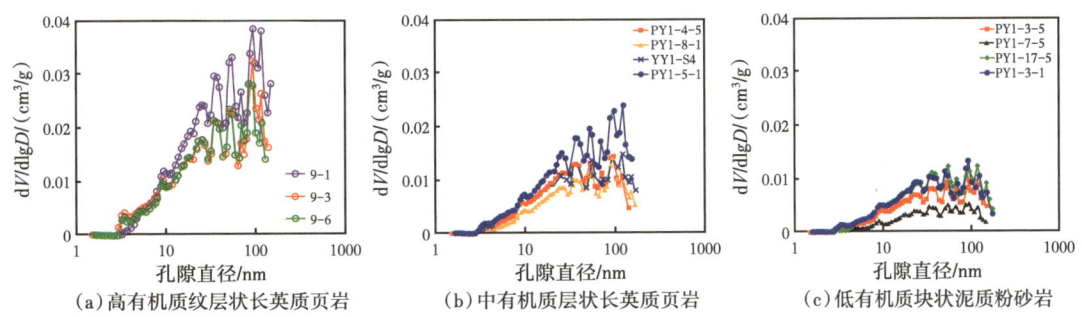

图8-35　侏罗系凉高山组岩石氮气吸附孔径分布曲线

从岩心核磁扫描$T_2$谱计算同样可以看出（图8-36），高有机质纹层状长英质页岩孔隙体积最大，孔隙度3%~6%，中有机质层状长英质页岩次之，孔隙度为1%~3.5%，低有机质块状泥质粉砂岩最差，孔隙度仅为0.5%~2.5%。

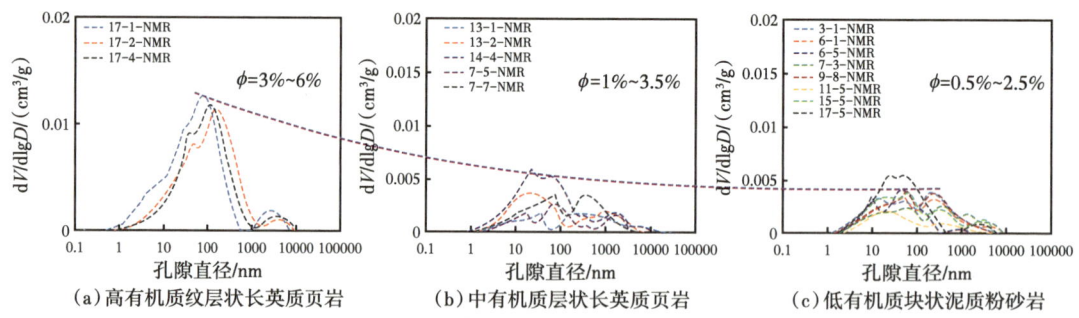

图 8-36 不同岩相岩心核磁扫描 $T_2$ 谱孔体积分布图

应用二维核磁,针对不同岩相页岩含油率测定可以看出,无论是岩石的总含油率,还是游离油和可动油含量,均与孔隙度呈现正相关,即富有机质纹层状长英质页岩含油率大于中有机质层状长英质页岩,大于低有机质块状泥质粉砂岩(图 8-37)。

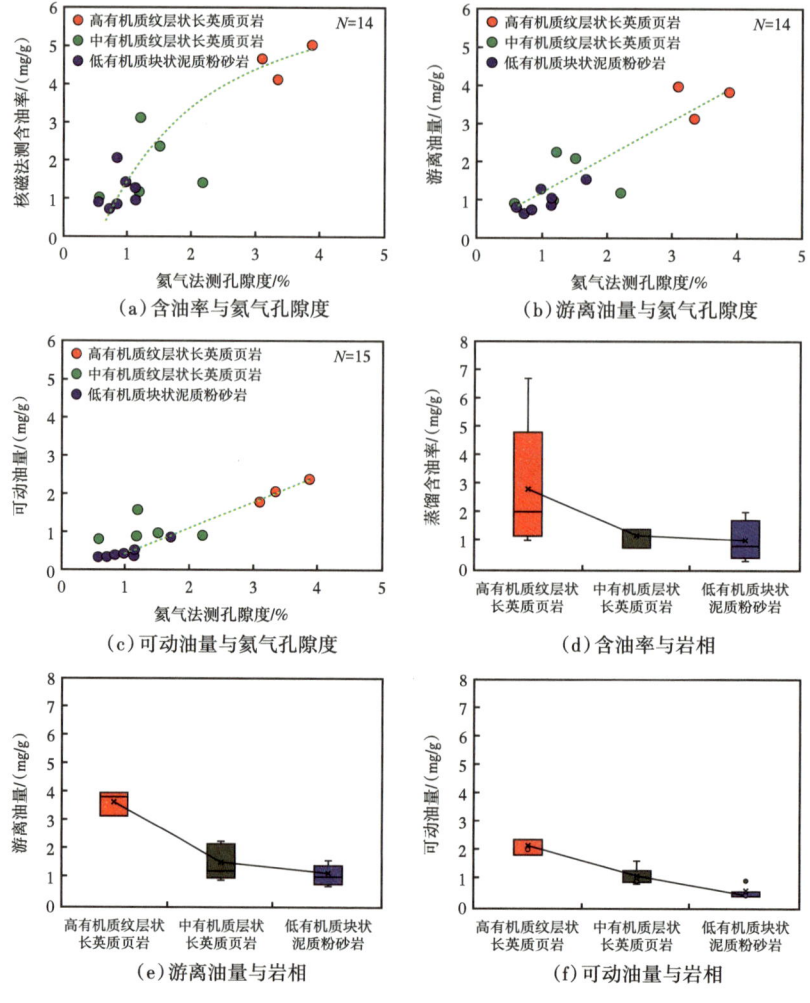

图 8-37 不同岩相岩石含油率测量结果图

可压性方面，凉高山组整体脆性矿物含量较高，石英、碳酸盐和斜长石累加量均大于50%（图8-38），具有较好的可压性。

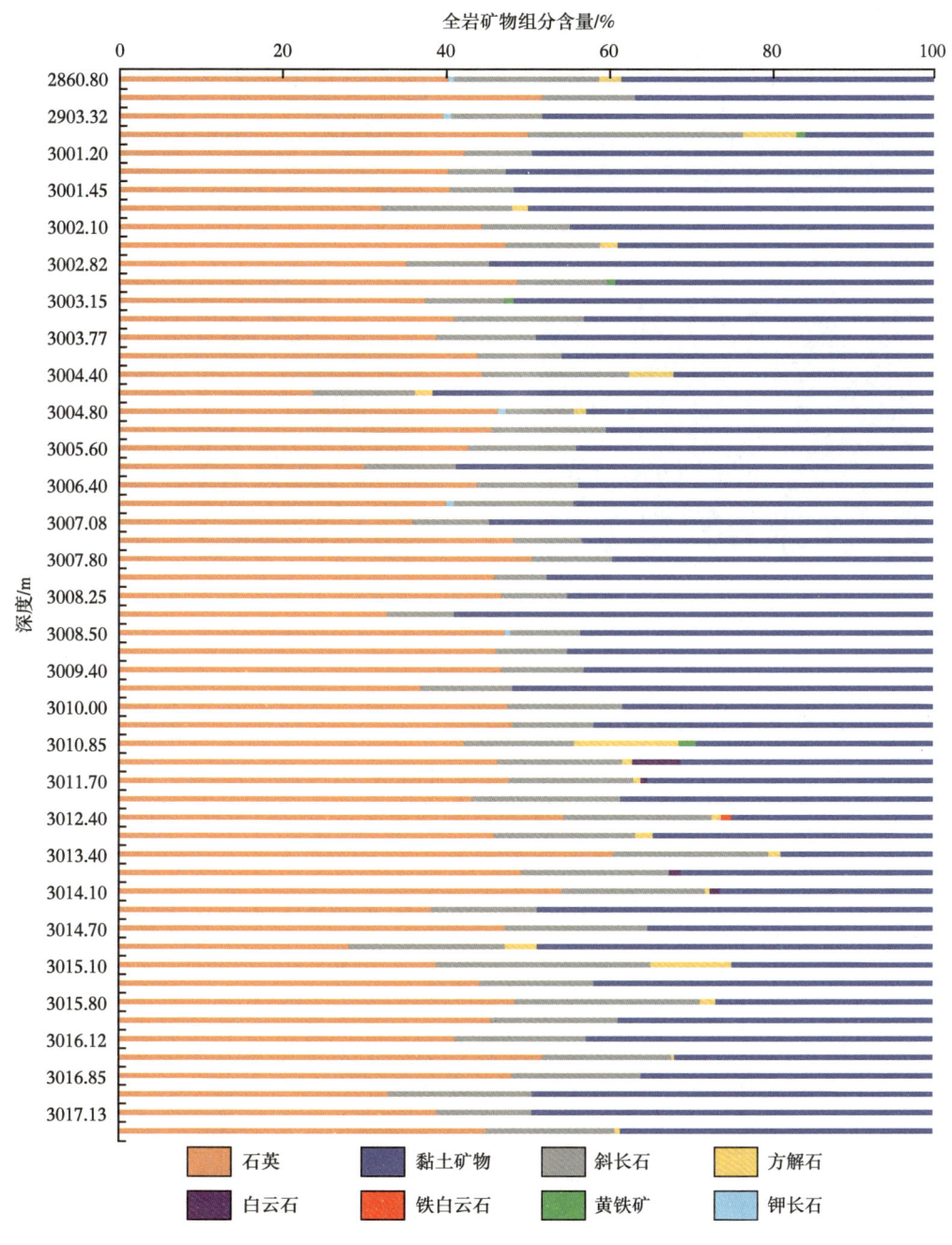

图8-38 PA1井全岩矿物含量条形图

纹层状长英质页岩因其纹层密度，页理缝密度也随之增大，加之后期构造活动，形成了高度发达的复杂缝网，有利于压裂改造（图8-39）。

(a)PA1井，3006.67m，灰黑色页岩，网状缝

(b)YQ1井，1421.6m，灰黑色页岩，页理缝

(c)PY1井，3019.7m，灰黑色页岩，页理缝

(d)YS6井，1717.74m，灰黑色页岩，网状缝

图 8-39　凉高山组高有机质纹层状长英质页岩典型井岩心照片

## 二、四川盆地侏罗系页岩油评价标准

纵向上"甜点"段的评价，主要考虑岩相及其厚度，优选页岩厚度、原始 TOC、孔隙度、$R_o$ 和脆性矿物含量作为量化参数，根据盆地内实钻井的生产状况，初步形成评价标准（表 8-3）。

表 8-3　川渝探区侏罗系页岩"甜点"层地质评价标准

| 参数 | Ⅰ类 | Ⅱ类 | Ⅲ类 |
| --- | --- | --- | --- |
| 页岩厚度 /m | >10 | 5~10 | <5 |
| 原始 TOC/% | >1.5 | 1.0~1.5 | <1.0 |
| 总孔隙度 /% | >5 | 3~5 | <3 |
| $R_o$/% | >1.2 | 1.0~1.2 | 0.5~1.0 |
| 脆性矿物含量 /% | >50 | 40~50 | <40 |

大庆川渝探区凉高山组纵向发育三套Ⅰ类"甜点"段，分别发育在凉上 1-1、凉上 2-1 和凉上 3-2 油层组（图 8-40）。在平昌区块，凉上 1-1、凉上 2-1 油层Ⅰ类"甜点"厚度大，优势岩相占比高，为优先动用层系（图 8-41）。

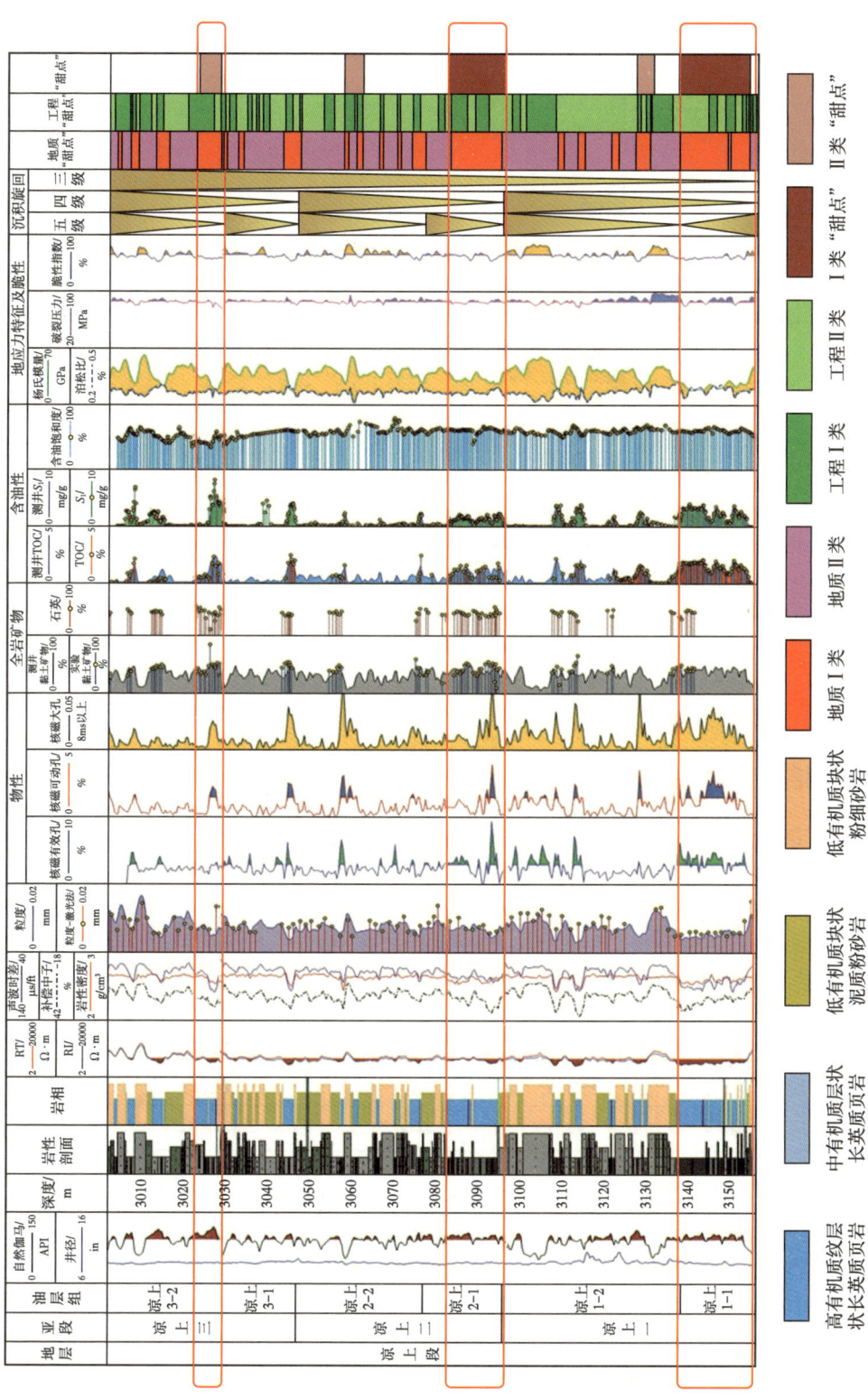

图 8-40　PY1 井"甜点"综合评价柱状图

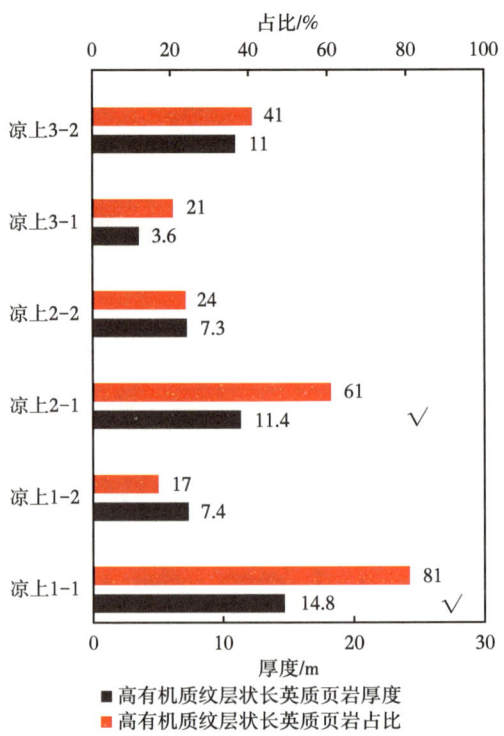

图 8-41　PY1 井优势岩相统计图

## 三、四川盆地侏罗系资源评价

页岩生烃过程一方面受温度、压力等客观条件控制，另一方面还受其自身有机质来源及组成影响，为了研究侏罗系页岩生排烃特征，分别开展了低熟页岩热模拟实验和开放体系热解生烃实验。

为了研究侏罗系页岩的生排烃模式，选用黄钦剖面凉高山组的野外露头样品，开展了封闭体系含水高温高压热模拟实验，样品信息见表 8-4。

表 8-4　黄钦剖面 6-16# 野外露头样品地球化学信息

| 层位 | 岩性 | TOC/% | $S_1$/(mg/g) | $S_2$/(mg/g) | $R_o$/% |
| --- | --- | --- | --- | --- | --- |
| 凉高山组 | 黑色页岩 | 1.85 | 0.27 | 6.79 | 0.80 |

实验共设置 5 个热模拟温度点：300℃、350℃、375℃、400℃、425℃。将样品处理成较为均质的小块状并充分混匀，尽量减小非均质性影响，水稍润湿后分为 5 份。首先，将 5 份样品同时加热至 300℃ 并恒温 24h，而后取出第 1 样品并收集产物进行产物分析，其余 4 份样品升至第二个温度点 350℃，继续恒温加热 24h，然后取出第 2 份样品并收集产物进行产物分析，依次类推，直至最后一份样品取出并完成产物分析。

从含水高温热模拟实验结果来看（图 8-42），油气生排烃演化过程分为三个阶段：第一阶段为 350℃ 之前，为生油阶段早期，干酪根首先转化成沥青，沥青又进一步转化成油排出，同时生成少量气。该阶段总的生排油量相对较低，排油效率也较低。第二阶段为350~375℃，为大量生排油阶段，残余油量在350℃时达到最大，总生油量和排出油量在375℃达到高峰，通常残留油以吸附油状态为主，吸附油在较高成熟度下发生裂解转化为游离油，从而导致残留油先于总生油量和排出油量达到高峰，此阶段气的产出略有升高，排烃效率迅速增大。第三阶段为大于375℃之后，为生排油晚期裂解大量生气阶段，此时总生油量、排出油量均开始下降，生气量明显增加，反映生成的油开始裂解成气，排油效率相对稳定在60%附近。

总的来说，页岩在350℃时（$R_o$ 约为1.03%）残留油量达到最大，在375℃时（$R_o$ 约为1.19%）总生油量和排出油量达到最大，400℃（$R_o$ 为1.52%）以后开始大量裂解生气；残留油以吸附状态为主，吸附油在较高成熟度下发生裂解转化为游离油，从而导致残留油先于总油和排出油量达到高峰。

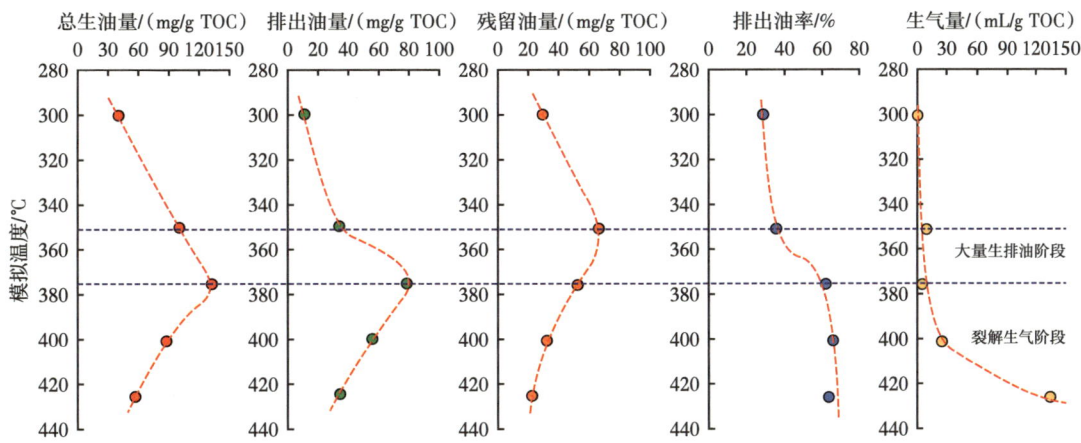

图 8-42 仪陇—平昌区块凉高山组页岩高温高压含水热模拟实验产物产率变化图

在建立地质模型的基础上，模拟埋藏史和热史，采用三维盆地模拟技术，对整个大庆探区的侏罗系三套页岩的生烃能力进行了定量评价，其中，针对仪陇—平昌地区凉上段页岩，开展了细分层、TOC 分级的生烃能力精细评价，并绘制完成了侏罗系三套页岩和仪陇—平昌地区凉上段各细分层段的生油强度和生气强度分布图。

通过盆模法细分层、TOC 分级精细评价计算仪陇—平昌地区凉上段总生油量为 $76.21 \times 10^8$ t，其中 TOC 大于 1% 优质页岩生油量为 $59.5 \times 10^8$ t，占比达 78%，总生气量 $2.3 \times 10^{12}$ m³；从细分层贡献来看，凉上 2-1 小层和凉上 1-1 小层页岩生油量贡献较大，从杆状图上可以更直观地看到各细分层页岩的生烃能力的大小（表 8-5 和图 8-43）。

表 8-5 仪陇—平昌区块凉高山组页岩细分层分级评价生烃量统计表

| 层位 | TOC 区间 | 生油量 /10⁶t | | 生气量 /10⁸m³ | |
| --- | --- | --- | --- | --- | --- |
| | | 平昌—万源 | 仪陇—营山 | 平昌—万源 | 仪陇—营山 |
| 凉上 3-2 | TOC > 1% | 308.7 | 575.5 | 1075.4 | 1068.7 |
| | 0.5% < TOC ≤ 1% | 35.1 | 96.5 | 236.4 | 404.6 |

续表

| 层位 | TOC 区间 | 生油量 /10⁶t | | 生气量 /10⁸m³ | |
|---|---|---|---|---|---|
| | | 平昌—万源 | 仪陇—营山 | 平昌—万源 | 仪陇—营山 |
| 凉上 3-1 | TOC＞1% | 338.6 | 634.1 | 1219.0 | 1212.0 |
| | 0.5%＜TOC≤1% | 58.2 | 133.6 | 407.0 | 558.7 |
| 凉上 2-2 | TOC＞1% | 58.9 | 281.2 | 208.7 | 521.4 |
| | 0.5%＜TOC≤1% | 140.0 | 189.5 | 965.2 | 799.7 |
| 凉上 2-1 | TOC＞1% | 306.0 | 1240.1 | 1082.9 | 2587.1 |
| | 0.5%＜TOC≤1% | 150.5 | 202.4 | 1041.8 | 864.4 |
| 凉上 1-2 | TOC＞1% | 46.3 | 752.3 | 165.3 | 1271.5 |
| | 0.5%＜TOC≤1% | 84.8 | 200.5 | 587.1 | 847.4 |
| 凉上 1-1 | TOC＞1% | 657.3 | 750.3 | 2283.7 | 1632.9 |
| | 0.5%＜TOC≤1% | 134.5 | 247.0 | 951.2 | 1085.6 |
| TOC＞1% 小计 | | 5949.3 | | 14328.7 | |
| 0.5%＜TOC≤1% 小计 | | 1672.4 | | 8748.9 | |
| 总计 | | 7621.7 | | 23077.6 | |

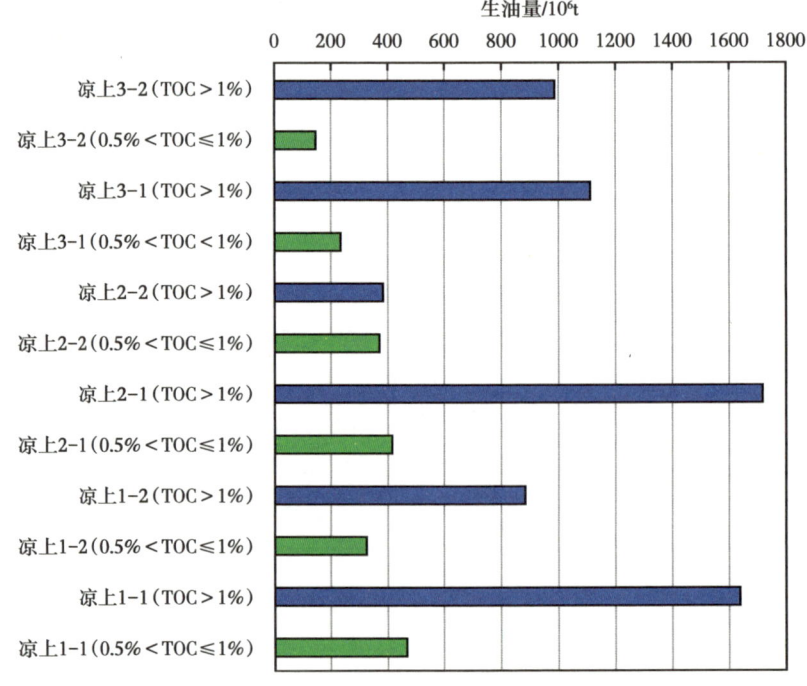

图 8-43 凉高山组页岩细分层分级评价生排烃量杆状图

根据侏罗系烃源岩 TOC 在大于 1% 和 0.5%~1% 的分布区间，对烃源岩的生气特征进行了研究。总体上凉上段 TOC 大于 1% 的页岩是主力生气烃源岩，最大生气强度达到 $2.525×10^8m^3/km^2$；TOC 在 0.5%~1% 的烃源岩生气强度次之，最大生气强度为 $1.469×10^8m^3/km^2$。从凉上段各小层烃源岩生气强度分布特征来看，TOC 大于 1% 的页岩在凉上 2-1 小层和凉上 1-1 小层生气能力最大，生气强度达到（1.053~1.29）$×10^8m^3/km^2$，其他小层次之，其中凉上 2-2 小层生气能力最低，生气强度为 $0.154×10^8m^3/km^2$；TOC 在 0.5%~1% 的烃源岩在各个小层生气强度均等，最大生气强度达到 $0.354×10^8m^3/km^2$，相对的凉上 3-2 小层和凉上 3-1 小层差一些，生气强度在 $0.197×10^8m^3/km^2$ 以下。

盆模法定量评价整个大庆区块矿权区内侏罗系三套页岩的总生油量为 $271.24×10^8t$，总生气量为 $5.88×10^{12}m^3$，其中凉上段、大安寨段和东岳庙段生油量占比分别为 37%、35% 和 28%，仪陇—营山区块总生油量最大，占比达 57%（表 8-6）。

表 8-6　大庆区块侏罗系页岩生排烃量统计表

| 区块 | 层位 | 生油量 /$10^8$t | 排油量 /$10^8$t | 生气量 /$10^8m^3$ | 排气量 /$10^8m^3$ |
|---|---|---|---|---|---|
| 平昌—万源（4640.5km²） | 凉上段 | 23.19 | 17.82 | 10223.72 | 9923.60 |
|  | 大安寨段 | 12.16 | 10.22 | 4407.53 | 4309.57 |
|  | 东岳庙段 | 8.84 | 7.46 | 3246.78 | 3175.58 |
| 仪陇—营山（5881.3km²） | 凉上段 | 53.03 | 42.92 | 12853.90 | 12255.06 |
|  | 大安寨段 | 58.82 | 49.59 | 12410.50 | 11960.32 |
|  | 东岳庙段 | 41.81 | 35.11 | 8900.93 | 8580.56 |
| 渠县—合川（4665km²） | 凉上段 | 25.18 | 20.36 | 2211.10 | 1919.49 |
|  | 大安寨段 | 24.17 | 20.82 | 2266.03 | 2086.23 |
|  | 东岳庙段 | 24.05 | 20.75 | 2262.95 | 2086.17 |
| 汇总 | 凉上段总 | 101.40 | 81.09 | 25288.72 | 24098.15 |
|  | 大安寨段总 | 95.14 | 80.62 | 19084.06 | 18356.13 |
|  | 东岳庙段总 | 74.70 | 63.32 | 14410.67 | 13842.31 |
|  | 合计 | 271.24 | 225.03 | 58783.44 | 56296.59 |

大庆探区凉上段页岩在区块中部和南部生油强度大于 $20×10^4t/km^2$ 的区域广、面积大，生油中心最大生油强度为 $130×10^4t/km^2$，同时也是页岩厚度最大的地区；大安寨段页岩在南部生油强度大于 $100×10^4t/km^2$ 的区域更大一些，最大生油强度达到 $155.1×10^4t/km^2$，要高于凉上段和东岳庙段；东岳庙段页岩生油中心在西南部，最大生油强度为 $100.9×10^4t/km^2$，生油强度大于 $100×10^4t/km^2$ 的面积要远远小于上面 2 个层段（图 8-44 至图 8-46）。

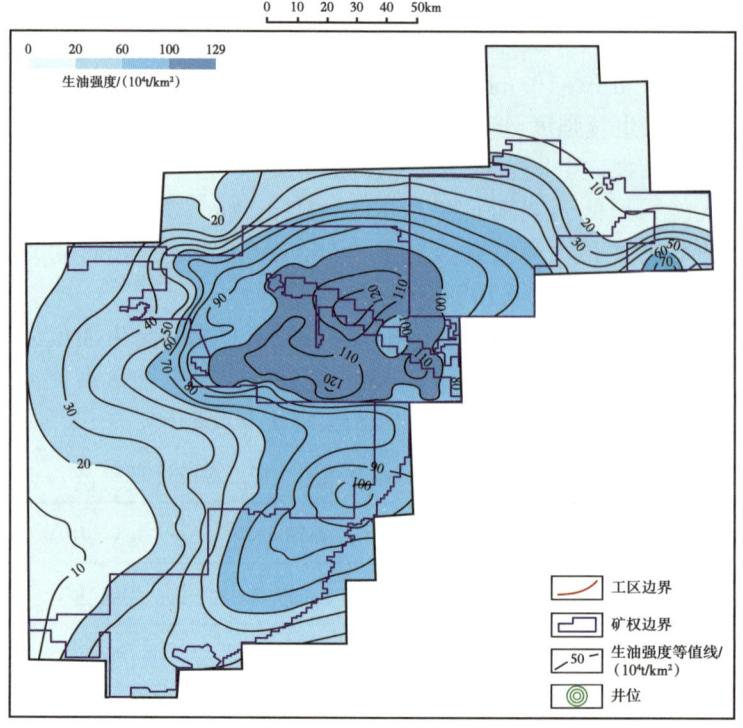

图 8-44 大庆区块侏罗系凉上段页岩生油强度图

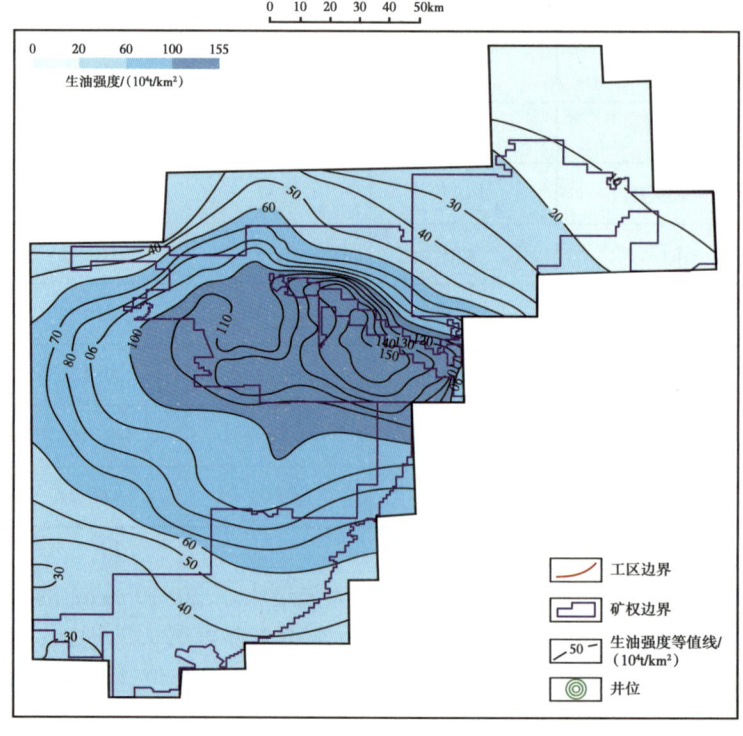

图 8-45 大庆区块侏罗系大安寨段页岩生油强度

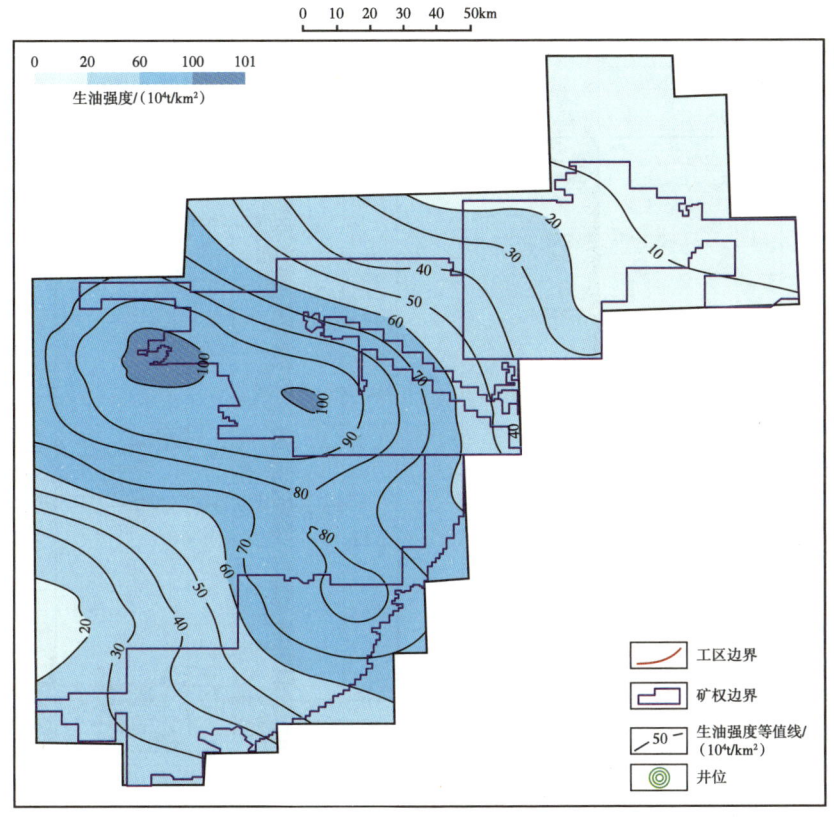

图 8-46 大庆区块侏罗系东岳庙段页岩生油强度图

由于热演化程度高，页岩产气烃比例也较高，实测 $S_1$ 偏低，难以准确反应页岩实际含油性，研究采用 PY1 井凉上段和 YY1H 井凉上段—东岳庙段的保压密闭岩心样品，将其现场液氮冷冻样实测 $S_1$ 作为近似原始 $S_1$，建立侏罗系页岩原始 $S_1$ 恢复关系，现场热解的恢复系数为 1.07~2.39，实验室热解的恢复系数为 1.18~4.45（图 8-47 和图 8-48）。

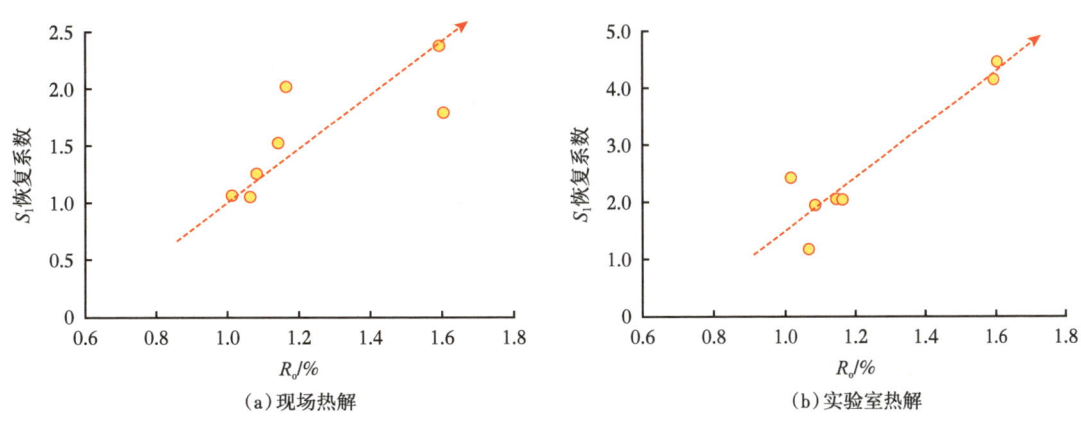

图 8-47 现场热解和实验室热解 $R_o$—$S_1$ 恢复系数关系

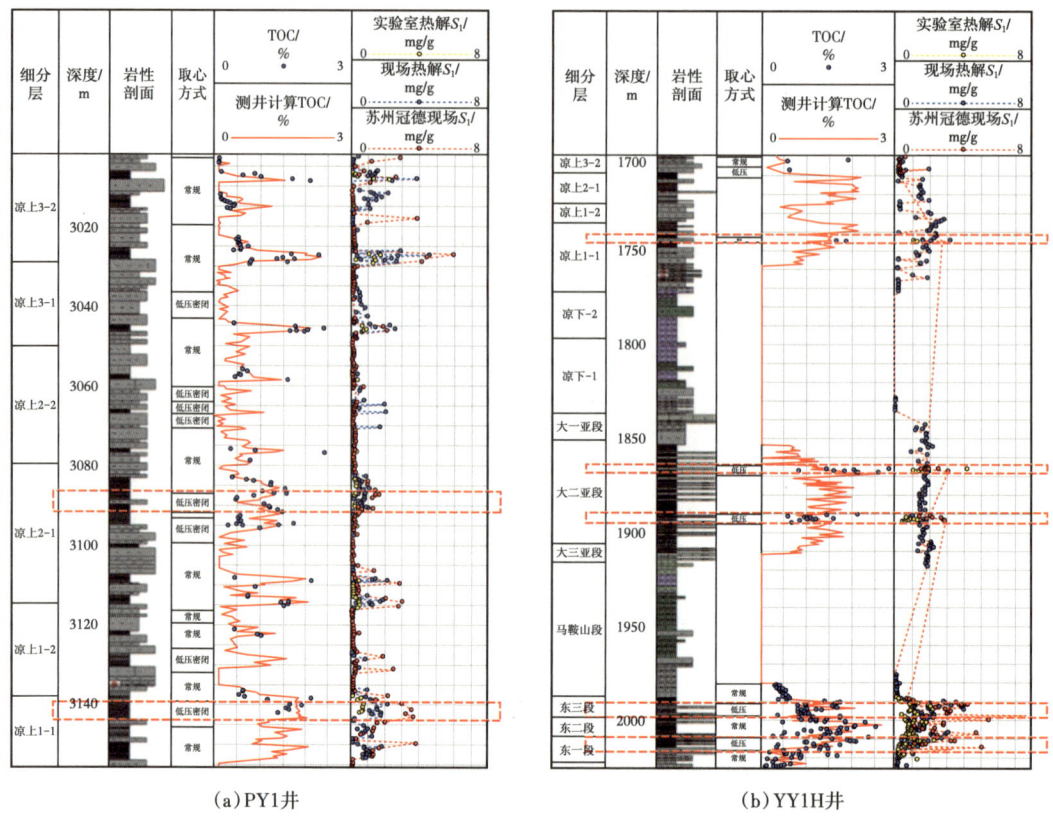

(a) PY1井　　　　　　　　　　　(b) YY1H井

图 8-48　PY1 井和 YY1H 井取心段热解 $S_1$ 参数对比图

根据实验室热解 $S_1$ 恢复原始 $S_1$，并采用热解 $S_1$ 法估算大庆区块矿权区侏罗系页岩油资源量 $84.15×10^8t$，页岩气资源量 $3.79×10^{12}m^3$，资源潜力较大（表 8-7），凉高山组页岩油资源丰度最高可达 $80×10^4t/km^2$ 以上，大安寨段页岩油资源丰度达 $35×10^4t/km^2$ 以上，东岳庙段页岩油资源丰度达 $30×10^4t/km^2$ 以上（图 8-49 至图 8-51）。

表 8-7　大庆区块矿权区侏罗系页岩油资源量

| 层位 | 工区 | 工区面积 /km² | 页岩油资源量 /10⁸t | | 页岩气资源量 /10¹²m³ | |
|---|---|---|---|---|---|---|
| 凉高山组 | 平昌—万源 | 4640.51 | 6.41 | 45.11 | 0.34 | 1.90 |
| | 仪陇—营山 | 5881.30 | 24.29 | | 1.06 | |
| | 渠县—合川 | 4562.61 | 14.41 | | 0.50 | |
| 大安寨段 | 平昌—万源 | 4640.51 | 2.05 | 20.44 | 0.22 | 1.36 |
| | 仪陇—营山 | 5881.30 | 14.33 | | 0.84 | |
| | 渠县—合川 | 4562.61 | 4.06 | | 0.30 | |
| 东岳庙段 | 平昌—万源 | 4640.51 | 0.93 | 18.60 | 0.09 | 0.53 |
| | 仪陇—营山 | 5881.30 | 11.75 | | 0.27 | |
| | 渠县—合川 | 4562.61 | 5.92 | | 0.17 | |
| 合计 | | | 84.15 | | 3.79 | |

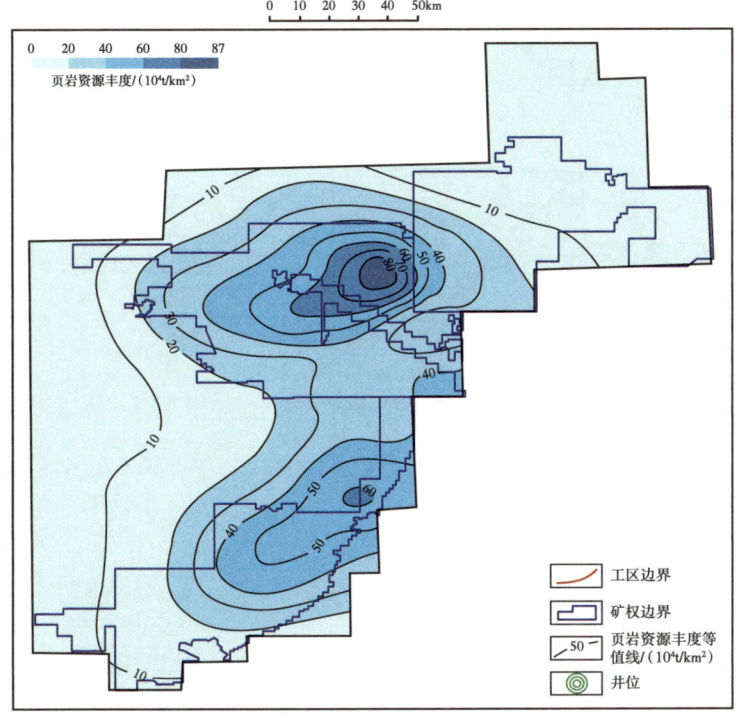

图 8-49 大庆区块侏罗系凉高山组页岩资源丰度图

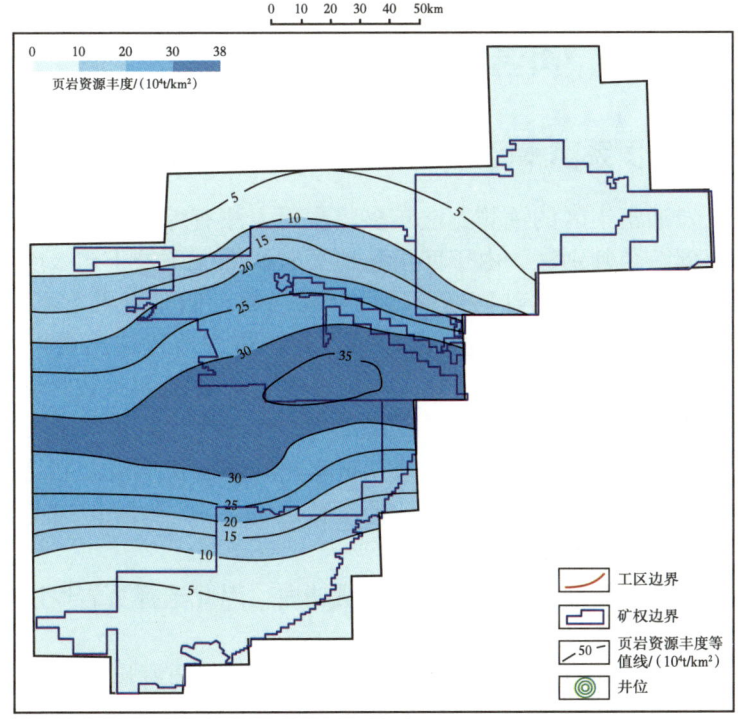

图 8-50 大庆区块侏罗系大安寨段页岩资源丰度图

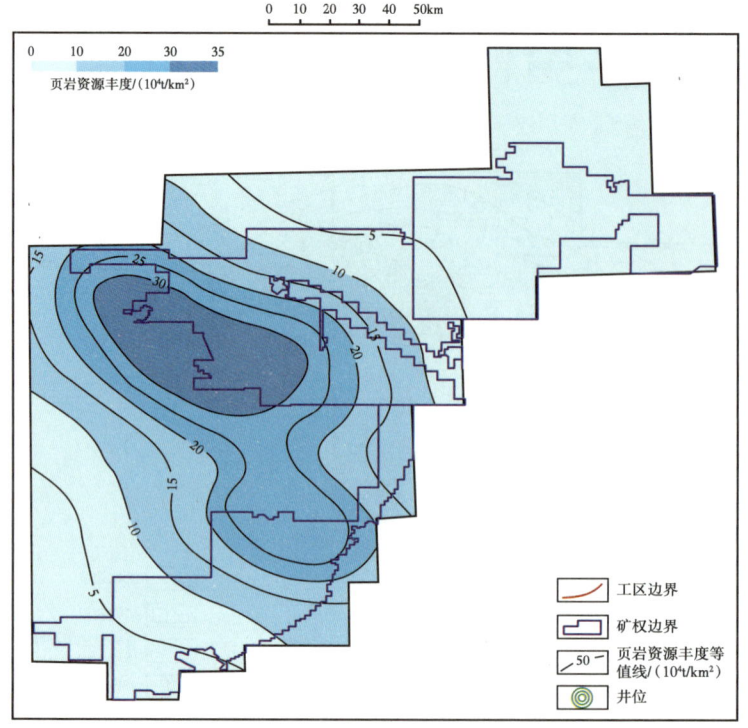

图 8-51　大庆区块侏罗系东岳庙段页岩资源丰度图

## 第三节　页岩油气富集区分布与勘探潜力

### 一、四川盆地侏罗系富集区预测方法

国内外关于页岩油富集区的预测方法较多，主要方法有综合要素叠加法、多要素加权指数法和多要素模糊综合判别法，由于四川盆地页岩油勘探还处于初级阶段，综合要素叠加法更适用。通过分析影响页岩油富集的地质特征参数，如有机质丰度、类型、成熟度、含油量、脆性矿物含量、泥页岩厚度、埋深等，能够较好地优选出页岩油勘探开发远景区。在前期研究的基础上，优选页岩岩相、页岩厚度、$R_o$ 和压力系数为富集区评价参数。

侏罗系页岩油的"甜点"品质与岩相具有高度的相关性，高有机质纹层状长英质页岩为凉高山组的优势岩相，采用同样的研究思路可得出，高有机质纹层状钙质页岩为自流井组优势岩相。因此优选岩相作为"甜点"评价参数之一。页岩岩相与"甜点"关键参数相关，反映含油性和储集性、可动性和可压性。

因页岩厚度越大，生烃量越大，油气资源量越大，因此选择页岩厚度作为第二个评价参数。

侏罗系页岩埋深跨度较大，从 1200m 到 4000m，页岩的有机质成熟度跨度较大，$R_o$ 从 0.9% 到 2.1%，因此也导致了原油的物理性质和气油比差异较大，成熟度越高、气油比越高、油品越好，更易采出。有机质成熟度为页岩油"甜点"评价的第三个参数。

四川盆地构造活跃，受周缘造山带活动的影响，多方向多期次挤压，致使断裂体系特别复杂，凉高山组页岩发育两组主要走向的断层，即北东向断层和北西向断层，还有与之伴生的羽状断层，由于断裂封闭性的不同，不同地区的侏罗系页岩地层压力存在差异，向斜区和斜坡带表现为高地层压力，背斜区表现为低地层压力，尤其是北西向背斜，甚至存在异常低压，地层压力不同既影响油气的可动性，又影响页岩油的保存条件，高压力系数井区保存条件好，高产、稳产能力更强。因此优选地层压力为"甜点"评价的第四个参数（图8-52）。

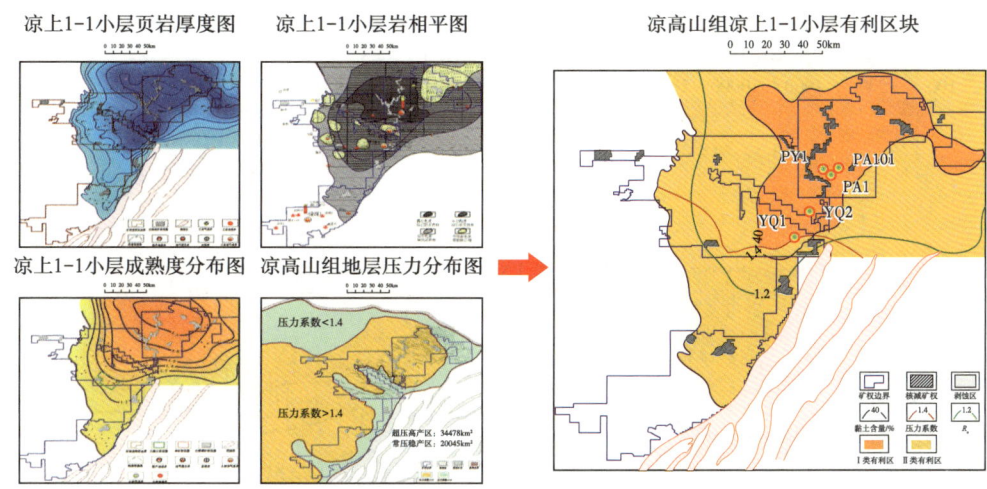

图8-52　侏罗系页岩油富集区预测方法示意图（以凉上一亚段为例）

## 二、四川盆地侏罗系富集区分布特征

通过四要素叠加，编制凉高山组三个亚段有利区预测图，凉上一亚段：Ⅰ类有利区8763km²，主要分布在平昌—营山地区；Ⅱ类有利区15075km²。凉上二亚段：Ⅰ类有利区8220km²，主要分布在平昌—营山；Ⅱ类有利区13415km²。凉上三亚段：Ⅰ类有利区12940km²，主要分布在营山—合川；Ⅱ类有区9695km²（图8-53）。

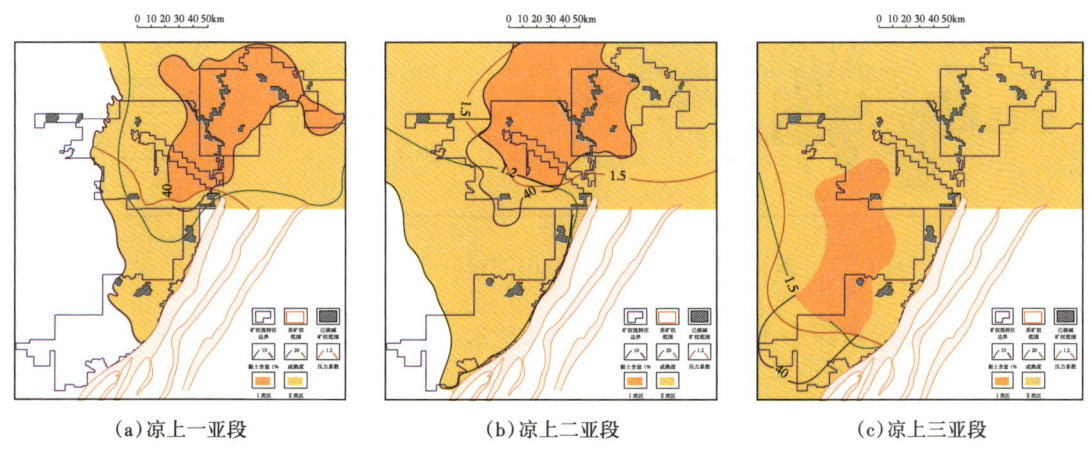

(a) 凉上一亚段　　　　　　(b) 凉上二亚段　　　　　　(c) 凉上三亚段

图8-53　大庆探区侏罗系凉高山组细分层页岩油有利区预测图

盆地内原油高压物性分析表明，当气油比大于1300时，油气相态为凝析气相。PA1井油层深度为2850~2990m，$R_o$为1.65%~1.69%，原油密度为0.7698g/cm³，黏度为3.79mPa·s，气油比1015；YQ1井，油层深度1409~1546m，$R_o$为1.25%，原油密度为0.8367g/cm³，黏度为9.3mPa·s，气油比521；TS1井，油层深度为1214.1~1274.5m，$R_o$为0.92%，原油密度为0.8466g/cm³，黏度为17.4mPa·s，气油比44。综合探区内及探区外YuY3井、TY1井、PLY1井等井的物性参数，编制气油比平面预测图（图8-54）。

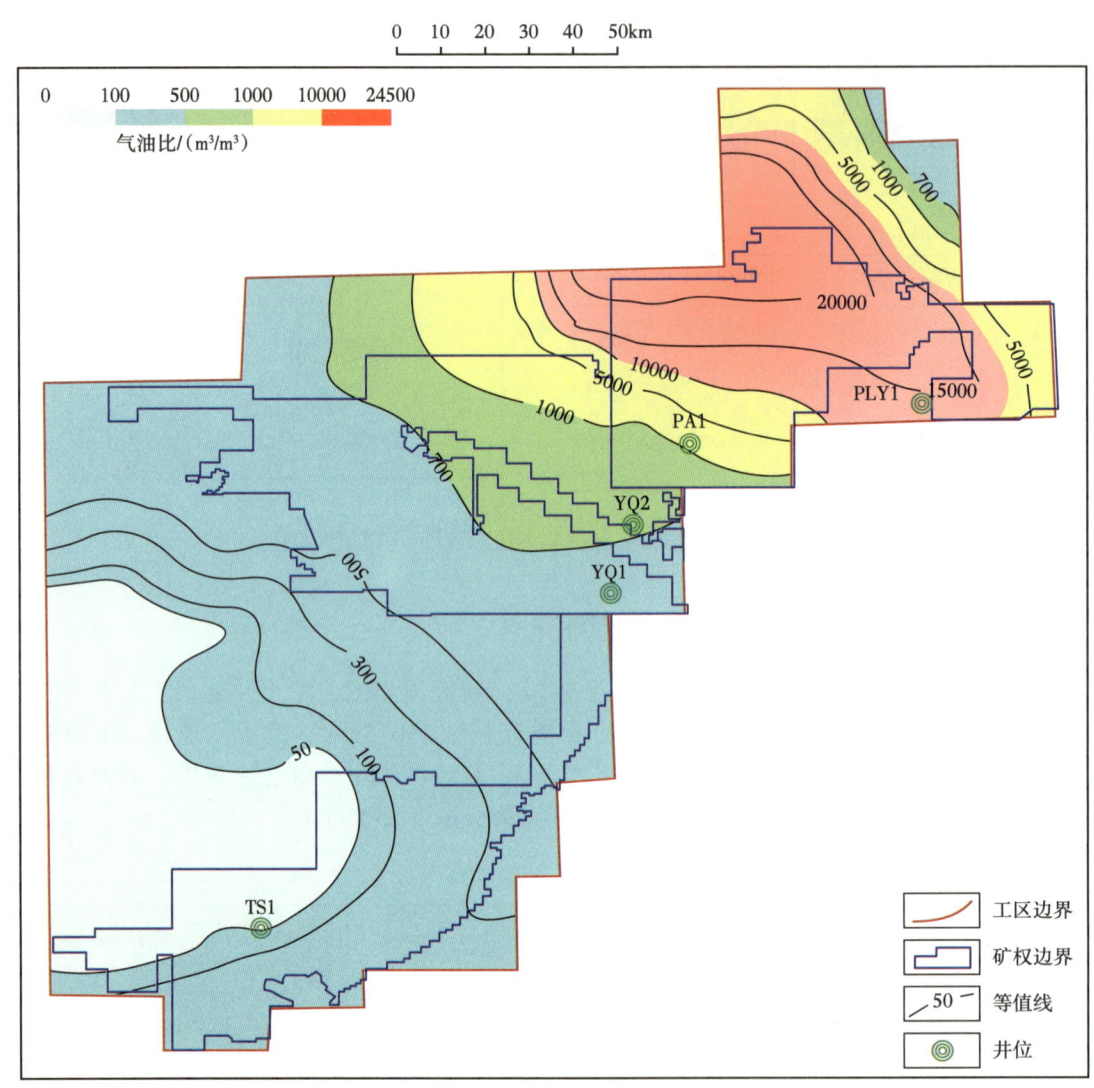

图8-54 大庆探区凉高山组气油比平面预测图

合川潼南地区埋深小于1200m，$R_o$小于0.9%，原油密度大于0.85g/cm³，气油比小于500，为稀油区；营山—平昌地区，埋深在1200~3000m，$R_o$为0.9%~1.7%，原油密度为0.76~0.85g/cm³，气油比为500~1300，为轻质油区；平昌以北地区，埋深大于3000m，$R_o$大于1.7%，原油密度小于0.76，气油比大于1300，为凝析油气区。

## 三、四川盆地侏罗系勘探潜力

基于目前钻探结果来看,大庆探区内,由北向南,地层逐渐变浅,油品逐渐加重,呈现"南油北气"格局,估算油资源量 $56.67\times10^8$t,目前以 PA1 井等井为代表的中部地区,地层埋藏适中,成熟度中等,油气产出有利,是近期主要勘探对象(图 8-55)。

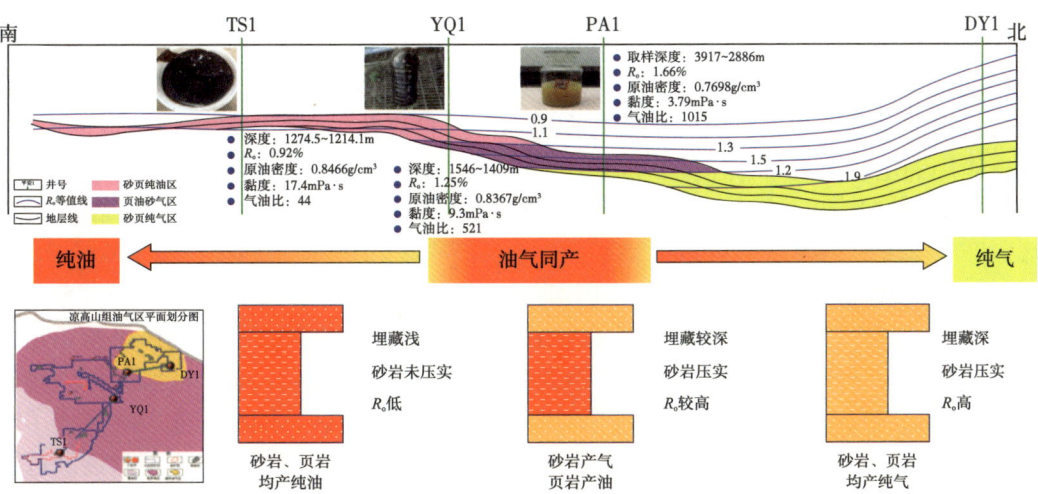

图 8-55 大庆探区凉高山组页岩油气相态预测剖面图

# 第九章 总 结

四川盆地侏罗系自流井组、凉高山组为大巴山前陆盆地初始期沉积产物，其沉积相带的展布主要受秦岭和大巴山的挤压与逆冲控制。自流井组沉积时期大巴山逆冲不明显，以挤压作用为主，盆地整体压陷，沉积中心位于广安—平昌、阆中—涪陵所围限的地区。凉高山组上段沉积期，大巴山振荡式强烈逆冲，形成三套主力页岩，主要分布在川东北地区。

早侏罗世自流井组沉积时期为龙门山前陆盆地向大巴山前陆盆地转换时期，尤其是东岳庙段—大安寨段沉积时期，盆地周缘造山带构造活动减弱，陆源碎屑物质供给不足，盆地沉降速率大于沉积沉降速率，为侏罗系湖盆水域面积最大时期，湖水清澈，以生物碎屑建造为主，沉积中心位于遂宁—广安—梁平—营山—蓬安地区，围绕湖盆中心形成了同心环带状介壳滩、生屑滩、浅湖、半深湖，岩性为介壳灰岩和生屑灰岩，向湖盆逐渐过渡为灰页互层、页岩夹灰质条带、灰质页岩、黏土质页岩。凉高山组沉积时期，大巴山强烈逆冲抬升，进入前陆盆地阶段，前渊位于川东北地区，以深湖相为主，由于碎屑物质供给充足，水体浑浊，河水携带了大量碎屑颗粒和黏土矿物流入湖盆，湖盆内发育异重流，随着搬运距离的增大，水动力减弱，逐渐静止，碎屑物质有序沉积，形成了大面积分布的深湖相砂体，主要有深水侵蚀水道、分支水道和席状朵叶体，岩性在纵向上表现为页岩和砂岩互层、砂质纹层页岩。平面上发育两大物源砂体，一是来自大巴山和雪峰山转换带的西北物源砂体，另一个是龙门山和米仓山转换带的东北部物源砂体，受沉积古地形和古水深的影响，东北部物源砂体分选较好，具有更好的储集物性，西北物源砂体分选差、黏土质含量高，大庆探区以东北部物源砂体为主。

按照四组分三端元法，将侏罗系划分为八种岩相。四特性评价结果表明，高有机质纹层状长英质页岩和高有机质纹层状混合质页岩具有更好的储集性和含油性：一是长英质纹层粒间孔发育；二是生烃潜量大，生烃过程中排出大量有机酸，对长英质纹层和钙质纹层具有较强的溶解作用，溶蚀孔发育，生烃增压，使得原生粒间孔隙得以较好地保存；三是不同矿物组分纹层之间更易形成页理缝，而块状泥质粉砂岩分选差，原生孔不发育，有机质含量低，溶蚀孔较少或孔径较小，连通性差，并且页理缝密度低，物性较差。

可压性方面，纹层状页岩天然缝网更发育，压裂时候人工裂缝更易沿着天然裂缝扩展，可压性较好，破裂压力低。块状泥质粉砂岩、粉砂岩、细砂岩，长英质矿物含量高，脆性大，更易形成单一的平直裂缝，裂缝延伸长度大，但破裂压力高。

根据四特性特征，构建两种地质工程双"甜点"模式：一是泥纹型页岩油"甜点"模式，即厚层纹层状页岩顶底发育块状泥质粉砂岩、粉砂岩或细砂岩，构成箱体，能够实现均匀改造；二是夹层型地质工程复合型"甜点"，即块状砂岩上下发育中等厚度页岩，油气产自页岩，砂岩提供较好的工程改造条件，钻井靶层设计在砂岩中，穿砂压页，在砂岩中形成简单平直缝，页岩中形成复杂缝网，人工裂缝远复近简，在砂岩中具有更好的可支撑性，导流能力更强。工区内 PA101 井页砂互层试油已经证实该类型"甜点"产油能力更强，是下一步钻探的主力"甜点"类型。

四川盆地侏罗系页岩，有机碳含量整体变化不大，均具有较好的生烃能力，页岩油平面有利区的分布，主要受控于四个方面的因素：一是"甜点"的资源量，即暗色页岩的厚度，厚度越大，生烃潜量越大；二是岩相，无论是泥纹型"甜点"还是夹层型地质工程复合"甜点"，油气均产自页岩，而高有机质纹层状长英质页岩和混合质页岩，具有更好的含油性、储集性和可压性，有利的岩相带是获得高产的必要条件；三是有机质热演化程度关乎原油品质，原油的黏度和密度随 $R_o$ 的增大而降低、气油比随 $R_o$ 的增大而增大，较高的热演化程度控制着轻质油带的分布；四是地层压力系数，超压区油气保存条件好，产油动力足，是油气高产的重要因素之一。通过四要素叠合评价，仪陇—平昌地区为侏罗系页岩油勘探一类"甜点"区，"甜点"叠合面积超 8000km$^2$，页岩油资源量达 56.67×10$^8$t。

川东北地区侏罗系页岩油资源潜力大，钻探效果好，中国石油、中国石化多口井获高产油流，开发先导试验区建设稳步进行，凉高山组将于近期提交页岩油储量。侏罗系页岩油的勘探成功，必将为国家能源安全和石油公司的高质量发展作出巨大的贡献，推动我国页岩油革命取得辉煌战果。

## 参考文献

[1] 邹才能，丁云宏，卢拥军，等."人工油气藏"理论、技术及实践[J].石油勘探与开发，2017，44（1）：11.

[2] 邹才能，杨智，朱如凯，等.中国非常规油气勘探开发与理论技术进展[J].地质学报，2015，89（6）：979-1007.

[3] 赵政璋，胡素云，李小地.能源：历史回顾与21世纪展望[M].北京：石油工业出版社，2007.

[4] 邹才能，翟光明，张光亚，等.全球常规—非常规油气形成分布、资源潜力及趋势预测[J].石油勘探与开发，2015，42（1）：13-25.

[5] 陆晓如.中国迎来页岩革命了吗？Yes or No?—专访中国石油学会副理事长、中国科学院院士金之钧[J].中国石油石化，2017（20）：4.

[6] 段文凯.中国页岩油规模化效益化开发探析[J].云南化工，2023，50（7）：96-99.

[7] 张经明，梁晓霏."页岩气革命"对美国和世界的影响[J].石油化工技术与经济，2013，29（1）：7.

[8] 张欣，刘吉余，侯鹏飞.中国页岩油的形成和分布理论综述[J].地质与资源，2019，28（2）.

[9] 廖晨.中国页岩气资源及其勘探面临的问题[J].科技视界，2016（2）：1.

[10] 康玉柱.中国非常规油气勘探重大进展和资源潜力[J].石油科技论坛，2018，4（1）：1-7.

[11] 王世谦.中国页岩气勘探评价若干问题评述[J].天然气工业，2013，33（12）：13-29.

[12] 邹才能，朱如凯，董大忠，等.页岩油气科技进步、发展战略及政策建议[J].石油学报，2022，43（12）：1-12.

[13] 赵文智，朱如凯，张婧雅，等.中国陆相页岩油类型、勘探开发现状与发展趋势[J].中国石油勘探，2023，28（4）：1-13.

[14] 赵文智，朱如凯，刘伟，等.中国陆相页岩油勘探理论与技术进展[J].石油科学通报，2023，8（4）：373-390.

[15] 孙莎莎，董大忠，李育聪，等.四川盆地侏罗系自流井组大安寨段陆相页岩油气地质特征及成藏控制因素[J].石油与天然气地质，2021，42（1）：124-135.

[16] 邹才能，杨智，孙莎莎，等."进源找油"：论四川盆地页岩油气[J].中国科学：地球科学，2020，50（7）：903-920.

[17] 何文渊，白雪峰，蒙启安，等.四川盆地陆相页岩油成藏地质特征与重大发现[J].石油学报，2022，43（7）：885-898.

[18] 李朝辉.四川盆地侏罗纪岩相古地理研究[D].成都：成都理工大学，2016.

[19] 李勇，曾允孚.龙门山前陆盆地沉积及构造演化[M].成都：成都科技大学出版社，1995.

[20] 刘少峰.前陆盆地形成机制和充填演化[J].地球科学进展，1993，8（4）：30-37.

[21] 邹绍春，熊兴元.四川盆地侏罗系自流井组大安寨段凉高山段岩性岩相特征及沉积环境研究[R].四川省遂宁：四川石油管理局川中矿区勘探开发研究所，1985.

[22] 梁狄刚，冉隆辉，戴弹申，等.四川盆地中北部侏罗系大面积非常规石油勘探潜力的再认识[J].石油学报，2011，32（1）：8-17.

[23] 鲁宁.四川盆地东部三叠—侏罗纪之交沉积环境与陆地古生态变化[D].合肥：中国科学技术大学，2019.

[24] 杜江民，张小莉，张帆，等.龙岗地区下侏罗统大安寨段沉积相分析及有利储集层预测[J].古地理学报，2015，17（4）：493-502.

[25] 陈薇，郝毅，倪超，等.下侏罗统大安寨组储层特征及控制因素[J].西南石油大学学报（自然科学版），2013，35（5）：7-14.

[26] 刘刚.大巴山侏罗纪前陆层序地层学研究[D].北京：中国地质科学院,2007.
[27] 邓宏文,王洪亮,宁宁.沉积物体积分配原理—高分辨率层序地层学的理论基础[J].地学前缘,2000,7（4）：305-313.
[28] 国家能源局发布.烃源岩地球化学评价方法：SY/T 5735—2019[S].
[29] 王飞宇,郝石生,何萍,等.有机岩石学及其在油气勘探中的应用[J].石油大学学报（自然科学版）,1996,20（6）：107-115.
[30] 马安来,马晓娟,李贤庆,等.有机岩石学在油气勘探中的应用[J].中国煤田地质,2005,17（2）：11-15.
[31] 国家能源局.全岩光片显微组分鉴定及统计方法：SY/T 6414—2014[S].
[32] 侯启军,冯志强,冯子辉.松辽盆地陆相石油地质学[M].北京：石油工业出版社,2009.
[33] 李毓,冯晓明.四川盆地北部陆相页岩油地质特征与选区评价[M].成都：四川大学出版社,2021.
[34] 秦晓艳,王震亮,于红岩,等.基于岩石物理与矿物组成的页岩脆性评价新方法[J].天然气地球科学,2016,27（10）：1924-1932.
[35] 陈青.川西须家河组致密储层破裂压力研究[D].成都：成都理工大学,2007.
[36] 徐海强.鄂尔多斯盆地樊学地区长7段储层岩石力学参数与地应力研究[D].北京：中国地质大学（北京）,2018.
[37] 王小军,梁利喜,赵龙,等.准噶尔盆地吉木萨尔凹陷芦草沟组含油页岩岩石力学特性及可压裂性评价[J].石油与天然气地质,2019,40（3）：661-668.
[38] 任岩,曹红,姚逢昌,等.吉木萨尔致密油储层脆性及可压裂性预测[J].石油地球物理勘探,2018,53（3）：661-668.
[39] 吴涛.页岩气层岩石脆性影响因素及评价方法研究[D].成都：西南石油大学,2015.
[40] 孙建孟,韩志磊,秦瑞宝,等.致密气储层可压裂性测井评价方法[J].石油学报,2015,36（1）：74-80.
[41] 熊周海,操应长,王冠民,等.湖相细粒沉积岩纹层结构差异对可压裂性的影响[J].石油学报,2019,40（1）：74-85.
[42] 邹才能,杨智,朱如凯,等.中国非常规油气勘探开发与理论技术进展[J].地质学报,2015,89（6）：979-1007.
[43] 赵政璋,胡素云,李小地.能源：历史回顾与21世纪展望[M].北京：石油工业出版社,2007.